普通高等教育"十二五"规划教材
面向应用型人才培养

CAD/CAM 应用技术

（CAXA 版）

阳夏冰　罗光汉　主编

国防工业出版社

·北京·

内容简介

本书采用 CAXA 制造工程师 2006 软件，主要介绍了 CAD/CAM 基本技术、CAXA 制造工程师造型技术、CAM 技术基础、CAXA 制造工程师加工、CAXA 数控车的造型与加工的基础知识和使用技巧，以及其在实际制造加工中的应用实例，每章均附有实用型习题。本书编写完全贯彻够用、实用的原则，突出应用性，以培养学生能力为主。

本书可作为高职高专的数控、机制、模具、机电、计算机辅助设计与制造等专业的教材，也可作为普通高等学校、成人教育相关专业教材及数控培训教材。

图书在版编目（CIP）数据

CAD/CAM 应用技术：CAXA 版/阳夏冰，罗光汉主编. 北京：国防工业出版社，2014.2 重印
普通高等教育"十二五"规划教材
ISBN 978-7-118-06164-2

Ⅰ.C... Ⅱ.①阳...②罗... Ⅲ.数控机床 – 计算机辅助设计 – 应用软件，CAXA – 高等学校 – 教材
Ⅳ.TG659

中国版本图书馆 CIP 数据核字（2009）第 009352 号

※

国防工业出版社出版发行
（北京市海淀区紫竹院南路 23 号　邮政编码 100048）
北京奥鑫印刷厂印刷
新华书店经售

*

开本 787×1092　1/16　印张 14¾　字数 335 千字
2014 年 2 月第 1 版第 2 次印刷　印数 5001—7000 册　定价 25.00 元

（本书如有印装错误，我社负责调换）

国防书店：(010)88540777　　发行邮购：(010)88540776
发行传真：(010)88540755　　发行业务：(010)88540717

前　言

计算机辅助设计与制造（Computer Aided Design and Computer Aided Manufacturing，CAD/CAM）技术是随着计算机、数字化信息技术与现代设计制造技术发展而形成的新技术，是数字化、信息化制造技术的基础，是实现产品设计和制造自动化的关键技术。该技术自 20 世纪 60 年代问世以来经过 40 多年的快速发展，现已经成为一种高新技术产业，并成为制造业信息化中的基础技术，广泛应用于机械、电子、航天、航空、船舶、汽车、轻工等各个领域。目前 CAD/CAM 技术已具备零件三维造型、装配造型、工程分析、自动加工编程、优化设计等功能，彻底改变了传统的产品设计与制造的模式，为制造业信息化提供了基本的、原始的数字化信息。CAD/CAM 技术在各行业的应用日益广泛，应用水平也在不断提高，同时对应用人才的需求也不断增加。

本书是依据高等职业技术教育人才培养指导思想，从应用角度介绍我国自主研发的 CAD/CAM 软件——CAXA 制造工程师 2006 软件，重点介绍了 CAXA 制造工程师 2006 软件（数控铣）的三维造型、自动编程的基础知识、数控编程工艺、刀具轨迹生成步骤、加工参数的设定及操作技术要点；另外，还介绍了 CAXA 数控车软件的使用。其内容编排以易懂、易读为出发点，注重基本概念和基本原理的讲解，突出应用能力的培养。

本书由阳夏冰、罗光汉任主编，唐书林任副主编。具体编写分工如下：第 1、2 章由廖璘志编写；第 3 章由李桂芹编写；第 4 章由杨素华编写；第 5 章由唐书林编写；第 6 章由阳夏冰编写；第 7 章由杨保香和罗光汉编写；第 8 章由宋晶编写。全书由吴水萍副教授负责主审。在本书编写过程中得到了武汉工业职业技术学院、四川宜宾职业技术学院、西安航空职业技术学院的大力支持与帮助，在此表示衷心感谢。

由于编者水平有限，加之时间仓促，书中难免存在一些不妥之处，恳请广大读者批评指正，并希望使用本书的教师和学生提出宝贵意见。

编　者

目 录

第1章 CAD/CAM 技术概述

1.1 CAD/CAM 的基本概念

CAD/CAM 技术即计算机辅助设计与计算机辅助制造(Computer Aided Design and Computer Aided Manufacturing)技术。它是一项利用计算机技术作为主要手段，通过生成和运用各种数字信息和图形信息，帮助人们完成产品设计与制造的技术。

CAD 技术主要指使用计算机和信息技术来辅助完成产品的全部设计过程(指从接受产品的功能定义到设计完成产品的材料信息、结构形状和技术要求等，并最终以图形信息的形式表达出来的过程)。一般认为 CAD 系统应包括如下功能：草图设计、零件设计、工程分析、装配设计、产品数据交换等。CAD 系统的功能模型如图 1-1 所示，其中矩形盒表示 CAD 系统实现的功能，左侧箭头表示 CAD 系统的输入，右侧箭头表示 CAD 系统的输出，下方箭头表示支持 CAD 系统工作的软硬件环境。

CAM 技术有广义和狭义两种解释，广义的 CAM 技术包括利用计算机进行生产的规划、管理和控制产品制造的全过程；狭义的 CAM 技术通常是指计算机辅助编制数控加工程序，包括刀具路径规划、刀位文件生成、刀具轨迹仿真、NC 代码生成以及与数控机床数控装置的软件接口等。狭义 CAM 系统的功能模型如图 1-2 所示。

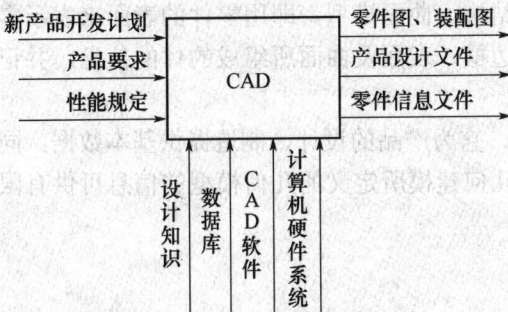

图 1-1　CAD 系统功能模型　　　　　图 1-2　狭义 CAM 系统功能模型

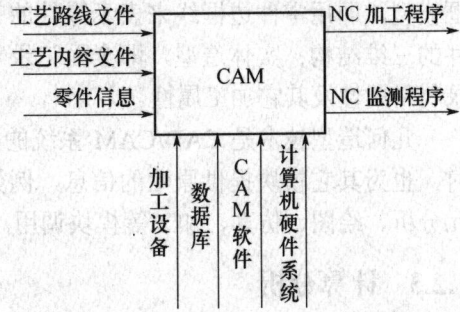

CAD/CAM 技术的发展和应用水平已成为衡量一个国家科技现代化和工业化水平的重要标志之一。CAD/CAM 技术应用的实际结果是：提高了产品设计质量，缩短了产品设计制造周期，由此产生了显著的社会经济效益。目前，CAD/CAM 技术广泛应用于机械、汽车、航空航天、电子、建筑工程、轻工等领域。

1.2 CAD/CAM 系统的主要任务

CAD/CAM 系统需要对产品设计、制造全过程的信息进行处理，包括设计、制造过

1

程中的数值计算、设计分析、绘图、工程数据库、工艺设计及加工仿真等各个方面，CAD/CAM 系统可完成的主要任务有以下几个方面。

1.2.1　工程绘图

采用计算机进行平面图形的绘制，以取代传统的手工绘图，CAD/CAM 系统中某些中间结果也是通过图样来表达的。CAD/CAM 系统一方面应具备从几何造型的三维图形直接向二维图形转换的功能；另一方面还需具有处理二维图形的能力，保证生成合乎生产要求，也符合国家标准的机械图样。

产品设计的结果往往是工程图的形式，一般的 CAD 软件都具有人机交互输入和处理二维图形的能力，包括基本图元的生成、标注尺寸、图形的编辑以及显示控制、附加技术条件等功能。先进的 CAD 软件已具备根据零件的三维造型和装配造型自动生成投影图、辅助图、剖面图和局部视图的功能，并能自动标注尺寸，其工程图样与零件造型密切相关，并且它们之间具备关联性。

1.2.2　几何造型

通过二维图形表达三维的产品是一种间接的设计方法，理论上应该直接设计具有三维形状的产品。但是，依靠人工去绘制三维产品，并对三维产品直接进行分析是非常困难的。因此，计算机辅助设计的基本任务就是利用计算机构造三维产品的几何建模功能，记录产品的三维模型数据，并在计算机屏幕上显示出真实的三维图形结果。利用几何建模功能，用户不仅能构造各种产品的几何模型，还可以随时观察、修改模型或检验零部件装配的结果。产品几何建模包括：零件建模，即在计算机中构造每个零件的三维几何结构模型；装配建模，即在计算机中构造部件的三维几何结构模型。常用的方法有：线框模型，即用零件边框线来表示零件的三维结构；曲面模型，即用零件的表面来表示零件的三维结构；实体造型，即全面记录零件边框、表面及曲面所组成的体的信息，并记录材料属性及其它加工属性。

几何造型技术是 CAD/CAM 系统的核心，它为产品的设计、制造提供基本数据，同时，也为其它模块提供原始的信息，例如，几何建模所定义的几何模型的信息可供有限元分析、绘图、仿真、加工等模块调用。

1.2.3　计算分析

CAD/CAM 系统构造了产品的形状模型之后，能够根据产品的几何形状，计算出相应的体积、表面积、质量、重心位置及转动惯量等几何特性和物理特性，为系统进行工程分析和数值计算提供必要的基本参数。另一方面，CAD/CAM 系统中的结构分析需进行的应力、温度、位移等计算，图形处理中变换矩阵的运算，体素之间的交、并、差计算，以及工艺规程设计中的工艺参数计算等，都要求 CAD/CAM 系统对各类分析算法正确、全面，而且要求适应数据计算量大和有较高的计算精度等。

1.2.4　结构分析

CAD/CAM 系统结构分析常用的方法为有限元法，这是一种数值近似求解方法，用来解决形状比较复杂的零件的静态(动态)特性、强度、振动、热变形、磁场、温度场、应力分布状态等计算分析。在进行静态、动态特性分析之前，系统根据产品结构特点，划分网格、标出单元号、节点号，并将划分的结果显示在屏幕上。进行分析计算之后，将计算结果以图形、文件的形式输出，如应力分布图、位移变形图等，使用户方便、直观地看到分析的结果。

1.2.5 优化设计

CAD/CAM 系统应具有优化求解的功能，也就是在某些条件的限制下，使产品或工程设计中的预定指标达到最优。优化包括总体方案的优化、产品零件结构的优化、工艺参数的优化等。优化设计是现代设计方法学中的一个重要组成部分。

1.2.6 装配及干涉碰撞分析

在设计零部件时，可利用计算机分析和评价产品的装配性，避免真实装配中的各种问题。对运动机构，也要分析运动机构内部零部件之间及机构周围环境之间是否有干涉碰撞现象，要及时发现并纠正各种可能存在的干涉碰撞问题。

1.2.7 可制造性分析

在设计零部件时，可利用计算机分析和评价产品的可制造性能，以避免一切不合理的设计。有些不合理的设计将导致后续制造困难或制造成本增加。

1.2.8 计算机辅助工艺规程设计

产品设计的目的是为了加工制造出该产品，而工艺设计是为产品的加工制造提供指导文件。因此，计算机辅助工艺规程设计(Computer Aide Process Planning,CAPP)是 CAD 与 CAM 的中间环节。CAPP 系统应当根据建模后生成的产品信息及制造要求，自动设计、编制出加工该产品所采用的加工方法、加工步骤、加工设备及参数。CAPP 的设计结果一方面能被生产实际所用，生成工艺卡片文件；另一方面能直接输出一些信息，为 CAM 中的 NC 自动编程系统接收、识别，直接转换为刀位文件。CAPP 功能模型如图 1-3 所示。

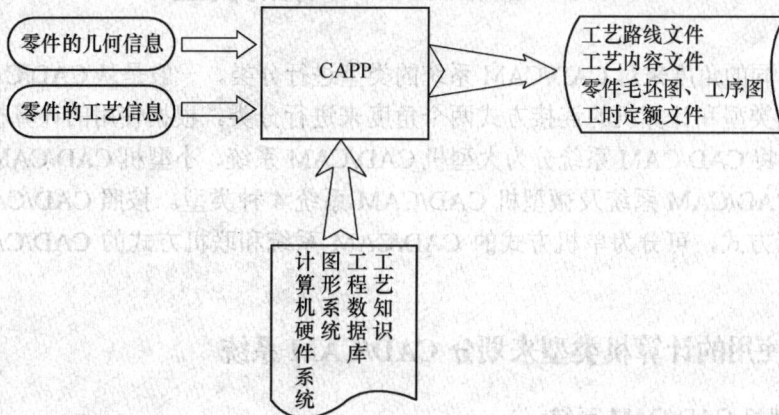

图 1-3 CAPP 功能模型

3

1.2.9　NC 自动编程

在分析零件图后，制订出零件的数控加工方案，并用专门的数控加工语言(如 APT 语言)将其输入计算机。其基本步骤通常包括：

(1) 编程：手工或计算机辅助编程，生成源程序。

(2) 前处理：将源程序翻译成可执行的计算机指令，经计算，求出刀位文件。

(3) 后处理：将刀位文件转换成零件的数控加工程序，最后输出数控加工代码。

目前的 CAM 软件大部分采用图形交互自动编程，即以 CAD 生成的零件几何信息为基础，采用人机交互对话方式，在计算机屏幕上指定被加工工件的几何特征、定义相关的加工参数后，由计算机进行分析处理，直接产生 NC 加工程序。

1.2.10　模拟仿真

在 CAD/CAM 系统内部，建立一个工程设计的实例模型，通过运行仿真软件，代替模拟真实系统的运行，用以预测产品的性能、产品的制造过程和产品的可制造性。如数控加工仿真系统，从软件上实现工件试切的加工模似，避免了现场调试带来的人力、物力的投入及加工设备损坏的风险，减少了制造费用，缩短了产品设计周期。模拟仿真通常有加工轨迹仿真，机构运动学模拟，机器人仿真，工件、刀具、机床的碰撞、干涉检查等。

1.2.11　工程数据库管理

由于 CAD/CAM 系统中数据量大、种类多，既有几何图形数据，又有属性语义数据；既有产品定义数据，又有生产控制数据；既有静态标准数据，又有动态过程数据，结构还相当复杂，因此，CAD/CAM 系统应能提供有效的管理手段，支持工程设计制造全过程信息流动与交换。通常，CAD/CAM 系统采用工程数据库系统作为统一的数据环境，实现各种工程数据的管理。

1.3　CAD/CAM 系统的类型

可从不同的角度来对 CAD/CAM 系统的类型进行分类。一般是从 CAD/CAM 系统使用的计算机类型和计算机的连接方式两个角度来进行分类。根据使用的计算机性能和类型不同，可将 CAD/CAM 系统分为大型机 CAD/CAM 系统、小型机 CAD/CAM 系统、工程工作站 CAD/CAM 系统及微型机 CAD/CAM 系统 4 种类型。按照 CAD/CAM 系统的计算机连接方式，可分为单机方式的 CAD/CAM 系统和联机方式的 CAD/CAM 系统 2 种类型。

1.3.1　按使用的计算机类型来划分 CAD/CAM 系统

1. 大型机 CAD/CAM 系统

顾名思义，该系统一般具有大容量的存储器并以极强的计算功能的大型通用计算机为主机，一台计算机可以连接几十至几百台图形终端和字符终端及其它图形输入和输出设备。其主要优点有：

(1) 系统具有一个大型的数据库，可以对整个系统的数据实行综合管理和维护。

(2) 计算速度快。

(3) 给企业的集成管理带来方便。

(4) 提高了企业在设计、制造方面的效率，为企业的设计、制造一体化提供了条件，为企业生产方式向国际先进水平靠拢奠定了基础。

其主要缺点有：

(1) 安全性能低，如果主机出现故障，则整个系统都不能工作；但随着双机容错等先进技术的广泛使用，安全性能已经今非昔比。

(2) 终端距离不能太大，但随着网络技术的发展，距离的限制越来越小了。

(3) 随着计算机的总负荷增加，系统的响应速度将降低。这种现象在三维造型和复杂有限元分析时尤为突出，但随着处理器速度的飞速发展，这个问题也将逐渐得到缓解。由于大型机系统的成本较高，主要用户为大型的飞机制造公司和船舶制造公司，一般中小企业不可能承受。实际上，随着计算机技术的发展，小型机的性能和功能的提升已经逐渐取代了传统大型机的地位。

2. 小型机 CAD/CAM 系统

20 世纪 70 年代末至 80 年代初，这类系统处于蓬勃发展时期。我国在此期间从国外购进的 CAD/CAM 系统大都属于这种类型。生产、制造这类系统的厂商很多，如美国的 CV、Intergraph、DEC、Calma、Autotrol、Unigraphics 和法国的 Euclid 等。通过使用，人们逐渐发现了这类小型机系统有一定的局限性，如系统的计算能力和扩充能力差等，而且，不同系统之间数据是很难进行交换的，即不同系统的数据存储格式是不相同的。80 年代中期，由于分布式工程工作站的问世和异种机之间联网技术的发展，促进了这种孤立系统向开放式系统发展，而系统使用的软件也逐渐向工业标准方向靠拢。

3. 工程工作站组成的 CAD/CAM 系统

20 世纪 80 年代初，32 位的工程工作站问世，以工作站组成 CAD/CAM 系统发展很快。它与小型机 CAD/CAM 系统不同，一台工作站只能一个人使用，并且具有较强的联网功能，其处理速度很快，一般都赶上或超过了过去的小型机的速度。这类工作站一般都采用 RISC 技术和开放系统的设计原则，且以 UNIX 为操作系统。这种类型的工作站是 20 世纪 90 年代 CAD/CAM 系统的主要机器。

4. PC 微型机组成的 CAD/CAM 系统

随着微型机性能的不断提高，价格的不断下降，以 PC 机组成的 CAD/CAM 系统近年来增加很快。过去以 PC 微型机为主机的 CAD/CAM 系统一般只能进行二维拼图和绘图，而现在可以进行三维造型和复杂的分析计算。值得一提的是，由于网络技术的发展，现在的微型机已能与大型机和小型机及工作站联网，成为整个网络的一个节点，共享主机和工作站资源。这样，大型系统、工作站系统、PC 机系统就不再相互割裂，而成为一个有机的整体，在网络中发挥各自的优点，使得原来在小型机和工作站上运行的 CAD/CAM 软件直接在微型机上运行。在我国用高档微型机组成的 CAD/CAM 系统发展很快，在某些方面已接近低档工程工作站的能力。

1.3.2 按计算机的连接方式来划分 CAD/CAM 系统

在实际应用中，也可按照 CAD/CAM 系统的计算机连接方式来分类——网络环境下的 CAD/CAM 系统(联机)和单机环境下的 CAD/CAM 系统。在过去，基于微型机的单机 CAD/CAM 系统给小型企业、个人以及教学使用带来了方便。但是，随着企业集成化管理和生产能力进一步提高的需要，网络化是必然的趋势，现代企业在 CAD/CAM 系统的建设过程中，必须要考虑到和 CAPP、PDM、MIS 等系统的集成问题。

1. 单机方式的 CAD/CAM 系统

单机方式的 CAD/CAM 系统由一台计算机加上输入、输出设备组成，是供单一用户使用的系统，如图 1-4 所示。

2. 联机方式的 CAD/CAM 系统

联机方式的 CAD/CAM 系统由一组连成网络的多台计算机组成，网络内的计算机各司其职，一部分用于面向用户的数据处理，另一部分用于控制整个网络的通信。联机又分为集中式和分布式。

1) 集中式

集中式是采用一个集中式计算机与多个用户(工作终端)相联，完成所有的数据处理任务，相邻用户之间的通信都通过集中式计算机进行。这种方式结构简单，但若主机出现故障，系统将完全瘫痪，因而要求主机具有极高的可靠性。集中式联机方式如图 1-5 所示。

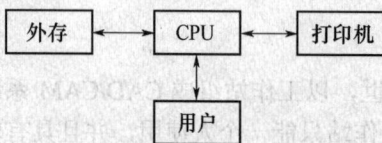

图 1-4 单机工作方式　　　　　图 1-5 集中式联机方式

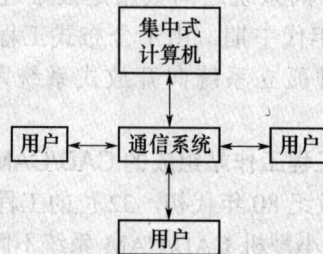

2) 分布式

分布式系统是利用计算机技术及通信技术将不同种类的分布于各处的计算机以网络形式联结起来，各计算机间的通信既可通过总线进行，也可按已知路径传输，而不需要控制主机加以集中管理。分布式系统的优点是：

(1) 系统的软、硬件资源分布在各个结点上，所以分布式系统中某计算机出现故障，不会影响其它计算机的工作，系统的可靠性相对较高。

(2) 网络上的硬件如绘图仪、激光打印机等设备和软件可以共享。

由于计算机集成制造技术的发展，推动了分布式 CAD/CAM 系统的研究与应用，使之成为目前计算机领域的重要组成部分。分布式联机方式如图 1-6 所示。

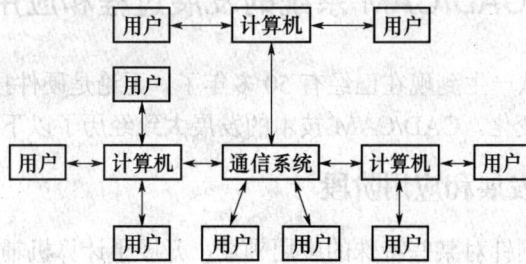

图1-6 分布式联机方式

1.4 CAD 和 CAM 之间的联系

CAD/CAM 技术是围绕产品(工程)的设计和制造相对独立发展起来的。在应用时，常常也是以独立的形式出现，并在各自的应用领域发挥了重要作用。然而，正如产品设计与产品制造是两个密切关联的环节一样，CAD 与 CAM 是企业生产活动自动化的两个重要环节，两者之间存在密切的信息联系。如 CAD 系统的输出是产品图样、技术文档和其它文件。在进入 CAPP 系统之前，需要从图样中提取几何信息、技术要求等，以符合 CAPP 系统所要求的格式输入。在进行 NC 加工程序编制时，也需提取大量的零件几何形状信息和公差信息才能由 CAM 系统生成合适的零件 NC 加工程序。

如图 1-7 所示，采用独立的 CAD、CAPP、CAM(狭义)系统来进行产品设计、工艺过程设计和 NC 加工程序编制时，需要有大量的人工介入。CAD 系统的输出是产品图样、技术文档和其它文件，在进入 CAPP 系统之前，需要人工从图样中提取几何信息、技术要求等，以符合 CAPP 系统所要求的格式输入。同样，CAD 系统和 CAM 系统之间也需要由数控编程人员进行大量的数据提取、组织和重新输入工作。这些人工转换工作，不仅造成了信息中断和重复输入，严重影响了工作效率的进一步提高，而且还可能发生信息丢失和重输出错误，降低了系统的可靠性。因此，很有必要将 CAD、CAM 等系统有机地结合成为一个整体。

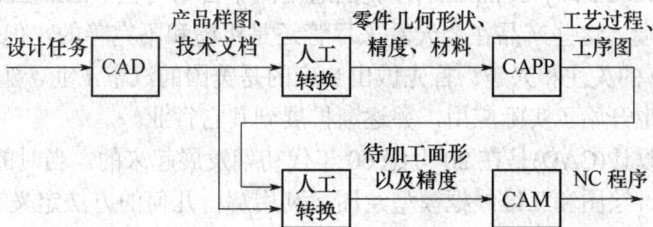

图 1-7 独立的 CAD 和 CAPP、CAM 系统之间的信息传递

集成化的 CAD/CAM 系统则由计算机系统内部完成图 1-7 中所示的零件传输与交换。一般的 CAD/CAM 集成指的是把 CAD、CAE、CAPP、CAPM、CAM 等各种功能软件有机地结合在一起，通过统一的信息管理和控制软件实现产品信息的提取、转换和共享，从而达到系统内信息的畅通和系统协调运行的目的。

7

1.5 CAD/CAM 系统的发展过程和应用现状

CAD/CAM 技术从产生到现在已经有 50 多年了，无论是硬件技术、软件技术还是应用领域都发生了巨大变化。CAD/CAM 技术的发展大致经历了以下 3 个阶段。

1.5.1 单元技术的发展和应用阶段

在这个阶段，分别针对某些特殊的应用领域，开展了计算机辅助设计、分析、工艺、制造等单一功能系统的发展及应用。这些系统的通用性差，系统之间数据结构不统一，系统之间难以进行数据交换，因此应用受到了极大的限制。

数控(Numerical Control，NC)技术的发明首先应提到美籍瑞士人 Parson，他为了制造直升飞机螺旋浆叶片的样板，1949 年以前就研制出了一种坐标镗床，这种机床能按一系列坐标值确定刀具的位置，刀具中心位置分别由一系列坐标点确定，机床在一次定位中加工出波纹形轮廓，再经人工修锉，最后制成轮廓形状精确的样板。Parson 不是 NC 机床的发明人，他自己也并没有认识到这种方法就是 NC 加工的思想。直到 1952 年，美国麻省理工学院才研制出第一台 NC 机床。

NC 加工发展初期，控制程序都是由手工编制，效率很低。1955 年，美国麻省理工学院的 D.T.Ross 发明了 APT(Automatically Programmed Tools)NC 语言系统，应用这种语言，通过对刀具轨迹的描述，就可以自动实现计算机辅助编制 NC 加工程序。在发展这一程序系统的同时，人们提出了一种设想，即能否不描述刀具轨迹，而是直接描述被加工工件的轮廓形状和尺寸，由此产生了人机协同设计产品零件的设想，开始了计算机图形学(Computer Graphics)的研究。

1963 年，年仅 24 岁的美国麻省理工学院研究生 I.E.Sutherland 在美国春季联合计算机会议(SJCC)上宣读了他的题为"人机对话图形通信系统"的博士论文。他开发了人机对话式的二维图形系统 SKETCHPAD，第一次证实了人机对话工作方式的可能性。这一研究成果具有划时代的意义，为发展 CAD/CAM 技术做出了巨大贡献。

CAD 技术的发展，引起了工业界的重视。也是在 1963 年，第一个正式的 CAD 系统 DAC(Design Augmented by Computer)在美国通用汽车公司问世，IBM 公司也发展了 2250 系统图形显示终端。这些产品在今天看来尽管还是粗糙和不完善的，但在当时却大大推动了人们对 CAD 的关注和兴趣。首先做出响应的是美国的汽车工业，随后日本、意大利等国的汽车公司也开始了实际应用，并逐渐扩展到其它行业。

计算机辅助设计(CAD)是在 20 世纪 60 年代初期发展起来的。当时的 CAD 技术特点主要是交互式二维绘图和三维线框模型绘图。利用解析几何的方法定义有关图素(如点、线、圆等)来绘制和显示直线、圆弧组成的图形。这种初期的线框模型系统只能表达图形的基本信息，不能有效地表达几何数据间的拓扑关系和表面信息。因此，无法实现计算机辅助工程分析(CAE)和计算机辅助制造(CAM)。

计算机辅助工艺规程设计(CAPP)是对计算机给定一些规则，以便产生出工艺规程。工艺规程是根据一个产品的设计信息和企业的生产能力，确定产品生产加工的具体过程和加工指令，以便于制造产品。一个理想的工艺文件应保证工厂以最低的成本、最有效地制造出已设计好的产品。它是在20世纪50年代中期发展起来的。

计算机辅助工程分析(Computer Aided Engineering，CAE)是从20世纪80年代发展起来的。CAE技术的确切定义尚无统一的论述，但目前多数CAE是CAD/CAM向纵深发展的必然结果。它是有关产品设计、制造、工程分析、仿真、实验等信息处理，以及包括相应数据管理系统在内的计算机辅助设计和生产的综合系统。CAE技术的主要功能指产品几何形状的模型化和工程分析与仿真，如图1-8所示。

作为CAE技术的核心内容——工程优化设计是在20世纪50年代末期发展起来的，在70年代已得到普及和广泛应用。

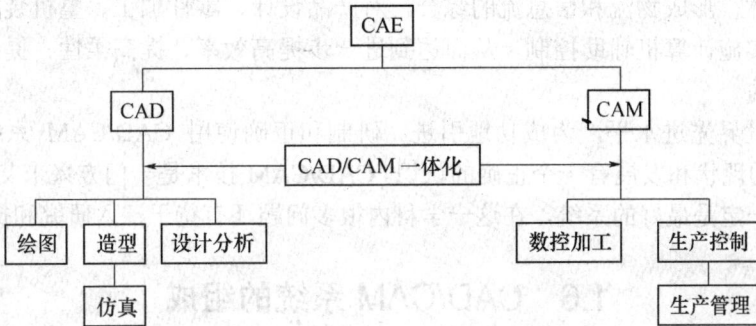

图1-8　CAD/CAM系统结构模式

1.5.2　CAD/CAM集成阶段

随着一些专业系统的应用和普及，出现了通用的CAD、CAM系统，而且系统的功能迅速增强。另外，CAD系统从二维绘图和三维线框模型迅速发展为曲面造型、实体造型、参数化技术和变量化技术，CAD、CAE、CAPP、CAM系统实现集成化或数据交换标准化，CAD/CAM的应用进入了普及和应用阶段。

1.5.3　CIMS技术推广应用阶段

计算机除了在设计、制造等领域得到深入应用外，几乎在企业生产、管理、经营的各项领域都得到了广泛的应用。由于企业的产品开发、制造活动与企业的其它经营活动是密切相关的，因此，要求CAD/CAM等计算机辅助系统与计算所管理信息系统交流，在正确的时刻，把正确的信息送到准确的地方。这是更高层次上企业内的信息集成，也就是所谓的计算机集成制造系统(Computer Integrated Manufacturing System，CIMS)。

从20世纪50年代以来，随着计算机的迅速发展，计算机应用的许多新技术被应用到制造业，以解决制造业所面临的一系列难题，这些新技术主要有数控(NC)、分布式数控(DNC)、计算机数控(CNC)、原材料需求计划(MRP)、制造资源计划(MRP-Ⅱ)、计算机辅助设计(CAD)、计算机辅助制造(CAM)、计算机辅助工程(CAE)、计算机辅助工艺规程设计(CAPP)和机械制造中的成组技术(GT)及机器人等。但这些新技术的实施并没有带来人们曾经预测的巨大效益，原因是它们离散地分布在制造业的各个子系统中，只能局部达到自动控制和最优化，不能使整个生产过程长期在最优化状态下运行。为了解决这个问题，人们逐步发展了计算机集成制造(CIM)这项技术思想。

从 20 世纪 80 年代中期以来，以 CIMS 为标志的综合生产自动化成为制造业的热点。

在我国，CAD/CAM 技术的发展经历了由引进到开发的过程，很多大中型企业、工程设计部门、大专院校、科研部门等纷纷通过引进或自行开发，建立起适合自己行业特点和工作需要的 CAD/CAM 系统，取得了良好的社会经济效益。CAD/CAM 技术的应用也由一般到高级、由少数用户到全面普及。

CAD/CAM 技术的发展方向多样化，如集成化、智能化、柔性化、网络化等。而 CIMS 则是基于计算机技术和信息技术，将设计、制造和生产管理、经营决策等方面有机地结合成一个整体，形成物流和信息流的综合，对产品设计、零件加工、整机装配和检测检验的全过程实施计算机辅助控制，从而达到进一步提高效率、提高柔性、提高质量和降低成本的目的。

为赶超世界先进水平，为成功地引进、研制和正确使用 CAD/CAM 系统，需要对 CAD/CAM 的现状和发展有一个正确的认识。CAD/CAM 技术是一门方兴未艾的科学，现有的系统不一定是最好的系统，在这一学科内很多问题还有待于深入研究和探索。

1.6 CAD/CAM 系统的组成

CAD/CAM 系统由硬件系统、软件系统和人才系统组成。

硬件主要是计算机主机及其外围设备、网络通信设备和生产加工设备。硬件设备是 CAD/CAM 系统运行的基础。软件一般是指由系统软件、支持软件和应用软件组成的程序、数据及有关文档。软件是 CAD/CAM 的核心。近年来，由于计算机技术的不断进步，大大缩短了软件升级和硬件更新周期。二者之中，尤以软件升级更为活跃，只有及时进行升级完善，才能不断满足生产加工需要。软件的发展，需要更快的计算机硬件系统，而硬件的更新为开发更好的 CAD/CAM 软件提供了必要的物质条件。

配置最佳的软、硬件系统，离不开高素质的操作和维护人员，人才是 CAD/CAM 系统运行的关键。从使用角度来看，各类 CAD/CAM 系统都通过人机对话完成各种交互任务，而大部分交互工作是人与计算机之间进行的，这就要求操作人员与计算机密切合作，各自发挥自身特长。操作人员在设计策略、逻辑控制、信息组织、经验和创造性方面占有主导地位。计算机在信息存储与检索、分析与计算、图形与文字处理等方面有着特有的优势。只有把硬件、软件和操作人员的工作有机结合起来，并加以正确维护，才能有效地发挥 CAD/CAM 系统的作用。CAD/CAM 系统的组成如图 1-9 所示。

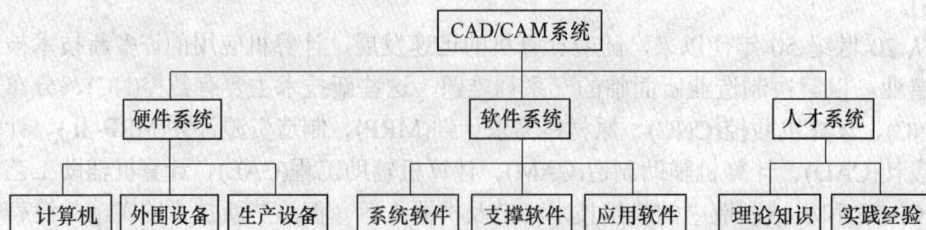

图 1-9 CAD/CAM 系统的组成

CAD/CAM 系统是一个有机的统一体，但 CAD 和 CAM 又各有其侧重面。接下来先简单地介绍一下 CAD 系统软件的功能。

由于 CAD/CAM 系统所处理的对象不同，硬件的配置、选型不同，所选择的支撑软件不同，因此，系统的功能也会有所不同。系统总体与外界进行信息传递与交换的基本功能是靠硬件提供的，而系统所解决的问题是由软件来保证的。

1.6.1　图形显示功能

CAD/CAM 系统是一个人机交互的过程，从产品的造型、构思到方案的确定，从结构分析到加工过程仿真，系统应随时保证用户能观察、修改中间结果，实时编辑处理。用户每一次操作，都能从显示器上及时得到反馈，直到取得最佳的设计、制造结果。图形显示功能不仅能够对二维平面进行显示控制，还能对三维体处理。

1.6.2　存储功能

在 CAD/CAM 系统运行中，数据量很大，往往有很多算法生成大量的中间数据，尤其是对图形的操作以及交互式的设计、结构分析中的网格划分等。为了保证系统正常运行，CAD/CAM 系统必须配置容量较大的存储设备，支持数据在各模块运行时的正确流通。另外，工程数据库的运行必须有存储空间的保障。

1.6.3　输入、输出功能

在 CAD/CAM 系统运行中，用户需要不断将有关设计要求、各步骤的具体数据等输入计算机内，通过计算机处理后，输出系统处理的结果。输入、输出信息既可以是数值的，也可以是非数值的，如图形数据、文本、字符等。

1.6.4　交互功能

在 CAD/CAM 系统中，人机接口是用户与系统连接的桥梁，友好的用户界面是保证用户直接而有效完成复杂设计任务的必要条件。除软件中的界面设计外，还必须有交互设备实现人与计算机之间的通信。

1.7　CAXA 制造工程师和 CAXA 数控车基本功能简介

CAXA 制造工程师是在 Windows 环境下运行的 CAD/CAM 一体化的数控加工编程软件。软件集成了数据接口、几何造型、加工轨迹生成、加工过程仿真检验、数控加工代码生成、加工工艺单生成等一整套面向复杂零件和模具的数控编程功能，其基本功能如下。

1.7.1　几何造型

1．方便的特征实体造型

采用精确的特征实体造型技术，将设计信息用特征术语来描述，简便而准确。通常的特征包括孔、槽、型腔、凸台、圆柱体、圆锥体、球体、管子等，CAXA 制造工程师

2006 可以方便的建立和管理这些特征信息。

实体模型的生成可以用增料方式，通过拉伸、旋转、导动、放样或加厚曲面来实现；也可以通过减料方式，从实体中减掉实体或用曲面裁剪来实现；还可以用等半径过渡、变半径过渡、倒角、打孔、增加拔模斜度和抽壳等高级特征功能来实现。

2. 强大的 NURBS 自由曲面造型

CAXA 制造工程师 2006 继承和发展了 CAXA 制造工程师以前的版本的曲面造型功能。从线框到曲面，提供了丰富的建模手段。可通过列表数据、数学模型、字体文件及各种测量数据生成样条曲线；通过扫描、放样、拉伸、导动、等距、边界网格等多种形式生成复杂曲面；并可对曲面进行任意裁剪、过渡、拉伸、缝合、拼接、相交、变形等，建立任意复杂的零件模型。通过曲面模型生成的真实感图，可直观显示设计结果。

3. 灵活的曲面实体复合造型

基于实体的"精确特征造型"技术，使曲面融合进实体中，形成统一的曲面实体复合造型模式。利用这一模式，可实现曲面裁剪实体、曲面生成实体、曲面约束实体等混合操作，是用户设计产品和模具的有力工具。如图 1-10、图 1-11 所示生成的实体模型。

图 1-10　CAXA 制造工程师生成的望远镜　　　图 1-11　CAXA 制造工程师生成的叶轮模型

1.7.2　数控加工功能

CAXA 制造工程师快速高效的加工功能涵盖了从两轴到三轴的数控铣床功能，四轴和五轴加工的功能模块需另外单独购买。

CAXA 制造工程师将 CAD 模型与 CAM 加工技术无缝集成，可直接对曲面、实体模型进行一致的加工操作。支持先进实用的轨迹参数化和批处理功能，明显提高工作效率。支持高速切削，大幅度提高加工效率和加工质量。通用的后置处理可向任何数控系统输出加工代码。

1. 两轴到三轴的数控加工功能

两轴到两轴半加工方式：可直接利用零件的轮廓曲线生成加工轨迹指令，而无需建立其三维模型；提供轮廓加工和区域加工功能，加工区域内允许有任意形状和数量的跳岛。可分别指定加工轮廓和岛的拔模斜度，自动进行分层加工，如图 1-12 所示。

三轴加工方式：多样化的加工方式可以安排从粗加工、半精加工到精加工的加工工艺路线。

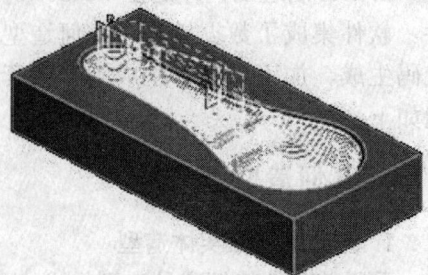

图 1-12　自动生成加工轨迹

12

2．支持高速加工

支持高速切削工艺，提高产品精度，降低代码数量，使加工质量和效率大大提高。

3．参数化轨迹编辑和轨迹批处理

CAXA 制造工程师的"轨迹再生成"功能可实现参数化轨迹编辑。用户只需选中已有的数控加工轨迹，修改原定义的加工参数表，即可重新生成加工轨迹。

CAXA 制造工程师可以先定义加工轨迹参数，而不立即生成轨迹。工艺设计人员可先将大批加工轨迹参数事先定义而在某一集中时间批量生成。这样，合理地优化了工作时间。

4．加工工艺控制

CAXA 制造工程师提供了丰富的工艺控制参数，可以方便地控制加工过程，使编程人员的经验得到充分的体现。

5．加工轨迹仿真

CAXA 制造工程师提供了轨迹仿真手段以检验数控代码的正确性。可以通过实体真实感仿真如实地模拟加工过程，展示加工零件的任意截面，显示加工轨迹。

6．通用后置处理

CAXA 制造工程师提供的后置处理器，无需生成中间文件就可直接输出 G 代码控制指令。系统不仅可以提供常见的数控系统的后置格式，用户还可以定义专用数控系统的后置处理格式。

1.7.3　最新技术的知识加工

CAXA 制造工程师专门提供了知识加工功能，针对复杂曲面的加工，为用户提供一种零件整体加工思路，用户只需观察出零件整体模型是平坦或者陡峭，运用老工程师的加工经验，就可以快速的完成加工过程。老工程师的编程和加工经验是靠知识库的参数设置来实现的。知识库参数的设置应由有编程和加工经验丰富的工程师来完成，设置好后可以存为一个文件，文件名可以根据自己的习惯任意设置。有了知识库加工功能，可以使老的编程者工作起来更轻松，新的编程者直接利用已有的加工工艺和加工参数，很快地学会编程，先进行加工，再进一步的深入学习其它的加工功能。

1.7.4　Windows 界面操作

CAXA 制造工程师基于微型机平台，采用原创 Windows 菜单和交互，全中文界面，让您一见如故，轻松流畅地学习和操作。全面支持英文、简体和繁体中文 Windows 环境。具备流行的 Windows 原创软件特色，支持图标菜单、工具条、快捷键的用户定制。用户可自由创建符合自己习惯的操作环境。

1.7.5　丰富流行的数据接口

CAXA 制造工程师是一个开放的设计/加工工具，具有丰富的数据接口，它们包括直接读取市场上流行的三维 CAD 软件，如 CATIA、Pro/E 的数据接口；基于曲面的 DXF 和 IGES 标准图形接口；基于实体的 STEP 标准数据接口；Parasolid 几何核心的 X-T、X-B 格式文件；ACIS 几何核心的 SAT 格式文件；面向快速成型设备的 STL 以及面向

INTERNET 和虚拟现实的 VRML 接口。这些接口保证了世界流行的 CAD 软件进行双向数据交换，使企业可以跨平台和跨地域地合作，实现虚拟产品开发和生产。

本 章 小 结

CAD/CAM 技术就是计算机辅助设计和计算辅助制造，广泛应用于机械、汽车、航空航天、电子、建筑工程、轻工等领域。CAD/CAM 将产品的设计与制造作为一个整体进行规划和开发，实现了信息处理高度一体化，具有高智力、知识密集、综合性强和效率高等特点。

CAD 与 CAM 是企业生产活动自动化的两个重要环节，两者之间存在密切的信息联系。一般的 CAD/CAM 集成指的是把 CAD、CAE、CAPP、CAPM、CAM 等各种功能软件有机地结合在一起，通过统一的信息管理和控制软件实现产品信息的提取、转换和共享，从而达到系统内信息的畅通和系统协调运行的目的。

CAD/CAM 系统基本上是由硬件系统(计算机、外部设备、生产设备)及软件系统(系统软件、支撑软件、应用软件)组成。CAD/CAM 系统需要对产品设计、制造全过程的信息进行处理，包括设计、制造过程中的数值计算、设计分析、绘图、工程数据库、工艺设计及加工仿真等各个方面。

思考与练习题

1. 试述 CAD、CAM 的含义和功能。
2. CAD/CAM 技术经历了哪几个发展阶段？
3. 简述 CAD/CAM 系统的主要任务。
4. 什么是 CIMS？
5. 试述 CAXA 制造工程师和 CAXA 数控车的功能。

第 2 章 CAD/CAM 造型技术

在使用计算机进行产品设计和加工过程中，当确定了设计任务和主要技术性能指标后，设计者首先使用 CAD 系统的三维几何造型技术描述产品和工程结构的总体形状及主要零部件的结构，然后再进行模拟计算。如检查各运动部件之间是否发生干涉、计算物体的体积和质心等物理特性，以及利用有限元方法分析计算，以了解主要构件的受力状态和温度分布，在此基础上进行评价、比较和改进，最后确定设计对象的总体结构，以使性能达到最优状态。如果在几何造型时采用一个合适的表达方法，还可以方便地生成数控加工指令，模拟加工过程中刀具运动的轨迹，以检查刀具是否刚好切去希望的切削量等。由此可知，在产品的设计和制造中，有关几何形状的描述、结构分析、工艺过程设计和数控加工等方面的技术都与几何形状有关，几何形状的定义和描述即建立系统的数据模型是其中的核心部分，它为设计、分析计算和制造提供了统一的数据和有关的信息。因此，实体的数据模型在 CAD/CAM 系统中是一个重要的组成部分。

在 CAD/CAM 系统中，三维几何造型是其技术核心。它在国际上始于 20 世纪 60 年代末，当时主要研究用三维线框模型表示三维形体。进入 70 年代后，随着不同领域 CAD/CAM 技术的发展，几何造型又发展到了曲面造型和实体造型。曲面造型主要研究曲线和曲面的表示、曲面的求交以及显示问题；在实体造型中，复杂形体通过简单快速的集合运算和几何变换构造而成。而随着信息技术的发展及计算机应用领域的不断扩大，对 CAD/CAM 系统提出越来越高的要求，尤其是计算机集成制造(CIM)技术的出现，要求将产品的需求分析、设计开发、制造生产、质量检验、售后服务等产品的整个生命周期的各个环节的信息有效集成起来。建立在几何模型基础上的 CAD 系统存储的信息无明显的功能、结构和工程含义，若从这些信息中提取、识别工程信息是相当困难的，为此推动了特征造型技术的发展。

特征是指描述产品信息的集合，也是设计和制造零部件的基本几何体。特征的概念最早出现在 1978 年美国 MIT 的一篇学士论文"CAD 中基于特征的零件表示"中，至 20世纪 80 年代末有关特征造型技术得到广泛关注，新一代的 CAD/CAM 系统，如 Pro/E、MDT、UGⅡ等都是基于特征的参数化实体造型系统。

2.1 三维几何造型技术

几何建模也称为几何造型。它是通过计算机表示、控制、分析和输出几何实体的技术，通过这种方法描述的几何实体必须是完整的、唯一的，而且能够从计算机内部的模型上提取该实体生成过程中的全部信息，或者能够通过系统的计算和分析而自动生成某些信息。通常，把能够定义、描述、生成几何实体，并能交互编辑的系统称为几何造型系统，它是 CAD/CAM 技术发展的一个新阶段。

产品的设计与制造涉及许多有关产品几何形状的描述、结构分析、工艺设计、加工和仿真等方面的技术，其中几何形状的定义与描述是其核心部分，其它环节均需由它提供基本数据。而将三维的几何形状描述成计算机能识别理解的形式的过程，称为建模。几何建模是指在计算机上建立产品及其零部件几何模型的构造技术。几何建模技术是 CAD/CAM 系统的核心，它为产品的设计、制造提供基本数据，同时，也为其它模块提供原始的信息。产品的三维几何造型系统可分为线框模型(Wireframe Model)、曲面模型(Surface Model)及实体模型(Solid Model)3 类，早期的 CAD/CAM 系统往往分别处理这 3 种造型方法，如图 2-1 所示，而目前一般是将三者有机的结合起来。

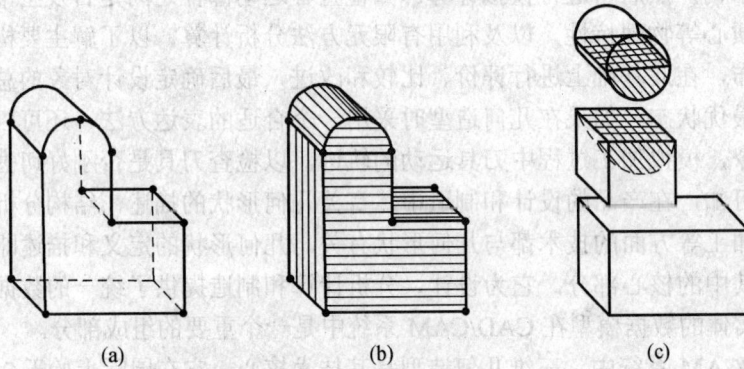

图 2-1　三维几何造型系统的分类

(a) 线框模型；(b) 曲面模型；(c) 实体模型。

2.1.1　线框模型

线框模型是 CAD/CAM 系统发展中最早用来表示形体的模型，其特点是结构简单，易于理解，又是曲面和实体模型的基础。

线框建模是由一系列的点、直线、圆弧及某些二次曲线组成，描述的是产品的轮廓外形。线框建模的数据结构是表结构，计算机存储的是该物体的顶点和棱边信息，将物体的几何信息和拓扑信息层次清楚的记录在表中。

2.1.2　曲面模型

曲面模型是以物体的各个表面为单位来表示其形体特征的，在线框模型的基础上增加了有关面与边的拓扑信息，给出了顶点的几何信息以及边与顶点、面与边之间的拓扑信息。

曲面建模是通过对实体的各个表面或曲面进行描述而构造实体的一种建模方法。建模时，先将复杂的外表面分解成若干个组成面，然后定义出一块块的基本图素，基本图素可以是平面或二次曲面，例如圆柱面、圆锥面、圆环面、回转面等，通过各面素的连接构成了组成面，各组成面的拼接就是所构造的模型。

2.1.3　实体模型

实体模型只要是明确定义了表面的哪一侧存在实体，在曲面模型的基础上来定义。

实体建模是采用实体对客观事物进行描述的一种方法。它是通过定义基本体素，利用体素的集合运算或基本变形操作构造所需的实体，其特点在于覆盖三维立体的表面与其实体同时生成。利用这种方法，可以完整的、清楚的对物体进行描述，并能实现对可见边的判断，具有消隐的功能。由于实体建模能够定义物体的内部结构形状，因此，可以完整的描述物体的所有几何信息，是当前普遍采用的建模方法。

2.2　参数化、变量化造型技术

在实际设计过程中，大多数的设计是通过修改已有图形而产生的。传统的实体造型只注重最后的结果，忽略中间过程的描述，所以很难修改结构形状，有时只有进行重新造型，设计人员往往要进行大量的不必要的重复工作。在这种情况下，参数化技术应运而生，它使得产品的设计图可以随着某些尺寸的修改和使用环境的变化而自动修改。

参数化设计是从 20 世纪 80 年代后期开始发展起来的，并于 90 年代逐渐发展成熟。目前，参数化设计分为尺寸驱动系统和变量化设计系统两类。

2.2.1　尺寸驱动系统

尺寸驱动系统称为参数造型系统。它只考虑物体的几何约束(尺寸和拓扑关系)，而不考虑过程约束。设计对象的结构形状比较定型，可以用一组参数来约定尺寸关系。参数与设计对象的控制尺寸有明显的对应关系，尺寸变化后，直接驱动设计结果。

尺寸驱动的几何模型由几何元素、尺寸约束和拓扑约束三部分组成。当修改某一尺寸时，系统自动检索该尺寸在尺寸链中的位置，找到它的起始几何元素和终止几何元素，使它们按新的尺寸进行调整，得到新模型；接着检查所有几何元素是否满足约束，如果不满足，则让拓扑约束不变，按尺寸进行调整，得到新模型，直到满足全部约束条件为止。

由于尺寸驱动技术被广泛地应用，人们可以轻松地对以前的设计图样进行修改，理论上只要改变任一视图或模型的任一尺寸，系统都会自动更新与修改部分有关的内容，毋须逐一查找更改。

但是，仅仅具备尺寸驱动的系统也存在许多不足。一是使用者必须严格遵守软件的内在使用机制，如决不允许欠尺寸约束，不可以逆向求解等；二是零件截面形状比较复杂时，系统规定必须将所有尺寸表达出来的要求让设计者有点为难，在众多尺寸中无从下手；三是对于尺寸驱动的这一修改手段，究竟改变哪一个(或几个)尺寸会导致形状朝着自己满意的方向改变呢？判断起来十分不易。另外，进行尺寸驱动时必须提供合理的尺寸，否则会导致变形过分，从而引起拓扑关系改变而出错误。

2.2.2　变量化设计系统

变量化设计系统是在尺寸驱动的基础上做了进一步改进后提出的设计思想。它考虑所有的约束，不仅考虑几何约束，而且考虑工程应用有关的约束，设计对象的修改需要更大的自由度，通过某一种约束方程来确定产品的尺寸和形状。变量化设计可以应用于公差分析、运动机构协调、设计优化、初步方案设计造型等更广泛的工程设计领域。因此，变量化设计是一种约束驱动的方法。

在变量化设计的情况下，设计者可以采用先形状后尺寸的设计方式，允许采用不完全约束，只给出必要的设计条件，这种情况下仍能保证设计的正确性和效率，因为系统分担了很多繁杂的工作。造型过程中，如何满足几何形状要求是第一位的，尺寸细节是后来逐步完善的。因此，设计过程相对轻松，这使得设计人员在进行设计之初可以不受工程中精确的位置与尺寸的约束，可以投入更多的精力去考虑设计方案。变量化设计系统在做概念设计时特别得心应手，比较适用于新产品的开发和老产品改型方面的创新设计。

参数化设计是指将工程技术人员所绘制的任意图形参数化，一旦修改图中的任一尺寸，均可实现尺寸驱动，引起相应图形的改变。

2.3　特征造型技术

几何造型技术的发展促进了 CAD/CAM 技术的发展，成功地解决了一些工程应用问题，但是，由于几何造型仅从几何的角度定义零件的形状，从而使得几何造型所建立的零件模型存在以下缺陷。

缺陷一，零件定义不完整。只能定义零件的公称几何形状，而作为零件的其它信息如尺寸公差、表面粗糙度以及设计意图等都不能表达。

缺陷二，信息定义的层次低。零件以点、线、面等较低层次的几何与拓扑信息描述，只有当这些信息作为图形显示出来时，人们才能理解其含义。

这些缺陷使得几何造型技术难于在工程领域中得到广泛而深入的应用。为此，人们提出了特征造型(Feature Modeling)技术以期待解决几何造型技术所存在的问题。

特征造型技术是几何造型技术的自然延伸，它是从工程的角度，对形体的各个组成部分及其特征进行定义，使所描述的形体信息更具工程意义，如利用孔、槽、凸台等来描述形体的形状。图 2-2 所示零件就可认为由 5 个具有工程意义的特征构成。

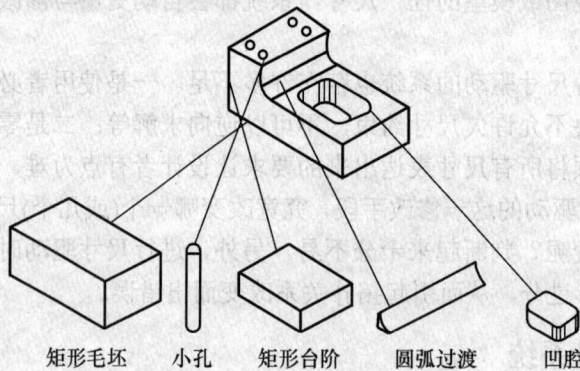

| 矩形毛坯 | 小孔 | 矩形台阶 | 圆弧过渡 | 凹腔 |

图 2-2　一个零件的特征

特征包含以下含义：
(1) 特征不是体素，是某个或某几个加工表面。
(2) 特征不是完整的零件。

18

(3) 特征的分类与该表面加工工艺规程密切相关，例如，直径较小的孔可以通过一次加工而成；而直径较大的孔，当加工精度相同时，可能毛坯上带有预铸孔，或经过多次加工，用不同的加工方法实现，这就要定义成两种不同的特征。

(4) 描述特征的信息中，除表达形状的诸如直径、长度、宽度等几何信息及约束关系信息外，还需包含材料、精度等制造信息。

(5) 通过定义简单的特征，还可以生成组合特征。

特征模型是以几何模型为载体，以一定的逻辑组织结构，将特征自身属性、特征间的约束关系、特征与零件的关系以及非几何信息统一集成起来。特征的属性和特征间的几何约束、工程约束关系可用树型层次结构来描述，如图 2-3 所示。特征之间具有继承、传递、邻接和引用关系，图中虚线表示引用关系，实线表示从属关系。对任一特征的操作或改动将会影响到关联特征，其约束关系自动进行传播。

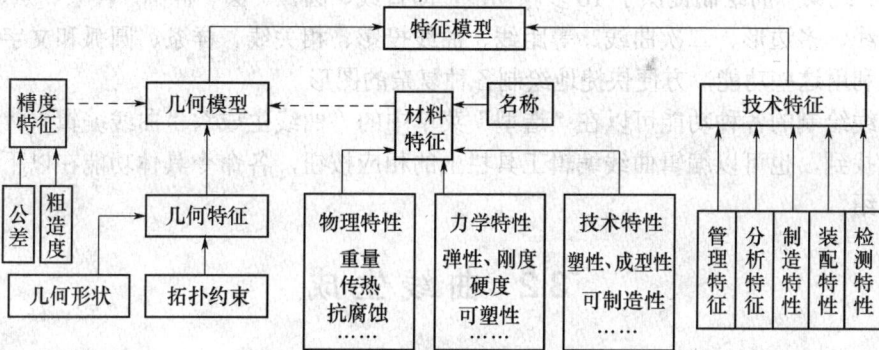

图 2-3 特征模型的树状层次结构

本 章 小 结

产品的三维几何造型系统可分为线框模型(Wireframe Model)、曲面模型(Surface Model)及实体模型(Solid Model)。

参数化技术使得产品的设计图可以随着某些尺寸的修改和使用环境的变化而自动修改。

特征造型技术是几何造型技术的自然延伸，它是从工程的角度，对形体的各个组成部分及其特征进行定义，使所描述的形体信息更具工程意义。

思考与练习题

1. 试比较三维线框模型、曲面模型、实体模型的特点。
2. 试比较尺寸驱动系统与变量化设计系统的区别。
3. 特征造型和几何造型有何区别？为什么要采用特征造型？
4. 试述特征包含哪些含义？

第3章 CAXA 制造工程师线架造型

3.1 空 间 线 架

所谓线架造型就是直接使用空间点、直线、圆、圆弧等曲线来表达三维零件形状的造型方法。点、线的绘制是实体造型和曲面造型的基础，CAXA 制造工程师软件为"草图"或"线架"的绘制提供了 10 多项功能，即直线、圆弧、圆、椭圆、样条、点、文字、公式曲线、多边形、二次曲线、等距线、曲线投影、相关线、样条、圆弧和文字等。读者可以利用这些功能，方便快捷地绘制各种复杂的图形。

曲线绘制的各种功能可以在"造型"菜单中的"曲线生成"、"曲线编辑"、"几何变换"里找到，也可以编辑曲线编辑工具栏上的相应按钮，各命令具体功能在以下章节做详细介绍。

3.2 曲 线 生 成

在 CAXA 制造工程师中曲线生成工具栏如图 3-1 所示。

图 3-1 曲线生成工具栏

3.2.1 直线

直线是图形构成的基本要素。直线绘制功能提供了 6 种绘制方式，如图 3-2 所示。

1. 两点线

两点直线就是在屏幕上按给定两点画一直线段或按给定的连续条件画连续的直线段。

1) 相关参数

连续：指每段直线段相互连接，前一直线段的终点为下一直线段的起点。

单个：指每次绘制的直线段相互独立，互不相关。

非正交：指可以画任意方向的直线，包括正交的直线。

正交：指所画直线与坐标轴平行。

点方式：指定两点来画出正交直线。

长度方式：指按给定长度和点来画出正交直线。

2) 操作步骤

(1) 单击 按钮，在立即菜单中选择"两点线"。

(2) 按状态提示给出第一点和第二点，完成两点线绘制，如图 3-3 所示。

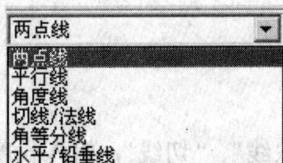

图 3-2　直线绘制方式能　　　　　　　　图 3-3　两点线绘制

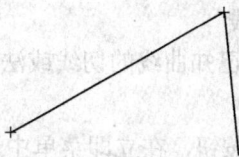

2. 平行线

按给定距离或通过给定点绘制与一线段平行且长度相等的线段。

1) 相关参数

过点：指通过一点作已知直线的平行线。

距离：指按照固定的距离作已知直线的平行线。

条数：指可以同时作出的多条平行线的数目。

2) 操作步骤

(1) 单击 ⁄ 按钮，在立即菜单中选择"平行线"、"距离"，如图 3-4 所示。

(2) 输入参数，按状态栏提示拾取直线并给出等距方向，生成平行线，如图 3-5 所示。

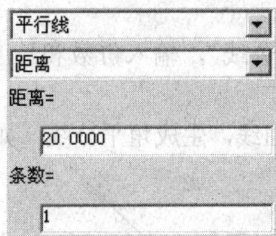

图 3-4　平行线立即菜单　　　　　　　　图 3-5　平行线绘制

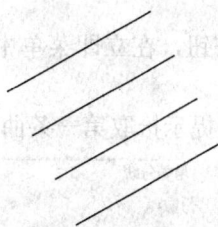

3. 角度线

角度线就是生成与坐标轴或一条直线成一定夹角的直线。

1) 相关参数

与 X 轴夹角：所作直线与 X 轴正方向之间的夹角。

与 Y 轴夹角：所作直线与 Y 轴正方向之间的夹角。

与直线夹角：所作直线与已知直线之间的夹角。

2) 操作步骤

(1) 单击 ⁄ 按钮，在立即菜单中选择"角度线"、"X 轴夹角"，输入角度值，如图 3-6 所示。

(2) 按状态栏提示给出第一点，继续给出第二点或长度，生成角度线，如图 3-7 所示。

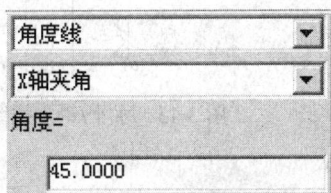

图 3-6　角度线立即菜单　　　　　　　　图 3-7　角度线绘制

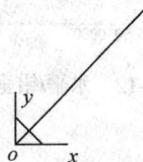

4. 切线/法线

过给定点作已知曲线的切线或法线。

操作步骤:

(1) 单击 ![按钮]按钮,在立即菜单中选择"切线/法线"、"切线",输入长度值,如图 3-8 所示。

(2) 按状态栏提示拾取曲线,输入直线中点,生成切线,如图 3-9 所示。

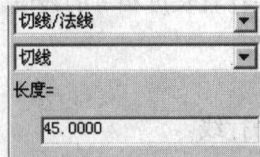

图 3-8　切线/法线立即菜单　　　　图 3-9　切线绘制

5. 角平分线

根据设定的等份数用直线将一个角等分。

操作步骤:

(1) 单击 ![按钮]按钮,在立即菜单中选择"角等分线",输入份数和长度值,如图 3-10 所示。

(2) 按状态栏提示拾取第一条曲线和第二条曲线,生成角平分线,如图 3-11 所示。

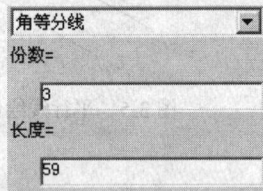

图 3-10　角平分线立即菜单　　　　图 3-11　角平分线绘制

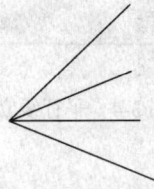

6. 水平/铅垂线

生成平行或垂直于当前坐标轴的直线。

操作步骤:

(1) 单击 ![按钮]按钮,在立即菜单中选择"水平+铅垂",输入长度值,如图 3-12 所示。

(2) 按状态栏提示输入直线中点,生成水平/铅垂线,如图 3-13 所示。

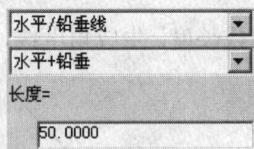

图 3-12　水平/铅垂线立即菜单　　　　图 3-13　水平/铅垂线绘制

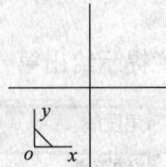

3.2.2　圆弧

圆弧与直线一样,圆弧也是图形构成的基本要素。为了适应各种情况下圆弧的绘制需要，可以采用 6 种方式绘制圆弧，命令下拉菜单如图 3-14 所示，这 6 种方式分别为三点圆弧、圆心_起点_圆心角、圆心_半径_起终角、两点_半径、起点_终点_圆心角和起点_半径_起终角。

图 3-14　圆弧命令菜单

1. 三点圆弧

经过三点绘制的圆弧，其中第一点为起点，第三点为终点，第二点决定圆弧的位置和方向。

操作步骤：

(1) 单击 按钮，在立即菜单中选择"三点圆弧"，如图 3-15 所示。

(2) 按状态栏提示分别输入第一点、第二点和第三点坐标，生成圆弧，如图 3-16 所示。

图 3-15　三点圆弧立即菜单　　　　　图 3-16　三点圆弧绘制

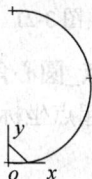

2. 圆心_起点_圆心角

通过已知的圆心、起点坐标及圆心角绘制圆弧。

操作步骤：

(1) 单击 按钮，在立即菜单中选择"圆心_起点_圆心角"，如图 3-17 所示。

(2) 按状态栏提示先输入圆心坐标，接着输入圆弧起点坐标，给出圆心和圆弧终点所确定射线上的点，生成圆弧，如图 3-18 所示。

图 3-17　圆心_起点_圆心角立即菜单　　　图 3-18　圆心_起点_圆心角绘制圆弧

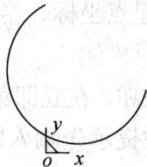

3. 圆心_半径_起终角

通过已知的圆心_半径_起终角绘制圆弧。

操作步骤：

(1) 单击 按钮，在立即菜单中选择"圆心_半径_起终角"，如图 3-19 所示。

(2) 按状态栏提示先输入圆心坐标，接着输入半径值，生成圆弧，如图 3-20 所示。

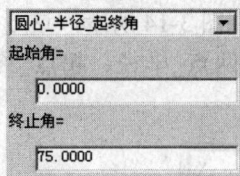

图 3-19　圆心_半径_起终角立即菜单　　　　图 3-20　圆心_半径_起终角绘制圆弧

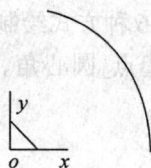

4. 两点_半径

通过已知的两点坐标及圆弧半径绘制圆弧。

操作步骤：

(1) 单击⌒按钮，在立即菜单中选择"两点_半径"，如图 3-21 所示。

(2) 按状态栏提示先输入圆弧第一点坐标、第二点坐标、第三点坐标或半径值，生成圆弧，如图 3-22 所示。

图 3-21　两点_半径立即菜单　　　　图 3-22　两点_半径绘制圆弧

5. 起点_终点_圆心角

通过已知的起点坐标、终点坐标和圆心角绘制圆弧。

操作步骤：

(1) 单击⌒按钮，在立即菜单中选择"起点_终点_圆心角"，如图 3-23 所示。

(2) 按状态栏提示先输入圆弧起点坐标、终点坐标，生成圆弧，如图 3-24 所示。

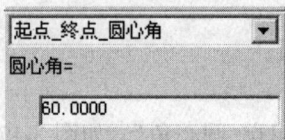

图 3-23　起点_终点_圆心角立即菜单　　　　图 3-24　起点_终点_圆心角绘制圆弧

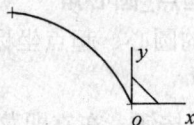

6. 起点_半径_起终角

通过已知的起点坐标、半径值和起终角度绘制圆弧。

操作步骤：

(1) 单击⌒按钮，在立即菜单中选择"起点_半径_起终角"，输入参数，如图 3-25 所示。

(2) 按状态栏提示先输入圆弧起点坐标，生成圆弧，如图 3-26 所示。

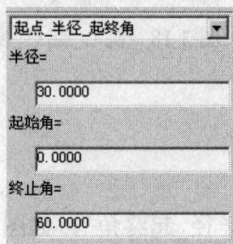

图 3-25　起点_半径_起终角立即菜单　　　　图 3-26　起点_半径_起终角绘制圆弧

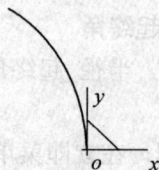

24

3.2.3　圆

在 CAXA 制造工程师中提供了 3 种绘制圆的方法，分别是"圆心_半径"、"三点"和"两点_半径"方式。3 种方式的切换可以通过位于屏幕左侧的立即菜单实现，如图 3-27 所示。选择某种方式绘制圆时，根据状态栏的提示输入相应的参数。其中点的输入有 2 种方式：按空格键拾取工具点和按回车键直接输入坐标值。

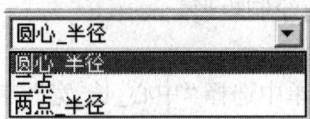

图 3-27　绘制圆的立即菜单

1. 圆心_半径

通过已知的圆心坐标和半径值绘制圆。

操作步骤：

(1) 单击⊙按钮，在立即菜单中选择"圆心_半径"，如图 3-28 所示。

(2) 按状态栏提示先输入圆心点坐标、圆上一点坐标或半径值，生成圆，如图 3-29 所示。

图 3-28　圆心_半径立即菜音　　　　图 3-29　圆心_半径绘制圆

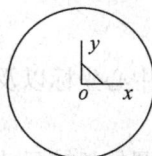

2. 三点

通过已知的三点坐标绘制圆。

操作步骤：

(1) 单击⊙按钮，在立即菜单中选择"三点"方式，如图 3-30 所示。

(2) 按状态栏提示分别输入圆上第一点、第二点和第三点坐标，生成圆。

3. 两点_半径

通过已知圆上两点和半径值绘制圆。

操作步骤：

(1) 单击⊙按钮，在立即菜单中选择"两点_半径"方式，如图 3-31 所示。

图 3-30　三点方式立即菜单　　　　图 3-31　两点_半径方式立即菜单

(2) 按状态栏提示分别输入圆上第一点、第二点坐标，接着输入半径值，生成圆。

3.2.4　矩形

CAXA 制造工程师提供了两点矩形和中心_长_宽 2 种方式绘制矩形。

1. 两点矩形

通过给定的对角线上两点绘制矩形。

操作步骤：

(1) 单击 ▭ 按钮，在立即菜单中选择"两点矩形"方式，如图 3-32 所示。

(2) 按状态栏提示输入矩形起点坐标和终点坐标，生成矩形，如图 3-33 所示。

2. 中心_长_宽

通过给定长度和宽度尺寸值绘制矩形。

操作步骤：

(1) 单击 ▭ 按钮，在立即菜单中选择"中心_长_宽"方式，输入参数，如图 3-34 所示。

图 3-32　两点矩形立即菜单　　　图 3-33　两点矩形绘制　　　图 3-34　中心_长_宽矩形立即菜单

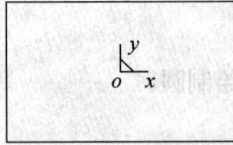

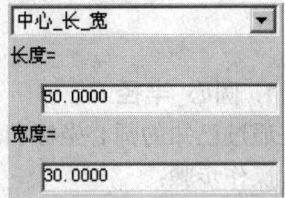

(2) 按状态栏提示输入矩形中心坐标，生成矩形。

3.2.5　椭圆

通过指定椭圆中心坐标以及其它参数绘制一个椭圆或者椭圆弧。

1) 相关参数

长半轴：指椭圆的长轴尺寸值。

长半轴：指椭圆的短轴尺寸值。

旋转角：指椭圆的长轴与默认起始基准间的夹角。

起始角：指画椭圆弧时起始位置与默认起始基准间的夹角。

终止角：指画椭圆弧时终止位置与默认起始基准间的夹角。

2) 操作步骤

(1) 单击 ▭ 按钮，在立即菜单中输入参数，如图 3-35 所示。

(2) 按状态栏提示输入椭圆中心坐标，生成椭圆，如图 3-36 所示。

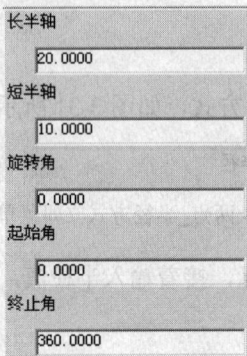

图 3-35　椭圆立即菜单　　　　　　　图 3-36　椭圆绘制

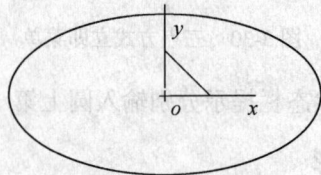

26

3.2.6 多边形

绘制多边形有指定边和中心 2 种方式，2 种绘制方式只是定位点选择的不同。

1. 边方式

以指定的边数为依据绘制正多边形。

操作步骤：

(1) 单击 ⊙ 按钮，在立即菜单中输入边数，如图 3-37 所示。

(2) 按状态栏提示输入边的起点坐标和终点坐标，生成多边形，如图 3-38 所示。

图 3-37　边方式立即菜单　　　　图 3-38　　正多边形绘制

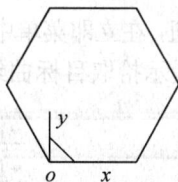

2. 中心方式

以输入点为圆心绘制圆的内切或外接正多边形。

操作步骤：

(1) 单击 ⊙ 按钮，在立即菜单中选择"中心"、"外接"或"内接"，输入边数，如图 3-39 所示。

(2) 按状态栏提示输入边的中心坐标和终点坐标，生成多边形，如图 3-40 所示。

图 3-39　中心方式立即菜单　　　　图 3-40　正多边形绘制

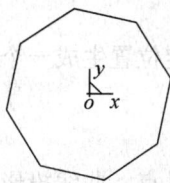

3.2.7 等距线

以一条给定曲线为基准在指定距离外绘制另外一条曲线，等距线的生成方式有"等距"和"变距" 2 种。

1. 等距

按照给定的距离作已知曲线的等距线。

操作步骤：

(1) 单击 ⊓ 按钮，在立即菜单中选择"等距"，输入距离，如图 3-41 所示。

(2) 按状态栏提示拾取目标曲线，确定等距方向，生成等距线，如图 3-42 所示。

2. 变等距

按照给定的起始和终止距离，作沿给定方向变化距离的曲线的变等距线。

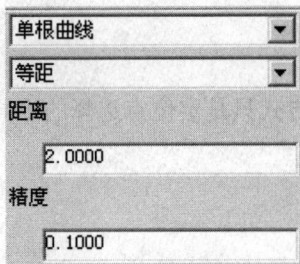

图 3-41 等距线立即菜单

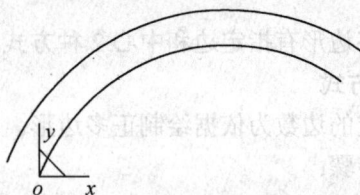

图 3-42 等距线绘制

操作步骤:

(1) 单击 🔲 按钮,在立即菜单中选择"变等距",输入起始和终止距离,如图 3-43 所示。

(2) 按状态栏提示拾取目标曲线,确定等距方向,生成等距线,如图 3-44 所示。

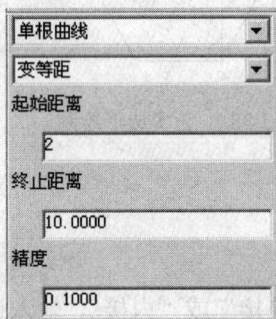

图 3-43 变等距线立即菜单

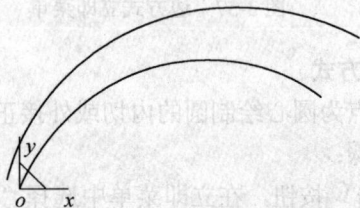

图 3-44 变等距线绘制

3.2.8 点

在绘图区的指定位置生成一个孤立点,或生成曲线的等分点,点的绘制方式有单个点和批量点 2 种。

1. 单个点

单个点包括工具点、曲线投影点、曲面上投影点和曲线曲面交点等,其立即菜单如图 3-45 所示。

操作步骤:

(1) 单击 🔳 按钮,在立即菜单中选择"单个点"及其方式,如图 3-45 所示。

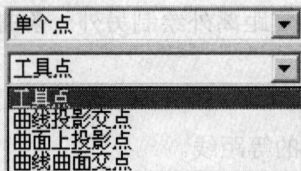

图 3-45 单个点立即菜单

(2) 按状态栏提示输入坐标生成点。

2. 批量点

批量点指一次性生成多个点,包括等分点、等距点和等角度点等。

28

操作步骤：

(1) 单击 ■ 按钮，在立即菜单中选择"批量点"、"等分点"，及段数，如图 3-46 所示。

(2) 按状态栏提示拾取曲线，单击鼠标右键确认，生成点，如图 3-47 所示。

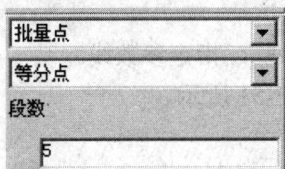

图 3-46　批量点立即菜单

图 3-47　批量点生成

3.2.9　曲线投影

曲线投影用来实现空间一条曲线沿某一方向在一个基准平面投影，从而得到该曲线在基准平面上的投影线。这条曲线可以是空间曲线、实体的边或者曲面的边。利用这个功能可以充分利用以有的曲线来做草图平面内的草图线。曲线投影只有在草图状态下才能实现。

操作步骤：

(1) 选择绘图面，进入草图状态。

(2) 单击 ❖ 按钮，按状态栏提示拾取已存在的一条空间曲线，单击鼠标右键确认。

(3) 退出草图状态，删除空间曲线，可见草图上有曲线生成。

3.2.10　相关线

相关线用来描绘曲面或实体的交线、边界、参数线、法线、投影线和实体边界。

1. 曲面交线

该功能生成两曲面的相交线。

操作步骤：

(1) 单击 ❖ 按钮，在立即菜单中选择"曲面交线"，如图 3-48 所示。

(2) 按状态栏提示拾取第一张曲面和第二张曲面，生成相关线，如图 3-49 所示。

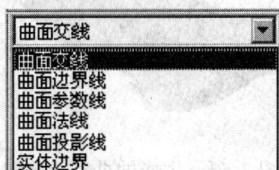

图 3-48　相关线立即菜单

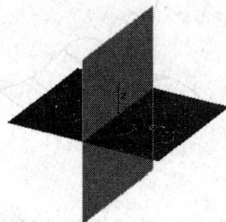

图 3-49　曲面相交线

2. 曲面边界线

生成曲面的外边界线或内边界线。

操作步骤：

(1) 单击 ❖ 按钮，在立即菜单中选择"曲面边界线"。

(2) 按状态栏提示拾取曲面，生成相关线，如图 3-50 所示。

3. 曲面参数线
曲面参数线生成一个曲面的 U 向和 W 向的参数线。

操作步骤：

(1) 单击 按钮，在立即菜单中选择"曲面参数线"，指定参数线。

(2) 按状态栏提示操作，生成曲面参数线，如图 3-51 所示。

图 3-50　生成曲面边界　　　　　　　图 3-51　生成的曲面参数线

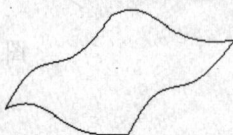

4. 曲面法线
曲面法线指定曲面上一点并在此点生成法线。

操作步骤：

(1) 单击 按钮，在立即菜单中选择"曲面法线"，输入长度值。

(2) 按状态栏提示拾取曲面和点，生成曲面法线，如图 3-52 所示。

5. 曲面投影线
将空间的曲线投影到曲面上。

操作步骤：

(1) 单击 按钮，在立即菜单中选择"曲面投影线"。

(2) 按状态栏提示拾取曲面，给出投影方向，拾取曲线，生成曲面投影线，如图 3-53 所示。

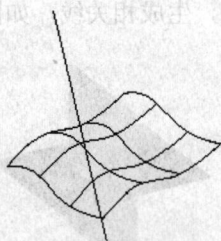

图 3-52　生成曲面法线　　　　　　　图 3-53　生成的曲线投影线

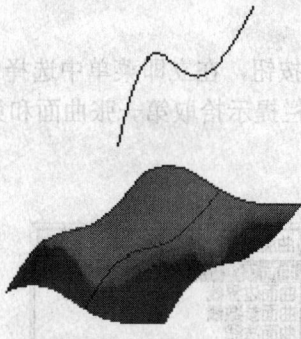

6. 实体边界
该功能生成两个实体结合处的边界线。

操作步骤：

(1) 单击 按钮，在立即菜单中选择"实体边界"。

(2) 按状态栏提示用鼠标拾取实体边界，实体边界线，如图 3-54 所示。

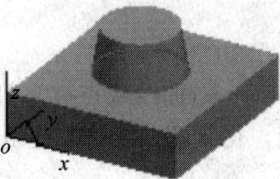

图 3-54 生成的实体边界线

3.2.11 文字

在制造工程师中输入所需的文字内容。

操作步骤：

(1) 单击 **A** 按钮，指定文字输入点坐标，弹出"文字输入"对话框，如图 3-55 所示。

(2) 在输入框内输入文字，单击"设置"按钮对字形等参数进行设置，如图 3-56 所示。

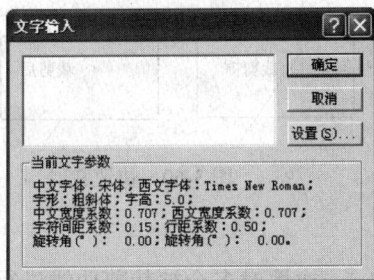

图 3-55 "文字输入"对话框

图 3-56 设置文字参数

(3) 单击"确定"按钮后输入的文字出现，如图 3-57 所示。

caxa 制造工程师

图 3-57 生成文字

3.3 曲 线 编 辑

当进行草图绘制时只依靠绘图工具所带的基本图素是远远不够的，还需要对基本的图形元素进行编辑，例如将直线裁剪、打断等操作。曲线编辑包括曲线裁剪、曲线过渡、曲线打断、曲线组合和曲线拉伸 5 种功能。曲线编辑安排在主菜单的下拉菜单和线面编辑工具条中，线面编辑工具条如图 3-58 所示。

图 3-58 曲线编辑工具条

3.3.1 曲线裁剪

曲线裁剪是用一个或多个几何元素(曲线或点称为剪刀线),对给定曲线(称为被裁剪线)进行修整,删除不需要的部分,得到新曲线。既使用曲线做剪刀线,也裁掉曲线上不需要的部分。

曲线裁剪的方式有快速裁剪、修剪、线裁剪和点裁剪 4 种。快速裁剪、修剪和线裁剪中的投影裁剪适用于空间曲线之间的裁剪。线裁剪和点裁剪都具有延伸特性。即如果剪刀线和被裁剪曲线之间没有实际的交点,系统则在依次延长被裁剪线和剪刀线后,进行求交,在得到交点处进行裁剪。

1. 快速裁剪

快速裁剪是一种高效的裁剪方法,可实现单击哪段就剪掉哪段。快速裁剪的方式有正常裁剪和投影裁剪 2 种。

操作步骤:

(1) 单击 按钮,在立即菜单中选择"快速裁剪"和"正常裁剪",如图 3-59 所示。

(2) 按状态栏提示拾取被裁剪线(选取被裁掉的段),快速裁剪完成,如图 3-60 所示。

图 3-59 快速裁剪立即菜单

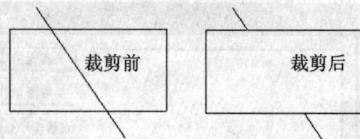

图 3-60 快速裁剪

2. 修剪

拾取一条曲线或多条曲线作为裁剪边界,一次性对多个被裁剪曲线进行裁剪。在使用修剪命令时可以拾取多条曲线作为剪刀线,剪刀线同时也可以作为被裁剪线。修剪功能中不能采用延伸的做法,只有在实际交点处进行裁剪,其立即菜单如图 3-61 所示。

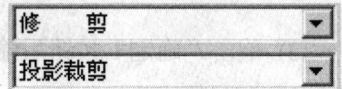

图 3-61 修剪立即菜单

3. 线裁剪

以一条曲线作为裁剪边界,对其它曲线进行单个或批量裁剪。

操作步骤:

(1) 单击 按钮,在立即菜单中选择"线裁剪"和"正常裁剪",如图 3-62 所示。

(2) 按状态栏提示拾取裁剪线和被裁剪线,线裁剪完成,如图 3-63 所示。

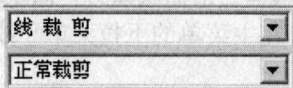

图 3-62 线裁剪立即菜单

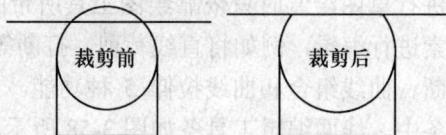

图 3-63 线裁剪

4. 点裁剪

利用曲线上的点作为裁剪边界对曲线进行裁剪。

操作步骤：

(1) 单击 ![] 按钮，在立即菜单中选择"点裁剪"，如图 3-64 所示。

(2) 按状态栏提示拾取被裁剪的线(选取保留段)和拾取剪刀点，点裁剪完成，如图 3-65 所示。

图 3-64　点裁剪立即菜单　　　　　图 3-65　点裁剪

3.3.2　曲线过渡

曲线过渡就是对指定的两条曲线进行圆弧过渡、尖角过渡或对两条直线倒角。曲线过渡有圆弧过渡、尖角过渡、倒角 3 种过渡方式，立即菜单如图 3-66 所示。

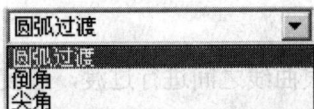

图 3-66　曲线过渡立即菜单

1．圆弧过渡

将两根曲线之间用给定半径的圆弧光滑连接起来。圆弧在两曲线的哪个侧面生成，取决于两根曲线上的拾取位置。

操作步骤：

(1) 单击 ![] 按钮，在立即菜单中选择"圆弧过渡"，输入半径值，如果不需要保留原来的直线，就选择"裁剪曲线 1"和"裁剪曲线 2"，如图 3-67 所示。

(2) 按状态栏提示依次拾取第一条曲线和第二条曲线，完成圆弧过渡，如图 3-68 所示。

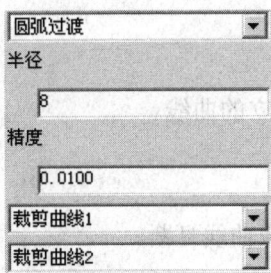

图 3-67　圆弧过渡立即菜单　　　　　图 3-68　圆弧过渡

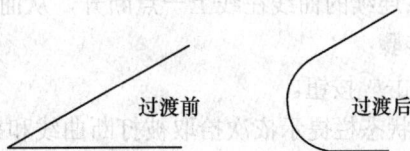

2．倒角过渡

倒角过渡用于在给定的两直线之间进行过渡，过渡后在两直线之间有一条按给定角度和长度的直线。"角度"为倒角线与第一条曲线之间的夹角，拾取线的顺序不同，倒角的情况也不一样。"距离"是倒角斜线的长度。

操作步骤：

(1) 单击 按钮，在立即菜单中选择"倒角"，输入角度和距离值，如果不需要保留原来的直线，就选择"裁剪曲线1"和"裁剪曲线2"，如图 3-69 所示。

(2) 按状态栏提示依次拾取第一条曲线和第二条曲线，完成倒角过渡，如图 3-70 所示。

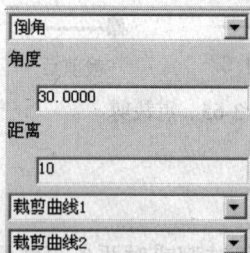

图 3-69 倒角过渡立即菜单　　　　　　　图 3-70 倒角过渡

3. 尖角过渡

尖角过渡用于在给定的两根曲线之间进行过渡，过渡后在两曲线的交点处呈尖角，并将无用的部分删除。

操作步骤：

(1) 单击 按钮，在立即菜单中选择"尖角"，如图 3-71 所示。

(2) 按状态栏提示依次拾取第一条曲线和第二条曲线，完成尖角过渡，如图 3-72 所示。

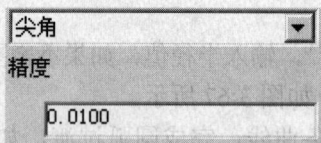

图 3-71 尖角过渡立即菜单　　　　　　　图 3-72 尖角过渡

3.3.3 曲线打断

将一条连续的曲线在线上一点断开，从而形成两条独立的曲线。

操作步骤：

(1) 单击 按钮。

(2) 按状态栏提示依次拾取被打断曲线和打断点，完成曲线打断。

3.3.4 曲线组合

将多条首尾连接的曲线组合成一条样条曲线，同时保留或删除原曲线。如果首尾相连的曲线有尖角，系统会自动生成一条光顺的样条曲线。

操作步骤：

(1) 单击 按钮，弹出立即菜单，选择"删除原曲线"或"保留原曲线"，如图 3-73 所示。

(2) 按状态栏提示依次拾取需组合的曲线，单击鼠标右键确认，完成曲线组合，如图 3-74 所示。

组合前　　　　　组合后

图 3-73　曲线组合立即菜单　　　　　图 3-74　曲线组合

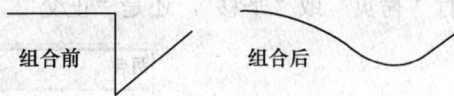

删除原曲线

3.3.5　曲线拉伸

将一条曲线延长到指定位置。曲线拉伸分为伸缩和非伸缩 2 种方式，伸缩方式是沿着曲线的方向进行拉伸，而非伸缩方式是以曲线的一个端点为定点，不受曲线原方向的控制进行拉伸。

操作步骤：

(1) 单击 按钮，弹出立即菜单，选择"伸缩"或"非伸缩"式拉伸，如图 3-75 所示。

(2) 按状态栏提示拾取需拉伸的曲线，指定要拉伸到的位置，完成曲线拉伸，如图 3-76 所示。

拉伸前　　　　　拉伸后

非伸缩

图 3-75　曲线拉伸立即菜单　　　　　图 3-76　曲线拉伸

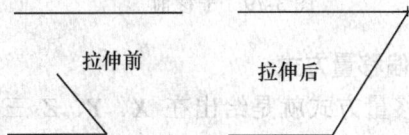

3.4　几 何 变 换

几何变换对于编辑图形和曲面有着极为重要的作用，可以极大的方便读者。几何变换是指对线、面进行变换，对造型实体无效，而且几何变换前后线、面的颜色、图层等属性不发生变化。几何变换共有 7 种功能：平移、平面旋转、旋转、平面镜像、镜像、阵列和缩放。图 3-77 所示为几何变换工具条。

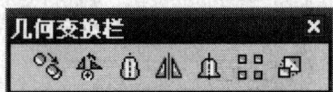

几何变换栏

图 3-77　几何变换工具条

3.4.1　平移

本命令对拾取到的曲线或曲面进行平移或拷贝。在菜单中单击"造型"→"几何变换"，然后再单击"平移"，或直接单击 按钮即可启动平移命令。平移有 2 种方式：两点和偏移量。

1. 两点方式

两点方式就是给定平移元素的基点和目标点，来实现曲线或曲面的平移或拷贝。

操作步骤：

操作时，单击 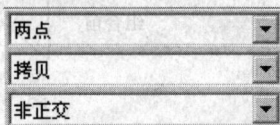 按钮，在如图 3-78 所示的立即菜单中选取"两点"方式，确定是对图形进行"拷贝"或"平移"，还是"正交"方式或"非正交"方式。

两点	▼
拷贝	▼
非正交	▼

图 3-78　平移两点方式立即菜单

拾取曲线或曲面，按右键确认，输入基点，光标就可以拖动图形了。输入目标点，平移完成，如图 3-79 和图 3-80 所示。

图 3-79　平移前　　　　　　　　　　　图 3-80　平移后

2. 偏移量方式

偏移量方式就是给出在 X、Y、Z 三轴上的偏移量，来实现曲线或曲面的平移或拷贝。

操作步骤：

操作时，单击 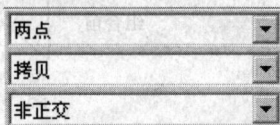 按钮，在如图 3-81 所示的立即菜单中选取"偏移量"方式，确定对图形进行拷贝或平移，输入 X、Y、Z 三轴上的偏移量值。根据状态栏中提示"拾取元素"，选择曲线或曲面，按右键确认，平移完成。

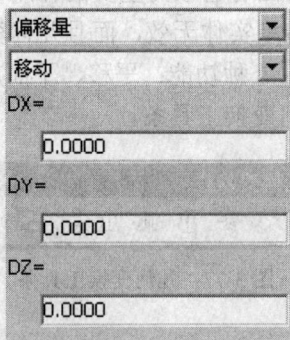

图 3-81　平移偏移量方式立即菜单

3.4.2　平面旋转

本命令对拾取到的曲线或曲面进行同一平面上的旋转或旋转拷贝，平面旋转有拷贝和平移 2 种方式。拷贝方式除了可以指点旋转角度外，还可以指定拷贝份数。

操作步骤：

在菜单中单击"造型"→"几何变换"，然后再单击"平面旋转"，或直接单击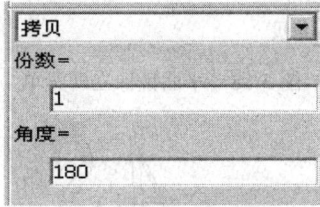按钮启动命令。在如图 3-82 所示的立即菜单中选取"移动"或"拷贝"，在角度=中输入角度值，如选择拷贝选项，在份数中输入拷贝份数。指定旋转中心，按右键确认，平面旋转完成。图 3-83 和图 3-84 所示为图形的平面旋转示例。

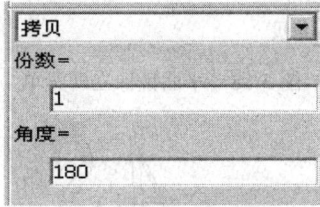

图 3-82　平面旋转立即菜单

图 3-83　平面旋转前　　　　　　　　　　　　　图 3-84　平面旋转后

3.4.3　旋转

本命令对拾取到的曲线或曲面进行空间的旋转或旋转拷贝。旋转有拷贝和平移 2 种方式。拷贝方式除了可以指定旋转角度外，还可以指定拷贝份数。

操作步骤：

在菜单中单击"造型"→"几何变换"，然后再单击"旋转"，或者直接单击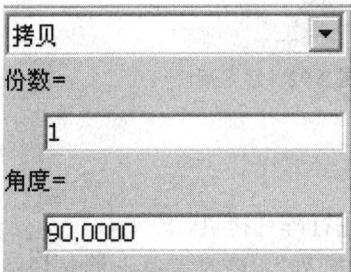按钮启动命令 。在立即菜单中选取"移动"或"拷贝"，在"角度="中输入角度值，如选择"拷贝"选项，在"角度="中输入拷贝份数，如图 3-85 所示。给出旋转轴起点、旋转轴末点，拾取旋转元素，按右键确认，旋转完成。图 3-86 和图 3-87 为对曲面的旋转。

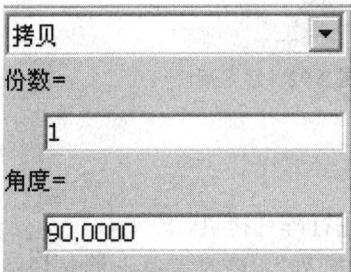

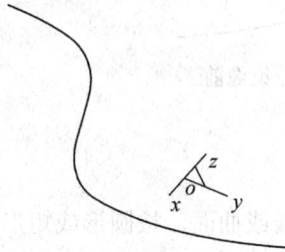

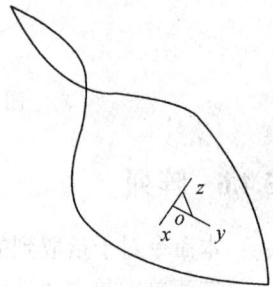

图 3-85　旋转立即菜单　　　　　　　图 3-86　旋转前　　　　　　　图 3-87　旋转后

3.4.4　平面镜像

本命令对拾取到的曲线或曲面以某一条直线为对称轴，进行同一平面上的对称镜像或对称拷贝。平面镜像有拷贝和平移 2 种方式。

操作步骤：

在菜单中单击"造型"→"几何变换"，然后再单击"平面镜像"，或直接单击  按钮。在如图 3-88 所示的立即菜单中选取"移动"或"拷贝"。拾取镜像轴首点、镜像轴末点，拾取镜像元素，按右键确认，平面镜像完成。图 3-89 和图 3-90 所示为对文字的平面镜像拷贝。

拷贝 ▼

图 3-88　平面镜像立即菜单

图 3-89　平面镜像前

图 3-90　平面镜像后

3.4.5　镜像

本命令对拾取到的曲线或曲面以某一直线为对称轴，进行空间上的对称镜像或对称拷贝。镜像有拷贝和平移 2 种方式。

操作步骤：

在菜单中单击"造型"→"几何变换"，然后再单击"镜像"，或直接单击 按钮启动命令。在立即菜单中选取"移动"或"拷贝"。拾取镜像平面上的第一点、第二点、第三点，三点确定一个平面。拾取镜像元素，按右键确认，完成元素对三点确定的平面镜像。图 3-91 和图 3-92 所示为对曲面的镜像拷贝。

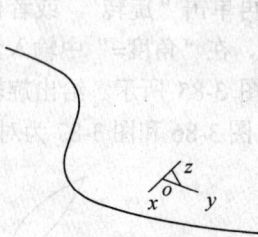

图 3-91　镜像前

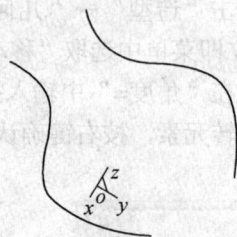

图 3-92　镜像后

3.4.6　阵列

本命令对于拾取到的曲线或曲面，按圆形或矩形方式进行阵列拷贝。

在菜单中单击"造型"→"几何变换"，然后再单击"阵列"，或直接单击 按钮即可启动阵列命令。阵列有 2 种方式：圆形阵列和矩形阵列。

1. 圆形阵列

圆形阵列对于拾取到的曲线或曲面，按圆形进行阵列拷贝。

操作步骤：

操作时，单击 按钮启动命令，在如图 3-93 所示的立即菜单中选取"圆形"、"夹角"或"均布"。若选择"夹角"，需要给出邻角和填角值。若选择"均布"，需要给出份数。拾取需阵列的元素，按右键确认，输入中心点，阵列完成。图 3-94 和图 3-95 所示为对圆进行的圆形阵列。

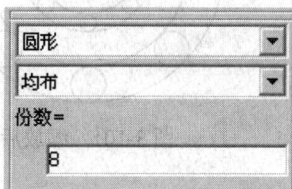

图 3-93　圆形阵列立即菜单　　　图 3-94　圆形阵列前　　　图 3-95　圆形阵列后

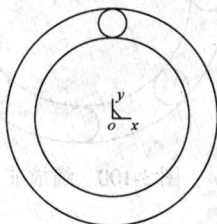

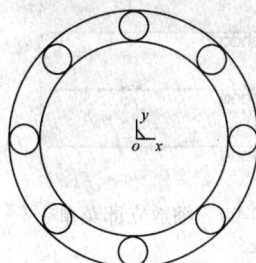

2. 矩形阵列

矩形阵列对拾取到的曲线或曲面，按矩形进行阵列拷贝。

操作步骤：

操作时，单击 ▦ 按钮启动命令，在如图 3-96 所示的立即菜单中选取"矩形"，输入行数、行距、列数、列距 4 个值。拾取需阵列的元素，按右键确认，阵列完成。图 3-97 和图 3-98 所示为对直径为 10 的圆进行的 2 行 2 列矩形阵列，行距和列距为 10。

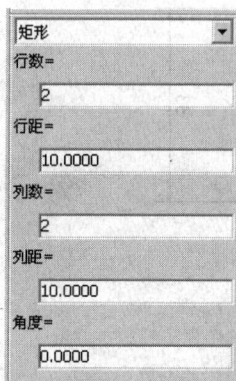

图 3-96　矩形阵列立即菜单　　　图 3-97　矩形阵列前　　　图 3-98　矩形阵列后

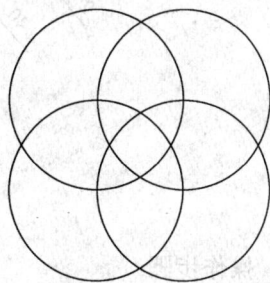

3.4.7　缩放

本命令对拾取到的曲线或曲面进行按比例放大或缩小。

在菜单中单击"造型"→"几何变换"，然后再单击"缩放"，或者直接单击 ⊞ 按钮即可启动缩放命令。

缩放有拷贝和移动 2 种方式。

操作步骤：

操作时，单击 ⊞ 按钮启动命令。在如图 3-99 所示的立即菜单中选取"拷贝"或"移动"，输入 X、Y、Z 三轴的比列。如果选择"拷贝"选项，在份数=中输入拷贝份数。输入缩放的基点，拾取需缩放的元素，按右键确认，缩放完成。图 3-100 和图 3-101 所示为对待缩放的图形的拷贝缩放。

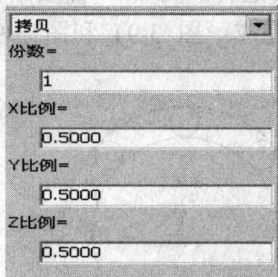

图 3-99 缩放立即菜单　　　　　图 3-100 缩放前　　　　　图 3-101 缩放后

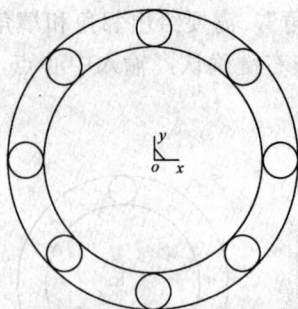

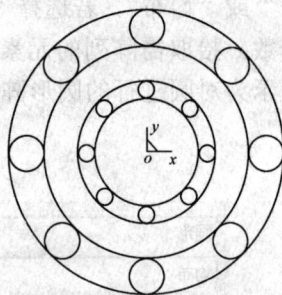

实例 1：利用草图绘制的方法作出如图 3-102 所示平面图形。

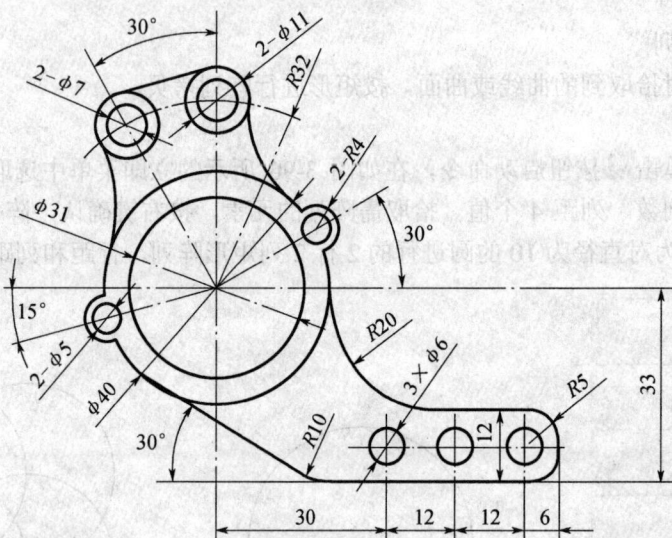

图 3-102 实例一

操作步骤：

1. 选取绘图平面，绘制直径为 31 和半径为 20 的整圆

(1) 按"F5"键，选取 XOY 平面为视图平面和作图平面。

(2) 选取曲线工具栏中"整圆"工具 ⊙，在左侧的"立即菜单"中选择"圆心_半径"，如图 3-103 所示。此时系统提示输入圆心点，用鼠标左键拾取坐标原点，用键盘依次输入"15.5 回车"、"20 回车"绘制直径为 31 和半径为 20 的整圆，完成后如图 3-104 所示。

2. 绘制直径为 7 和直径为 11 的圆

(1) 选取曲线工具栏的"直线"工具 ／，在左侧的立即菜单中选择"两点线"、"单个"、"正交"、长度为 32。用鼠标左键选取坐标系原点为第一点，在坐标系 Y 轴正方向任点一点为第二点。

(2) 选取曲线工具栏的"整圆"工具 ⊙，用鼠标左键选取直线上端点为圆心，用键盘依次输入"3.5 回车"、"5.5 回车"绘制直径为 7 和直径为 11 的圆，完成后如图 3-105 所示。

40

图 3-103　整圆的立即菜单

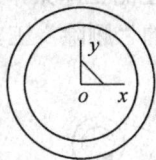

图 3-104　绘制整圆

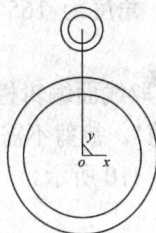

图 3-105　直径为 7 和直径为 11 的
圆的绘制

3. 旋转直径为 7 和直径为 11 的整圆

(1) 选取几何变换栏中的"平面旋转"工具，在左侧的立即菜单中选择"拷贝"、份数为 1、角度为 30°，如图 3-106 所示。此时系统提示选取旋转中心点，用鼠标左键拾取坐标系原点。接着系统提示拾取元素，用鼠标左键选取直径为 7 和直径为 11 的圆，单击鼠标右键确认。

(2) 选取线面编辑栏中的"删除"工具，删除直线，完成后如图 3-107 所示。

4. 绘制直线和圆弧

(1) 选取曲线工具栏中的"直线"工具，在左侧的立即菜单中选择"两点线"、"单个"、"非正交"，按空格键弹出工具点菜单，选择其中的切点，拾取两个直径为 11 的圆的上半部，绘制切线。

选取曲线工具栏中的"圆弧"工具，在左侧立即菜单中选择"两点_半径"，拾取左边半径为 11 的圆的左侧切点为第一点，拾取半径为 20 的圆的左侧为第二点，用键盘输入"20 回车"，绘制与两圆相切、半径为 20 的圆弧。用同样的步骤绘制右侧的圆弧，在选取切点时拾取整圆的右侧，完成后如图 3-108 所示。

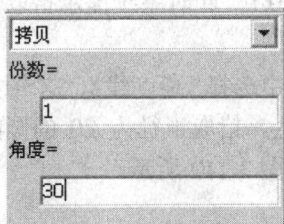

图 3-106　平面旋转的立即菜单

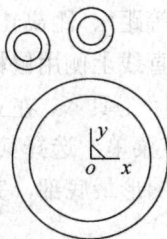

图 3-107　平面旋转完成

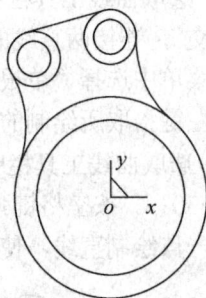

图 3-108　直线和圆弧绘制完成

5. 制半径为 4 和直径为 5 的圆并旋转

(1) 选取曲线工具栏中的"直线"工具，在左侧立即菜单中选择"角度线"、"X 轴夹角"、角度为 30°。按空格键弹出工具点菜单，选择其中的缺省点，选取坐标系原点为第一点，在直径为 20 的圆外部选取第二点，使直线与直径为 20 的圆相交。

(2) 选取曲线工具栏中的"整圆"工具，拾取直线和半径为 11 的圆的交点为圆心，绘制半径为 4 和直径为 5 的圆，如图 3-109 所示。

(3) 选取几何变换栏中的"平面旋转"工具，在左侧立即菜单中选择"拷贝"、份数为 1、角度为 165°。拾取坐标系原点为旋转中心点，旋转半径为 4 和直径为 5 的整圆。

(4) 选取线面编辑栏中的"曲线裁剪"工具 ，在左侧立即菜单中选择"快速裁剪"、"正常裁剪"。裁剪不需要的曲线。选取线面编辑栏中的"删除"工具 ，删除直线，完成后如图 3-110 所示。

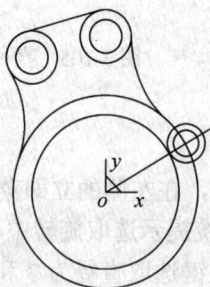

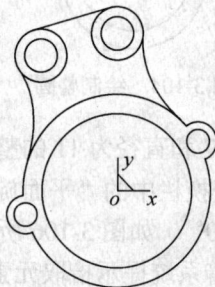

图 3-109　绘制图　　　　　　　　　图 3-110　曲线裁剪

6. 绘制底部框架

(1) 选取曲线工具栏中的"直线"工具 ，在立即菜单中选择"两点线"、"单个"、"正交"、"长度方式"、长度为 33。拾取坐标系原点为第一点，Y 轴负方向拾取第二点，绘制直线。

(2) 选取几何变换栏中的"平移"工具 ，在立即菜单中选择"偏移量"、"移动"、DX 为 20、DY 为 0、DZ 为 0。此时系统提示拾取元素，用鼠标左键拾取刚才所绘制的直线，单击鼠标右键完成偏移。再将立即菜单改为"偏移量"、"拷贝"、DX 为 40、DY 为 0、DZ 为 0，拾取直线偏移，完成后如图 3-111 所示。

(3) 选取曲线工具栏中的"直线"工具 ，在立即菜单中选择"两点线"、"单个"、"非正交"，连接两直线的下端点，绘制直线。再用曲线工具栏中的"等距线"工具 ，在立即菜单中选择"单根曲线"、"等距"、距离 12、精度 0.1，此时系统提示拾取元素，用鼠标左键拾取所绘制的直线，在直线上侧用鼠标单击。

(4) 选取曲线工具栏中的"直线"工具 ，在立即菜单中选择"角度线"、"X 轴夹角"、角度为-30°。按空格键弹出工具点菜单，选择其中的切点，拾取半径为 20 的圆的左下部为第一点绘制直线，使直线超过图形最底部，完成后如图 3-112 所示。

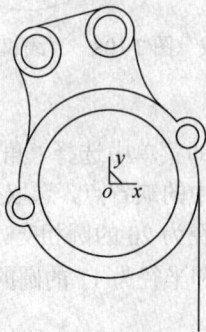

图 3-111　直线平移　　　　　　　　　图 3-112　绘制直线

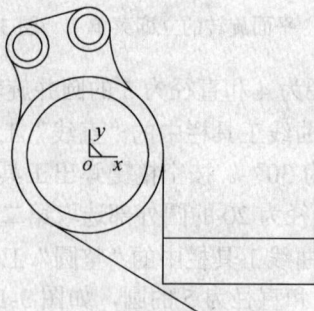

7. 裁减底部框架

(1) 选取线面编辑栏中的"曲线过渡"工具 ，在立即菜单中选择"圆弧过渡"、半径为 20、精度为 0.01、裁剪曲线 1、裁剪曲线 2，如图 3-113 所示。用鼠标拾取左边的竖线和上边的横线完成过渡。再将立即菜单改为"圆弧过渡"、半径为 10、精度为 0.01、裁剪曲线 1、裁剪曲线 2，用鼠标拾取-30°斜线和下边的横线完成过渡。

(2) 选取线面编辑栏中的"曲线裁剪"工具，裁剪掉不要的直线，完成后如图 3-114 所示。

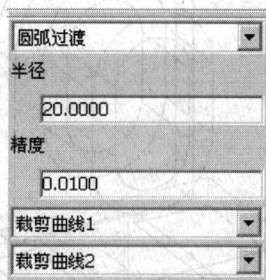

图 3-113　曲线过渡参数设置

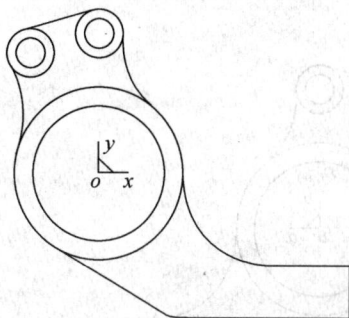

图 3-114　曲线裁剪

8. 绘制 3 个直径为 6 的整圆

(1) 选取曲线工具栏中的"等距线"工具 ，在立即菜单中选择"单根曲线"、"等距"、距离 6、精度 0.1，用鼠标左键拾取图形右边的竖直线，在直线左侧用鼠标单击。

(2) 选取曲线工具栏中的"整圆"工具 ，在立即菜单中选择"圆心_半径"。拾取左边竖直线的中点为圆心，绘制直径为 6 的圆。

(3) 选取几何变换栏中的"阵列"工具 ，在立即菜单中选择"矩形"、行数为 1、行距为 0，列数为 3、列距为-12、角度为 0°，如图 3-115 所示。此时系统提示拾取元素，用鼠标左键拾取直径为 6 的圆，单击鼠标右键确认。用线面工具栏中的"删除"工具 ，删掉不要的直线，完成后如图 3-116 所示。

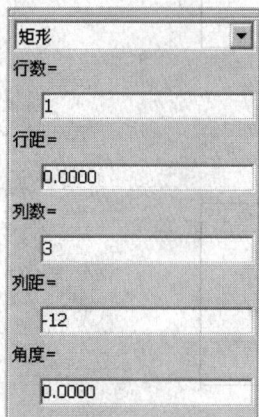

图 3-115　阵列参数设置

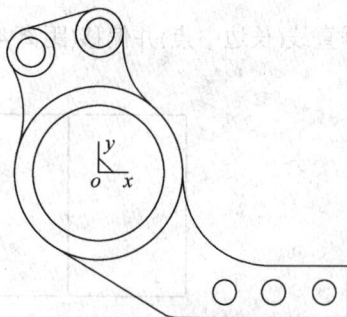

图 3-116　阵列图

9. 曲线过渡

选取线面编辑栏中的"曲线过渡"工具，在立即菜单中选择"圆弧过渡"、半径为5、精度为0.01、裁剪曲线1、裁剪曲线2。选取图形右下方的两个直角，完成图形，如图3-117所示。

实例2：利用线架造型的方法作出如图3-118所示的三维图形。

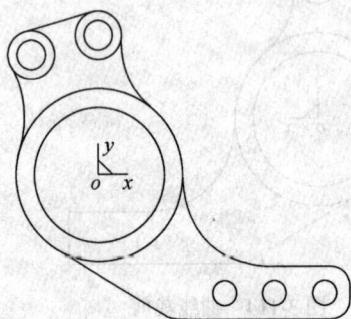

图 3-117　曲线过渡　　　　　　　图 3-118　线架造型

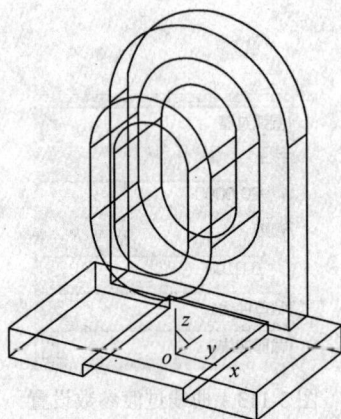

操作步骤：

1. 选取绘图平面，绘制矩形(长214，宽128)

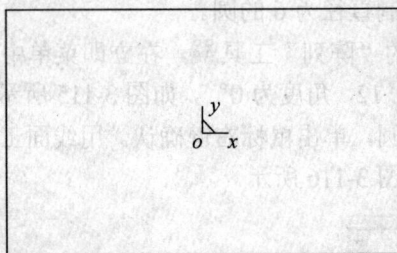

2. 绘制垂直线(长边中点)并偏移(距离43)

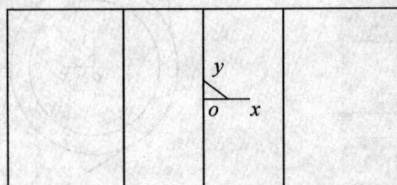

3. 平移等距线(DZ为10)并轴测显示(F8)

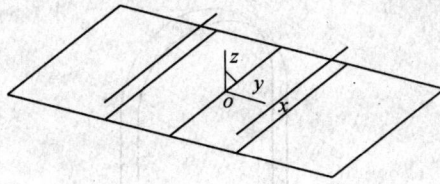

4. 连接等距线和平移线

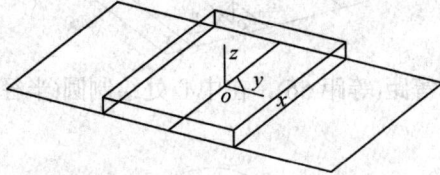

5. 平移矩形(DZ 为 23)及中心线

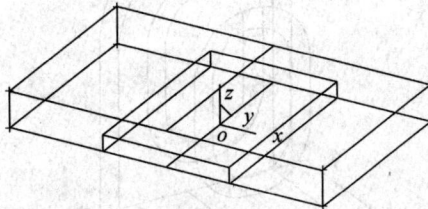

6. 设置图层，隐藏所有不和上边矩形同平面的图线

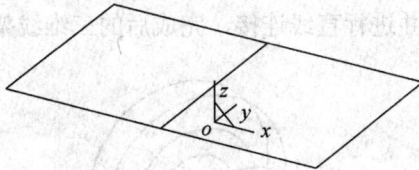

7. 在平移后的矩形中绘制垂直中心线的等距线(等距 78)

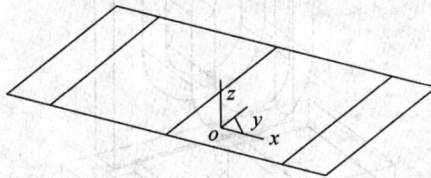

8. 等距边线(等距高 145)

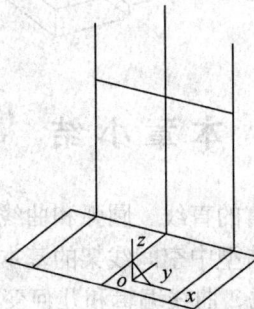

9. 在中心处绘制圆(半径为 78)，修剪不需要的线，平移图形(DY 为 28)

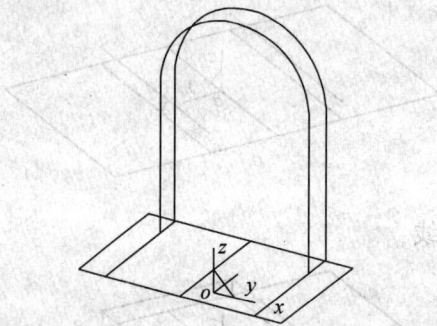

10. 在平移图形处向下等距(等距 56)，在中心处绘制圆(半径为 52，32)，修剪不需要的线，平移图形(DY 为 72)

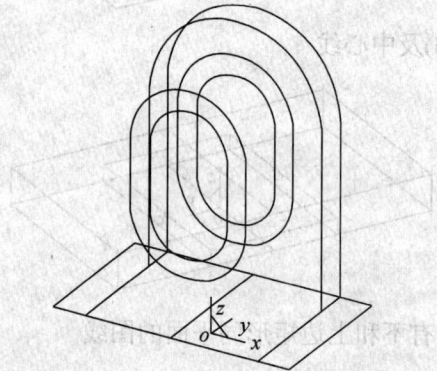

11. 将底部图层打开，并进行直线连接，完成后的三维线架图形如下

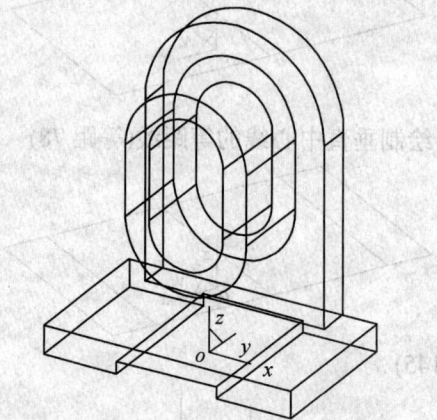

本 章 小 结

CAXA 制造工程师提供了丰富的直线、圆弧和曲线的画法，以及其编辑方法。本章主要介绍 CAXA 制造工程师线架造型中空间线架的基本概念，线架造型的基本步骤、基本方法和技术要点，以及曲线生成、曲线编辑和几何变换命令的相关参数设置和操作步骤。而这些内容都是曲面造型和实体造型的基础。

思考与练习题

1. 利用草图绘制的方法作出图 3-119 所示平面图形。

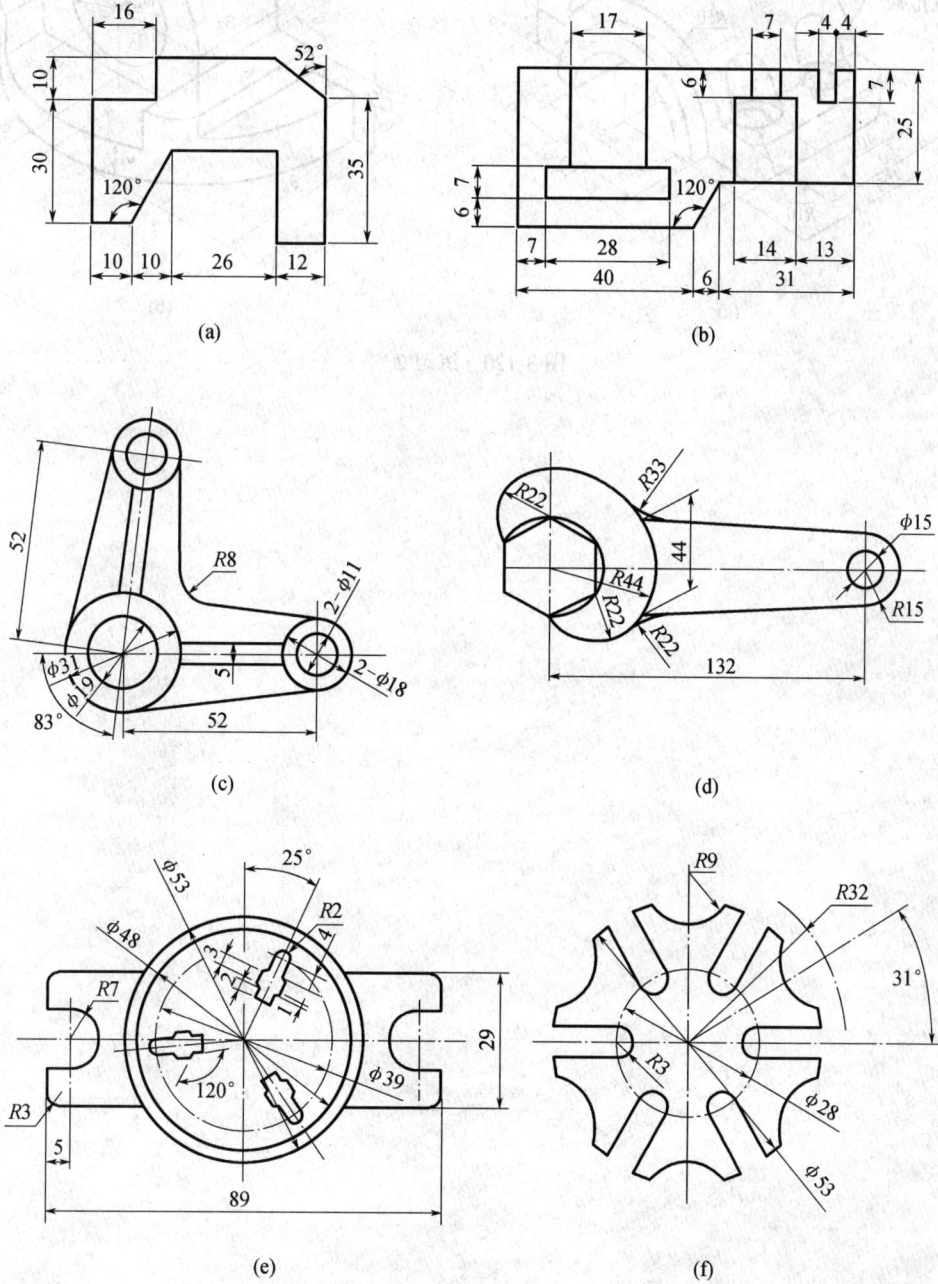

(a)

(b)

(c)

(d)

(e)

(f)

图 3-119 练习 1

2. 利用线架造型构造出如图 3-120 所示的两个零件的三维线框图形。

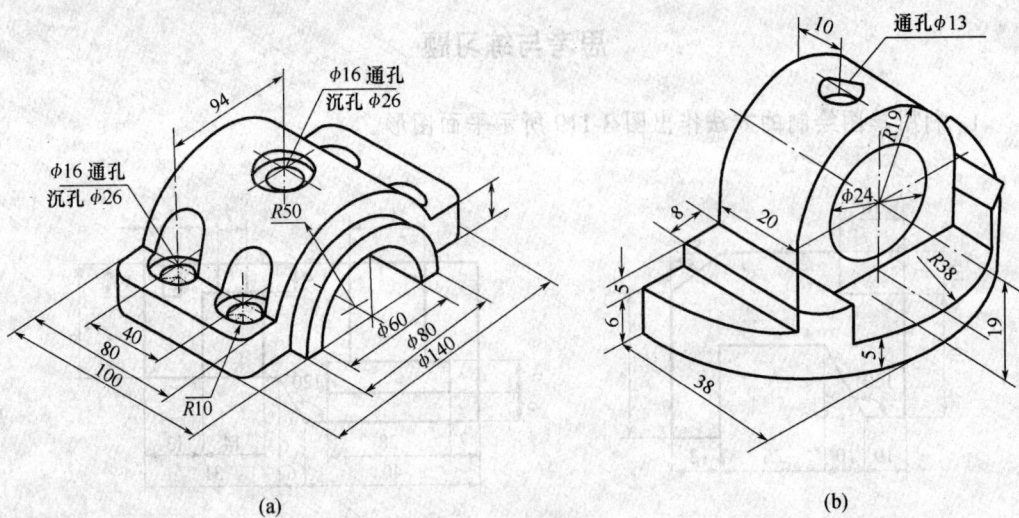

(a)

(b)

图 3-120　练习 2

第4章 CAXA 制造工程师曲面生成与曲面编辑

4.1 曲面生成

CAXA 制造工程师有丰富的曲面造型手段，共有 10 种生成方式：直纹面、旋转面、扫描面、边界面、放样面、网格面、导动面、等距面、平面和实体表面。

4.1.1 直纹面

直纹面是由一根直线两端点分别在两曲线上匀速运动而形成的轨迹曲面。直纹面生成有 3 种方式：曲线+曲线、点+曲线和曲线+曲面，如图 4-1 所示。

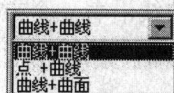

图 4-1 直纹面生成的 3 种方式

1. 曲线+曲线

曲线+曲线是指在两条自由曲线之间生成直纹面，如图 4-2 所示。

图 4-2 曲线+曲线

(1) 选择"曲线+曲线"方式。

(2) 拾取第一条空间曲线。

(3) 拾取第二条空间曲线，拾取完毕立即生成直纹面。

2. 点+曲线

点+曲线是指在一个点和一条曲线之间生成直纹面，如图 4-3 所示。

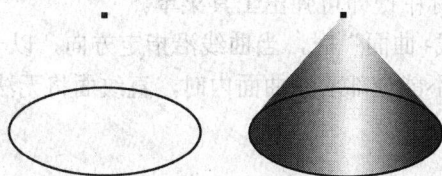

图 4-3 点+曲线

(1) 选择"点+曲线"方式。

(2) 拾取空间点。

(3) 拾取空间曲线，拾取完毕立即生成直纹面。

3. 曲线+曲面

曲线+曲面是指在一条曲线和一个曲面之间生成直纹面，如图 4-4 所示。

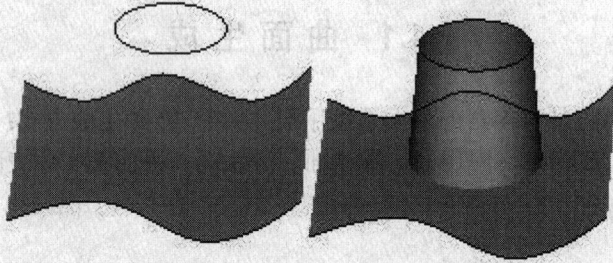

图 4-4 曲线+曲面

曲线+曲面方式生成直纹面时，曲线沿着一个方向向曲面投影，同时曲线与这个方向垂直的平面内以一定的锥度扩张或收缩，生成另外一条曲线，在这两条曲线之间生成直纹面。具体操作步骤如下：

(1) 选择"曲线+曲面"方式。

(2) 填写角度和精度。

(3) 拾取曲面。

(4) 拾取空间曲线。

(5) 单击空格键弹出矢量工具，选择投影方向。

(6) 单击箭头方向，选择锥度方向。

(7) 生成直纹面。

角度：指锥体母线与中心线的夹角。

注意：

(1) 生成方式为"曲线+曲线"时，在拾取曲线时应注意拾取点的位置，应拾取曲线的同侧对应位置；否则将使两曲线的方向相反，生成的直纹面发生扭曲。

(2) 生成方式为"曲线+曲线"时，如系统提示"拾取失败"，可能是由于拾取设置中没有这种类型的曲线。解决方法是点取"设置"菜单中的"拾取过滤设置"，在"拾取过滤设置对话框"的"图形元素的类型"中选择"选中所有类型"。

(3) 生成方式为"曲线+曲面"时，输入方向时可利用矢量工具菜单。在需要这些工具菜单时，按空格键或鼠标中键即可弹出工具菜单。

(4) 生成方式为"曲线+曲面"时，当曲线沿指定方向，以一定的锥度向曲面投影作直纹面时，如曲线的投影不能全部落在曲面内时，直纹面将无法作出。

4.1.2 旋转面

旋转面是按给定的起始角度、终止角度将曲线绕一旋转轴旋转而生成的轨迹曲面。

具体操作步骤如下：

(1) 单击"应用"，指向"曲面生成"，单击"旋转面"，或单击 按钮。

(2) 输入起始角和终止角角度值。

(3) 拾取空间直线为旋转轴，并选择方向。

(4) 拾取空间曲线为母线，拾取完毕即可生成旋转面，如图 4-5 所示。

起始角：指生成曲面的起始位置与母线和旋转轴构成平面的夹角。

终止角：指生成曲面的终止位置与母线和旋转轴构成平面的夹角。

起始角为 60°、终止角为 270°的旋转面，如图 4-6 所示。

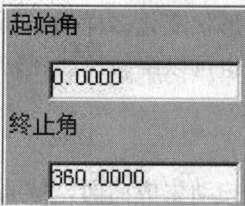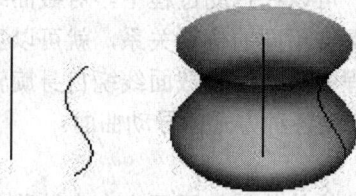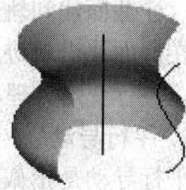

图 4-5　旋转面　　　　　　　　　　　　　图 4-6　起始角为 60°、

终止角为 270°的旋转面

注意：

选择方向时的箭头方向与曲面旋转方向两者遵循右手螺旋法则。

4.1.3　扫描面

扫描面是按照给定的起始位置和扫描距离将曲线沿指定方向以一定的锥度扫描生成曲面，如图 4-7 所示。具体操作步骤如下：

(1) 单击"应用"，指向"曲面生成"，单击"扫描面"，或单击 按钮。

(2) 填入起始距离、扫描距离、扫描角度和精度等参数。

(3) 按空格键弹出矢量工具，选择扫描方向。

(4) 拾取空间曲线。

(5) 若扫描角度不为零，选择扫描夹角方向，扫描面生成。

起始距离：指生成曲面的起始位置与曲线平面沿扫描方向上的间距。

扫描距离：指生成曲面的起始位置与终止位置沿扫描方向上的间距。

扫描角度：指生成的曲面母线与扫描方向的夹角。

扫描初始距离不为零的扫描面，如图 4-8 所示。

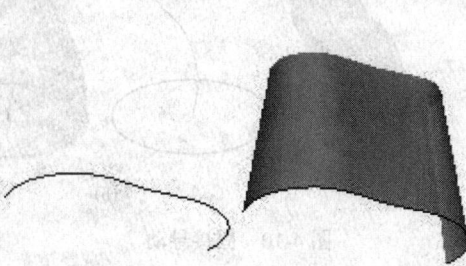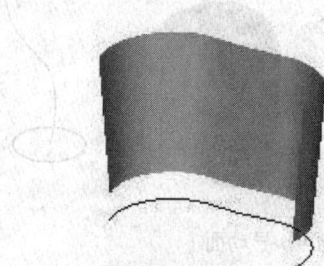

图 4-7　扫描面　　　　　　　　图 4-8　初始距离不为零的扫描面

51

注意：

选择不同的扫描方向可以产生不同的效果。

4.1.4 导动面

导动面是让特征截面线沿着特征轨迹线的某一方向扫动生成曲面。导动面生成有 6 种方式：平行导动、固接导动、导动线和平面、导动线和边界线、双导动线和管道曲面。

生成导动曲面的基本思想：选取截面曲线或轮廓线沿着另外一条轨迹线扫动生成曲面。

为了满足不同形状的要求，可以在扫动过程中，对截面线和轨迹线施加不同的几何约束，让截面线和轨迹线之间保持不同的位置关系，就可以生成形状变化多样的导动曲面。在截面线沿轨迹线运动过程中，可以让截面线绕自身旋转，也可以绕轨迹线扭转，还可以进行变形处理，这样就产生各种方式的导动曲面。

1. 平行导动

平行导动是指截面线沿导动线趋势始终平行它自身地移动而扫动生成曲面，截面线在运动过程中没有任何旋转，如图 4-9 所示。具体操作步骤如下：

(1) 激活导动面功能，并选择"平行导动"方式。

(2) 拾取导动线，并选择方向。

(3) 拾取截面曲线，即可生成导动面。

2. 固接导动

固接导动是指在导动过程中，截面线和导动线保持固接关系，即让截面线平面与导动线的切矢方向保持相对角度不变，而且截面线在自身相对坐标系中的位置关系保持不变，截面线沿导动线变化的趋势导动生成曲面。

固接导动有单截面线和双截面线 2 种，也就是说截面线可以是一条或两条，如图 4-10 所示。具体操作步骤如下：

(1) 选择"固接导动"方式。

(2) 选择单截面线或者双截面线。

(3) 拾取导动线，并选择导动方向。

(4) 拾取截面线。如果是双截面线导动，应拾取两条截面线。

(5) 生成导动面。

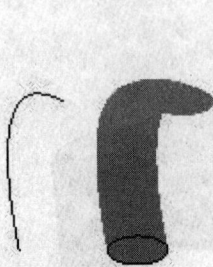

图 4-9 导动面

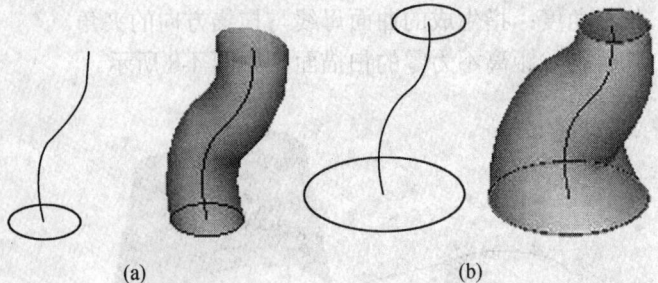

(a)   (b)

图 4-10 固接导动

(a) 单截面线；(b)双截面线。

3. 导动线和平面

截面线按以下规则沿一条平面或空间导动线(脊线)扫动生成曲面。规则：①截面线平面的方向与导动线上每一点的切矢方向之间相对夹角始终保持不变；②截面线的平面方向与所定义的平面法矢的方向始终保持不变。

这种导动方式尤其适用于导动线是空间曲线的情形，截面线可以是一条或两条，如图 4-11 所示。

(a)   (b)

图 4-11　导动线和平面

(a) 单截面线；(b) 双截面线。

(1) 选择"导动线和平面"方式。

(2) 选择单截面线或者双截面线。

(3) 输入平面法矢方向。按空格键，弹出矢量工具，选择方向。

(4) 拾取导动线，并选择导动方向。

(5) 拾取截面线。如果是双截面线导动，应拾取两条截面线。

(6) 生成导动面。

4. 导动线和边界线

截面线按以下规则沿一条导动线扫动生成曲面：

(1) 运动过程中截面线平面始终与导动线垂直。

(2) 运动过程中截面线平面与两边界线需要有两个交点。

(3) 对截面线进行放缩，将截面线横跨于两个交点上。截面线沿导动线如此运动时，就与两条边界线一起扫动生成曲面。

在导动过程中，截面线始终在垂直于导动线的平面内摆放，并求得截面线平面与边界线的两个交点。在两截面线之间进行混合变形，并对混合截面进行放缩变换，使截面线正好横跨在两个边界线的交点上。

若对截面线进行放缩变换时，仅变化截面线的长度，而保持截面线的高度不变，称为等高导动。单截面线变高导动如图 4-12 所示。

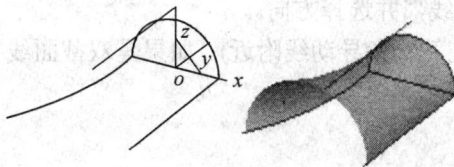

图 4-12　单截面线变高导动

若对截面线，不仅变化截面线的长度，同时等比例地变化截面线的高度，称为变高导动或双截面线等高导动，如图 4-13 所示。

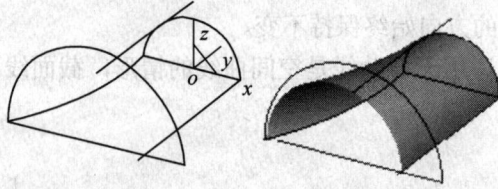

图 4-13　双截面线等高导动

(1) 选择"导动线和边界线"方式。

(2) 选择单截面线或者双截面线。

(3) 选择等高或者变高。

(4) 拾取导动线，并选择导动方向。

(5) 拾取第一条边界曲线。

(6) 拾取第二条边界曲线。

(7) 拾取截面曲线。如果是双截面线导动，拾取两条截面线(在第一条边界线附近)。

(8) 生成导动面。

5. 双导动线

将一条或两条截面线沿着两条导动线匀速地扫动生成曲面。

双导动线导动支持等高导动和变高导动，如图 4-14 所示。

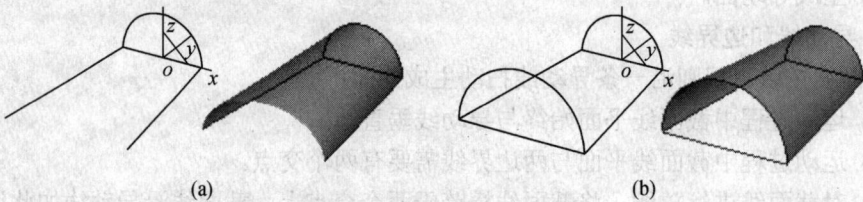

(a) 　　　　　　　　　　　　　　　(b)

图 4-14　双导动线

(a) 单截面线等高导动；(b) 双截面线变高导动。

(1) 选择"双导动线"方式。

(2) 选择单截面线或者双截面线。

(3) 选择等高或者变高。

(4) 拾取第一条导动线，并选择方向。

(6) 拾取第二条导动线，并选择方向。

(7) 拾取截面曲线(在第一条导动线附近)。如果是双截面线导动，拾取两条截面线(在第一条导动线附近)。

(8) 生成导动面。

6. 管道曲面

管道曲面：给定起始半径和终止半径的圆形截面沿指定的中心线扫动生成曲面。

(1) 选择"管道曲面"方式。

(2) 填入起始半径、终止半径和精度。

(3) 拾取导动线，并选择方向。

(4) 生成导动面，如图 4-15 所示。

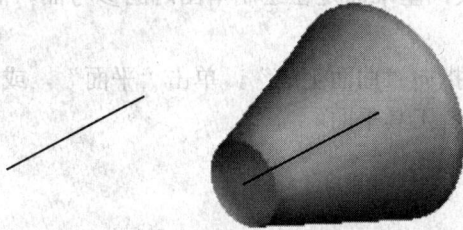

图 4-15　管道曲面

起始半径：指管道曲面导动开始的圆的半径。

终止半径：指管道曲面导动终止时的半径。

注意：

(1) 导动曲线、截面曲线应当是光滑曲线。

(2) 在两根截面线之间进行导动时，拾取两根截面线时应使得它们方向一致，否则曲面将发生扭曲，形状不可预料。

(3) 截面线为一整圆，截面线在导动过程中，其圆心总是位于导动线上，且圆所在平面总是与导动线垂直。

(4) 圆形截面可以是两个，由起始半径和终止半径分别决定，生成变半径的管道面。

(5) 导动线和平面中给定的平面法矢尽量不要和导动线的切矢方向相同。

4.1.5　等距面

等距面是按给定距离与等距方向生成与已知平面(曲面)等距的平面(曲面)。这个命令类似曲线中的"等距线"命令，不同的是"线"改成了"面"。

(1) 单击"应用"，指向"曲面生成"，单击"等距面"，或单击 按钮。

(2) 填入等距距离。

(3) 拾取平面，选择等距方向。

(4) 生成等距面，如图 4-16 所示。

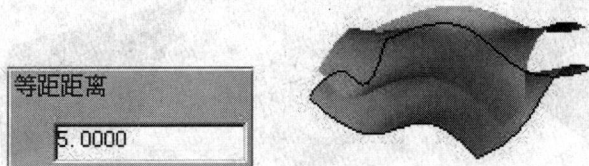

图 4-16　等距面

等距距离：指生成平面在所选的方向上的离开已知平面的距离。

55

注意：

如果曲面的曲率变化太大，等距的距离应当小于最小曲率半径。

4.1.6 平面

平面与基准面的比较：基准面是在绘制草图时的参考面，而平面则是一个实际存在的面。

(1) 单击"应用"，指向"曲面生成"，单击"平面"，或单击 按钮。

(2) 选择裁剪平面或者工具平面。

(3) 按状态栏提示完成操作。

1. 裁剪平面

由封闭内轮廓进行裁剪形成的有一个或者多个边界的平面。封闭内轮廓可以有多个，如图 4-17 所示。

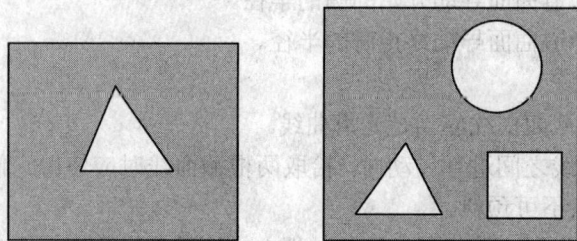

图 4-17 裁剪平面

(1) 拾取平面外轮廓线，并确定链搜索方向，选择箭头方向即可。

(2) 拾取内轮廓线，并确定链搜索方向，每拾取一个内轮廓线确定一次链搜索方向。

(3) 拾取完毕，单击鼠标右键，完成操作。

2. 工具平面

包括 XOY 平面、YOZ 平面、ZOX 平面、三点平面、矢量平面、曲线平面和平行平面等 7 种方式，如图 4-18 所示。

XOY 平面：绕 X 或 Y 轴旋转一定角度生成一个指定长度和宽度的平面。

YOZ 平面：绕 Y 或 Z 轴旋转一定角度生成一个指定长度和宽度的平面。

ZOX 平面：绕 Z 或 X 轴旋转一定角度生成一个指定长度和宽度的平面。

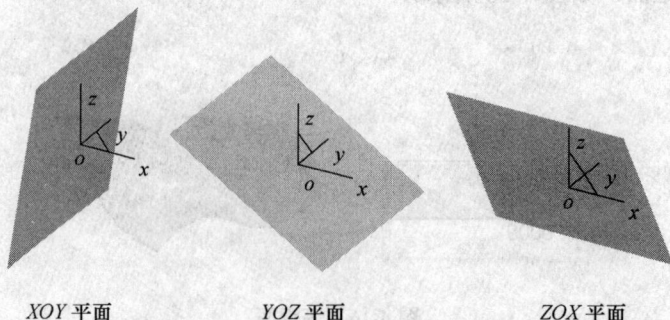

XOY 平面   YOZ 平面   ZOX 平面

图 4-18 工具平面

三点平面：按给定三点生成一指定长度和宽度的平面，其中第一点为平面中点。

矢量平面：生成一个指定长度和宽度的平面，其法线的端点为给定的起点和终点。

曲线平面：在给定曲线的指定点上，生成一个指定长度和宽度的法平面或切平面。有法平面和包络面2种方式，如图4-19所示。

平行平面：按指定距离，移动给定平面或生成一个拷贝平面(也可以是曲面)，如图4-20所示。

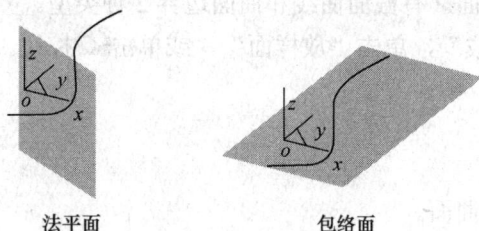

法平面　　　　　　　　包络面

图4-19　曲线平面　　　　　　　图4-20　平行平面

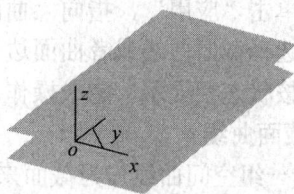

(1) 选择工具面类型。

(2) 选择对应类型的相关方式。

(3) 填写角度、长度和宽度等参数值。

(4) 根据状态栏提示完成操作。

角度：指生成平面绕旋转轴旋转，与参考平面所夹的锐角。

长度：指要生成平面的长度尺寸值。

宽度：指要生成平面的宽度尺寸值。

注意：

(1) 点的输入有2种方式：按空格键拾取工具点和按回车键直接输入坐标值。

(2) 平行平面功能与等距面功能相似，但等距面后的平面(曲面)，不能再对其使用平行平面，只能使用等距面；而平行平面后的平面(曲面)，可以再对其使用等距面或平行平面。

4.1.7　边界面

在由已知曲线围成的边界区域上生成曲面。

边界面有2种类型：四边面和三边面。所谓四边面是指通过四条空间曲线生成平面；三边面是指通过三条空间曲线生成平面。

(1) 单击"应用"，指向"曲面生成"，单击"边界面"，或单击⬡按钮。

(2) 选择四边面或者三边面。

(3) 拾取空间曲线，完成操作，如图4-21所示。

四边面　　　　　　　三边面

图4-21　边界面

注意：

拾取的四条曲线必须首尾相连成封闭环，才能作出四边面；并且拾取的曲线应当是光滑曲线。

4.1.8 放样面

以一组互不相交、方向相同、形状相似的特征线(或截面线)为骨架进行形状控制，对这些曲线蒙面生成的曲面称之为放样曲面。有截面曲线和曲面边界 2 种类型。

(1) 单击"应用"，指向"曲面生成"，单击"放样面"，或单击◇按钮。

(2) 选择截面曲线或者曲面边界。

(3) 按状态栏提示，完成操作。

1. 截面曲线

通过一组空间曲线作为截面来生成曲面。

(1) 选择截面曲线方式。

(2) 拾取空间曲线为截面曲线，拾取完毕后按鼠标右键确定，完成操作，如图 4-22 所示。

2. 曲面边界

以曲面的边界线和截面曲线来生成曲面。

(1) 选择曲面边界方式。

(2) 拾取空间曲线为截面曲线，拾取完毕后按鼠标右键确定，完成操作。

(3) 在第一条曲面边界线上拾取其所在平面。

(4) 拾取截面曲线，单击鼠标右键确定。

(5) 在第二条曲面边界线上拾取其所在平面，完成操作，如图 4-23 所示。

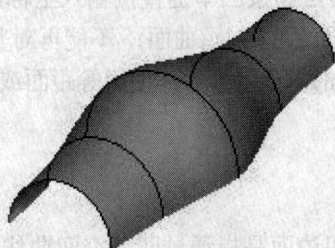

图 4-22　截面曲线　　　　图 4-23　曲面边界

注意：

(1) 拾取的一组特征曲线互不相交、方向一致、形状相似，否则生成结果将发生扭曲，形状不可预料。

(2) 截面线需保证其光滑性。

(3) 用户需按截面线摆放的方位顺序拾取曲线。

(4) 用户拾取曲线时需保证截面线方向的一致性。

4.1.9 网格面

以网格曲线为骨架，蒙上自由曲面生成的曲面称之为网格曲面。网格曲线是由特征线组成横竖相交线。

1. 网格面的生成思路

首先构造曲面的特征网格线确定曲面的初始骨架形状。然后用自由曲面插值特征网格线生成曲面。

2. 特征网格线可以是曲面边界线或曲面截面线等

由于一组截面线只能反应一个方向的变化趋势，所以引入另一组截面线来限定另一个方向的变化，形成一个网格骨架，控制住两方向(U 和 V 两个方向)的变化趋势，使特征网格线基本上反映出设计者想要的曲面形状，在此基础上插值网格骨架生成的曲面必然将满足设计者的要求，如图 4-24 所示。

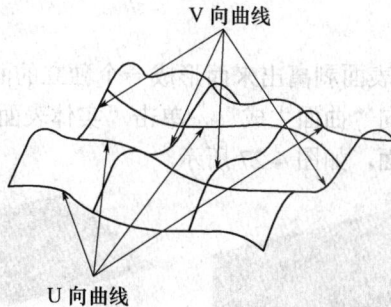

V 向曲线

U 向曲线

图 4-24　U 和 V 两个方向的变化趋势

(1) 单击"应用"，指向"曲面生成"，单击"网格面"，或单击 ✧ 按钮。

(2) 拾取空间曲线为 U 向截面线，单击鼠标右键结束。

(3) 拾取空间曲线为 V 向截面线，单击鼠标右键结束，完成操作，如图 4-25 所示。

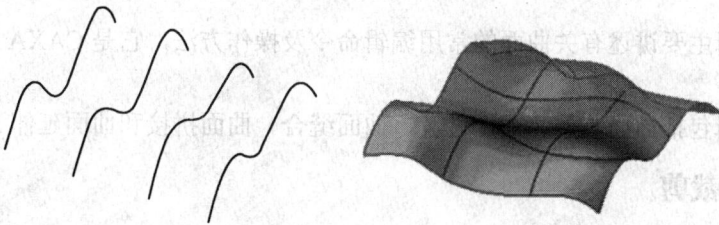

图 4-25　网格面

注意：

(1) 每一组曲线都必须按其方位顺序拾取，而且曲线的方向必须保持一致。曲线的方向放样面功能中一样，由拾取点的位置来确定曲线的起点。

(2) 拾取的每条 U 向曲线与所有 V 向曲线都必须有交点。

(3) 拾取的曲线应当是光滑曲线。

(4) 对特征网格线有以下要求：网格曲线组成网状四边形网格，规则四边网格与不规则四边网格均可。插值区域是四条边界曲线围成的(如图 4-26(a)、(b)所示)，不允许有三边域、五边域和多边域(如图 4-26(c)所示)。

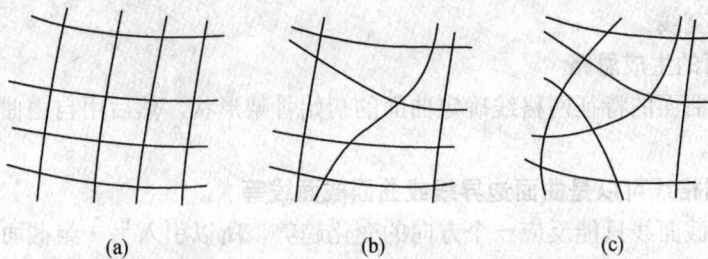

图 4-26 特征网格线

(a) 规则四边网格；(b) 不规则四边网格；(c) 不规则网格。

4.1.10 实体表面

把通过特征生成的实体表面剥离出来而形成一个独立的面。

(1) 单击"应用"，指向"曲面生成"，单击"实体表面"。

(2) 按提示拾取实体表面，如图 4-27 所示。

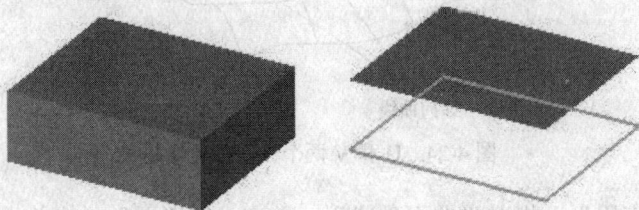

图 4-27 实体表面

4.2 曲 面 编 辑

曲面编辑主要讲述有关曲面的常用编辑命令及操作方法，它是 CAXA 制造工程师的重要功能。

曲面编辑包括曲面裁剪、曲面过渡、曲面缝合、曲面拼接和曲面延伸 5 种功能。

4.2.1 曲面裁剪

曲面裁剪对生成的曲面进行修剪，去掉不需要的部分。

在曲面裁剪功能中，用户可以选用各种元素，包括各种曲线和曲面来修理和剪裁曲面，获得用户所需要的曲面形态。也可以将被裁剪了的曲面恢复到原来的样子。

曲面裁剪有 5 种方式：投影线裁剪、等参数线裁剪、线裁剪、面裁剪和裁剪恢复。

在各种曲面裁剪方式中，用户都可以通过切换立即菜单来采用裁剪或分裂的方式。在分裂的方式中，系统用剪刀线将曲面分成多个部分，并保留裁剪生成的所有曲面部分。在裁剪方式中，系统只保留用户所需要的曲面部分，其它部分将都被裁剪掉。系统根据拾取曲面时鼠标的位置来确定用户所需要的部分，即剪刀线将曲面分成多个部分，用户在拾取曲面时鼠标单击在哪一个曲面部分上，就保留哪一部分。

下面对曲面裁剪的 4 种方式依次进行介绍。

60

1. 投影线裁剪

投影线裁剪是将空间曲线沿给定的固定方向投影到曲面上,形成剪刀线来裁剪曲面。

(1) 在立即菜单上选择"投影线裁剪"和"裁剪"方式。

(2) 拾取被裁剪的曲面(选取需保留的部分)。

(3) 输入投影方向。按空格键,弹出矢量工具菜单,选择投影方向。

(4) 拾取剪刀线。拾取曲线,曲线变红,裁剪完成,如图 4-28 所示。

注意:

剪刀线与曲面边界线重合或部分重合以及相切时,可能得不到正确的裁剪结果。

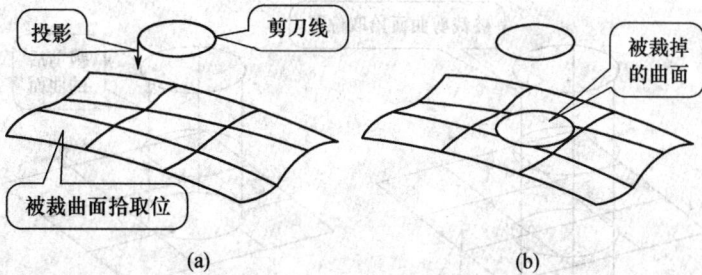

图 4-28 投影线裁剪

(a) 裁剪前; (b) 裁剪后。

2. 线裁剪

曲面上的曲线沿曲面法矢方向投影到曲面上,形成剪刀线来裁剪曲面。

(1) 在立即菜单上选择"线裁剪"和"裁剪"方式。

(2) 拾取被裁剪的曲面(选取需保留的部分)。

(3) 拾取剪刀线。拾取曲线,曲线变红,裁剪完成,如图 4-29 所示。

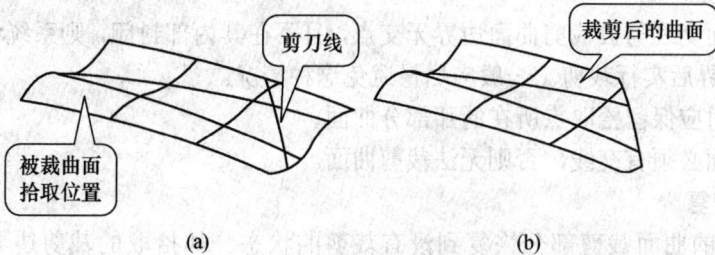

图 4-29 线裁剪

(a) 裁剪前; (b) 裁剪后。

注意:

(1) 裁剪时保留拾取点所在的那部分曲面。

(2) 若裁剪曲线不在曲面上,则系统将曲线按距离最近的方式投影到曲面上获得投影曲线,然后利用投影曲线对曲面进行裁剪,此投影曲线不存在时,裁剪失败。一般应尽量避免此种情形。

(3) 若裁剪曲线与曲面边界无交点,且不在曲面内部封闭,则系统将其延长到曲面边界后实行裁剪。

(4) 与曲面边界线重合或部分重合以及相切的曲线对曲面进行裁剪时，可能得不到正确的结果，建议尽量避免这种情况。

3. 面裁剪

剪刀曲面和被裁剪曲面求交，用求得的交线作为剪刀线来裁剪曲面。

(1) 在立即菜单上选择"面裁剪"、"裁剪"或"分裂"、"相互裁剪"或"裁剪曲面1"。

(2) 拾取被裁剪的曲面(选取需保留的部分)。

(3) 拾取剪刀曲面，裁剪完成，如图 4-30 所示。

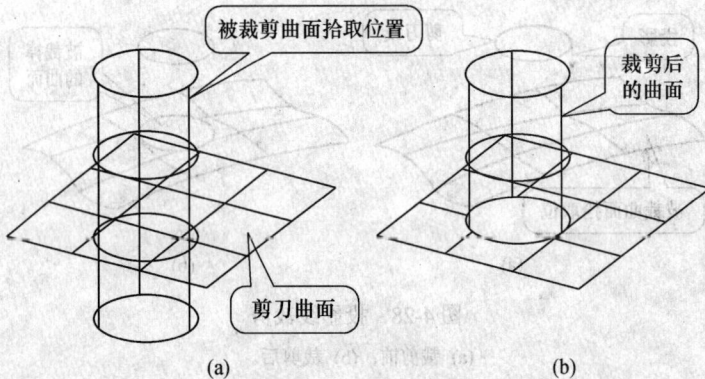

图 4-30　面裁剪

(a) 裁剪前；(b) 裁剪后。

注意：

(1) 两曲面在边界线处相交或部分相交以及相切时，可能得不到正确的结果，建议尽量避免这种情况。

(2) 若曲面交线与被裁剪曲面边界无交点，且不在其内部封闭，则系统将交线延长到被裁剪曲面边界后实行裁剪。一般应尽量避免这种情况。

(3) 裁剪时应保留拾取点所在的那部分曲面。

(4) 两曲面必须有交线，否则无法裁剪曲面。

4. 裁剪恢复

将拾取到的曲面裁剪部分恢复到没有裁剪的状态。如拾取的裁剪边界是内边界，系统将取消对该边界施加的裁剪。如拾取的是外边界，系统将把外边界恢复到原始边界状态。

4.2.2　曲面过渡

在给定的曲面之间以一定的方式作给定半径或半径变化规律的圆弧过渡面，以实现曲面之间的光滑过渡。曲面过渡就是用截面为圆弧的曲面将两张曲面光滑连接起来，过渡面不一定过原曲面的边界。

曲面过渡共有 7 种方式：两面过渡、三面过渡、系列面过渡、曲线曲面过渡、参考线过渡、曲面上线过渡和两线过渡。

曲面过渡支持等半径过渡和变半径过渡。变半径过渡是指沿着过渡面半径是变化的过渡方式。不管是线性变化半径还是非线性变化半径，系统都能提供有力的支持。用户可以通过给定导引边界线或给定半径变化规律的方式来实现变半径过渡。

下面对两面过渡进行介绍。

在两个曲面之间进行给定半径或给定半径变化规律的过渡，生成的过渡面的截面将沿两曲面的法矢方向摆放。

两面过渡有 2 种方式，即等半径过渡、变半径过渡。

等半径两面过渡有裁剪曲面、不裁剪曲面和裁剪指定曲面 3 种方式，如图 4-31 所示。

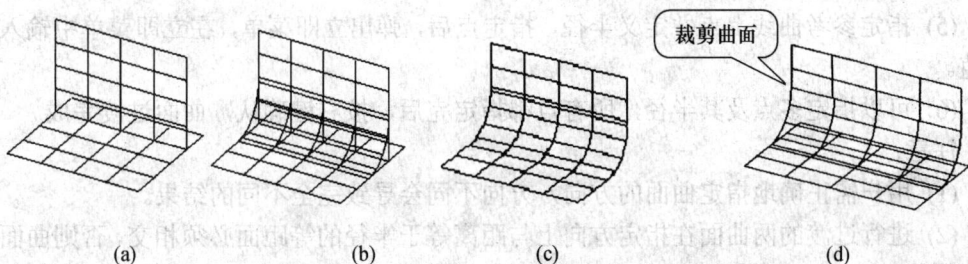

图 4-31　等半径两面过渡

(a) 过渡的两张曲面；(b) 不进行裁剪的过渡；(c) 带裁剪的过渡；(d) 裁剪指定曲面的过渡。

变半径两面过渡可以拾取参考线，定义半径变化规律，过渡面将从头到尾按此半径变化规律来生成。在这种情况下，依靠拾取的参考线和过渡面中心线之间弧长的相对比例关系来映射半径变化规律。因此，参考曲线越接近过渡面的中心线，就越能在需要的位置上获得给定的精确半径。同样，变半径两面过渡也分为裁剪曲面、不裁剪曲面和裁剪指定曲面 3 种方式，如图 4-32 所示。

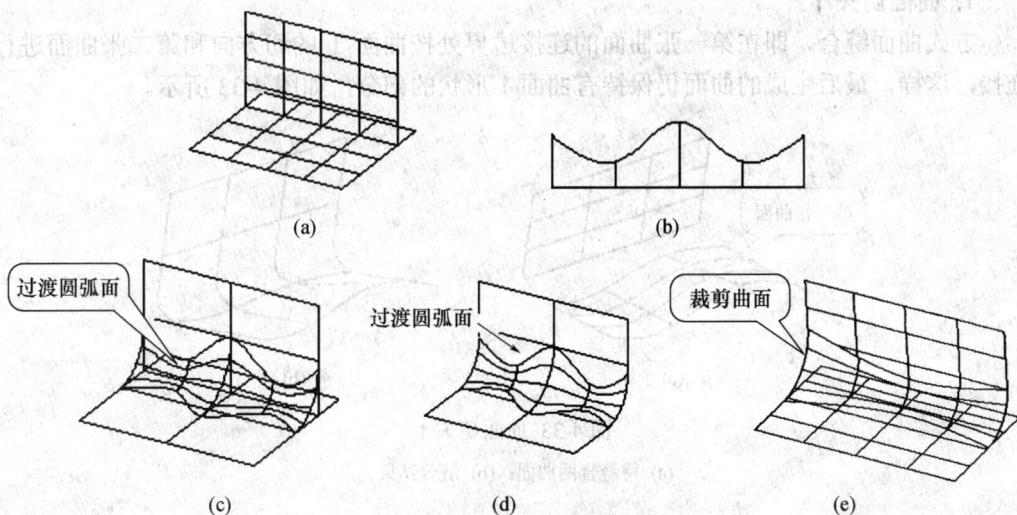

图 4-32　变半径两面过渡

(a) 待过渡的两张曲面；(b) 半径变化规律；(c) 不进行裁剪的过渡；(d) 带裁剪的过渡；(e) 裁剪指定曲面的过渡。

等半径过渡与变半径过渡操作步骤不同，下面分别介绍。

等半径过渡操作：

(1) 在立即菜单中选择"两面过渡"、"等半径"和是否裁剪曲面，输入半径值。

(2) 拾取第一张曲面，并选择方向。

(3) 拾取第二张曲面，并选择方向，指定方向，曲面过渡完成。

变半径过渡操作：

(1) 在立即菜单中选择"两面过渡"、"变半径"和是否裁剪曲面。

(2) 拾取第一张曲面，并选择方向。

(3) 拾取第二张曲面，并选择方向。

(4) 拾取参考曲线，指定曲线。

(5) 指定参考曲线上点并定义半径，指定点后，弹出立即菜单，在立即菜单中输入半径值。

(6) 可以指定多点及其半径，所有点都指定完后，按右键确认，曲面过渡完成。

注意：

(1) 用户需正确地指定曲面的方向，方向不同会导致完全不同的结果。

(2) 进行过渡的两曲面在指定方向上与距离等于半径的等距面必须相交，否则曲面过渡失败。

(3) 若曲面形状复杂，变化过于剧烈，使得曲面的局部曲率小于过渡半径时，过渡面将发生自交，形状难以预料，应尽量避免这种情形。

4.2.3 曲面缝合

曲面缝合是指将两张曲面光滑连接为一张曲面。

曲面缝合有 2 种方式：通过曲面 1 的切矢进行光滑过渡连接；通过两曲面的平均切矢进行光滑过渡连接。

1. 曲面切矢 1

方式曲面缝合，即在第一张曲面的连接边界处按曲面 1 的切方向和第二张曲面进行连接，这样，最后生成的曲面仍保持有曲面 1 形状的部分，如图 4-33 所示。

图 4-33 曲面切矢 1

(a) 待缝合两曲面；(b) 缝合结果。

(1) 在立即菜单中选择"曲面切矢 1"。

(2) 拾取第一张曲面。

(3) 拾取第二张曲面，曲面缝合完成。

2. 平均切矢

切矢方式曲面缝合，即在第一张曲面的连接边界处按两曲面的平均切方向进行光滑连接。最后生成的曲面在曲面 1 和曲面 2 处都改变了形状，如图 4-34 所示。

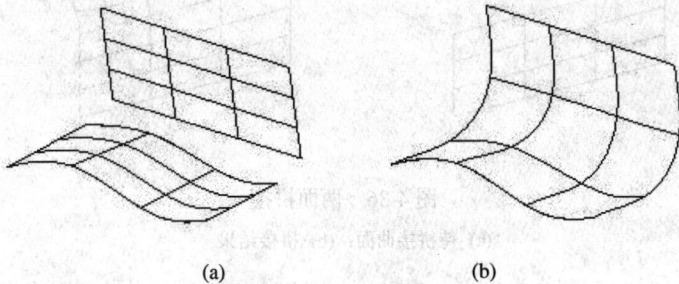

(a)   (b)

图 4-34　平均切矢

(a) 待缝合曲面；(b) 缝合结果。

(1) 在立即菜单中选择"平均切矢"。

(2) 拾取第一张曲面。

(3) 拾取第二张曲面，曲面缝合完成。

4.2.4　曲面拼接

曲面拼接是曲面光滑连接的一种方式，它可以通过多个曲面的对应边界，生成一张曲面与这些曲面光滑相接。

曲面拼接共有 3 种方式：两面拼接、三面拼接和四面拼接。

在许多物体的造型中，通过曲面生成、曲面过渡、曲面裁剪等工具生成物体的型面后，总会在一些区域留下一片空缺，称之为"洞"。曲面拼接就可以对这种情形进行"补洞"处理，如图 4-35 所示。

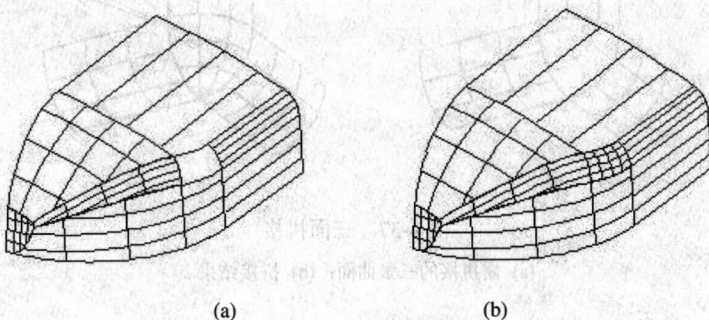

(a)   (b)

图 4-35　曲面拼接

(a) 造型后留下一个"洞"；(b) 通过曲面拼接进行"补洞"。

1. 两面拼接

做一曲面，使其连接两给定曲面的指定对应边界，并在连接处保证光滑。

当遇到要把两个曲面从对应的边界处光滑连接时，用曲面过渡的方法无法实现，因为过渡面不一定通过两个原曲面的边界。这时就需要用到曲面拼接的功能，过曲面边界光滑连接曲面，如图 4-36 所示。

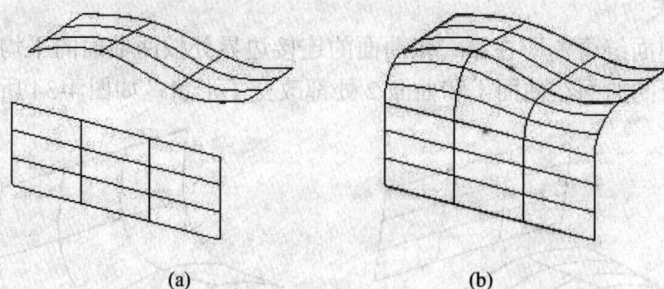

图 4-36　两面拼接

(a) 待拼接曲面；(b) 拼接结果。

拾取时在需要拼接的边界附近单击曲面。拾取时，需要保证两曲面的拼接边界方向一致，这是由拾取点在边界线上的位置决定，即拾取点与边界线的哪一个端点距离最近，那一个端点就是边界的起点。两个边界线的起点应该一致，这样两个边界线的方向一致；如果两个曲面边界线方向相反，拼接的曲面将发生扭曲，形状不可预料。

(1) 拾取第一张曲面。

(2) 拾取第二张曲面，拼接完成。

2. 三面拼接

做一曲面，使其连接三个给定曲面的指定对应边界，并在连接处保证光滑。

三个曲面在角点处两两相接，成为一个封闭区域，中间留下一个"洞"，三面拼接就能光滑拼接三张曲面及其边界而进行"补洞"处理，如图 4-37 所示。

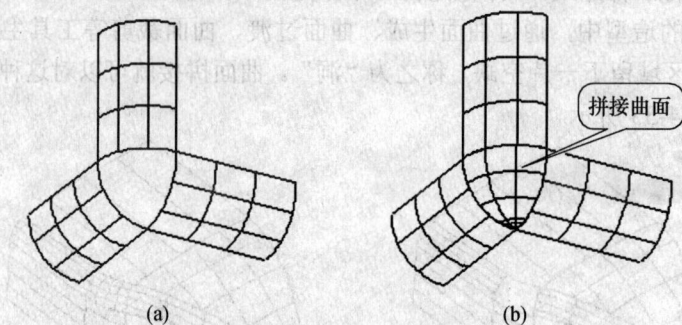

图 4-37　三面拼接

(a) 需拼接的三张曲面；(b) 拼接结果。

在三面拼接中，使用的元素不仅局限于曲面，还可以是曲线，即可以拼接曲面和曲线围成的区域，拼接面和曲面保持光滑相接，并以曲线为边界。可以对两张曲面和一条曲线围成的区域、一张曲面和两条曲线围成的区域进行三面拼接，如图 4-38 和图 4-39 所示。

在三面拼接时，三个曲面围成的区域可以是非封闭区域。在非封闭处，系统将根据拼接条件自动确定拼接曲面的边界形状，如图 4-40 所示。

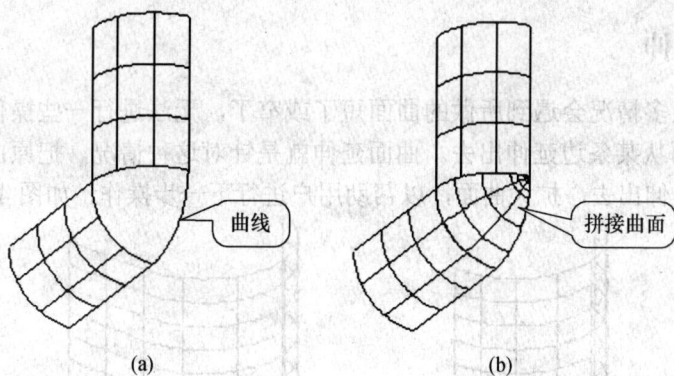

图 4-38 两张曲面和一条曲线组成封闭区域的三面拼接

(a) 需拼接的两张曲面和一条边界曲线；(b) 拼接结果。

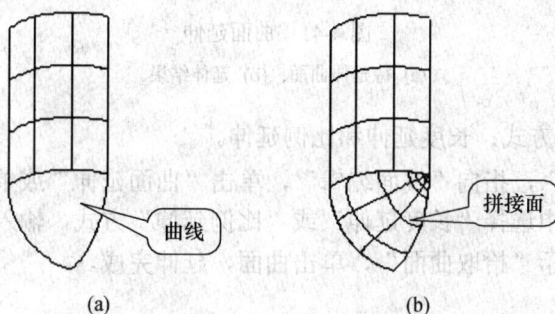

图 4-39 一曲面和两曲线组成封闭区域的三面拼接

(a) 需拼接的一张曲面和两条边界曲线；(b) 拼接结果。

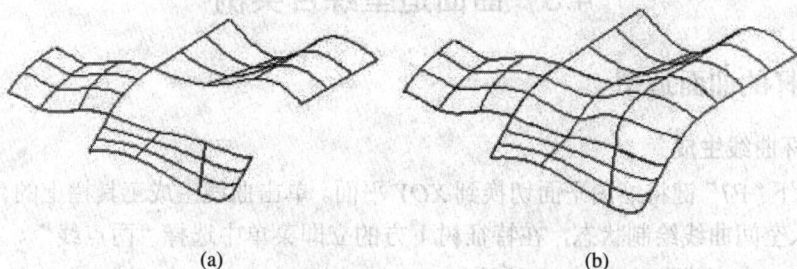

图 4-40 三张曲面组成非封闭区域的三面拼接

(a) 需拼接的三张曲面；(b) 拼接结果。

(1) 在立即菜单中选择拼接方式。

(2) 拾取第一张曲面。

(3) 拾取第二张曲面。

(4) 拾取第三张曲面，曲面拼接完成。

注意：

(1) 要拼接的三个曲面必须在角点相交，要拼接的三个边界应该首尾相连，形成一串曲线，它可以封闭，也可以不封闭。

(2) 操作中，拾取曲线时需先按右键，再单击曲线才能选择曲线。

4.2.5 曲面延伸

在应用中很多情况会遇到所做的曲面短了或窄了，无法进行一些操作的情况。这就需要把一张曲面从某条边延伸出去。曲面延伸就是针对这种情况，把原曲面按所给长度沿相切的方向延伸出去，扩大曲面，以帮助用户进行下一步操作，如图 4-41 所示。

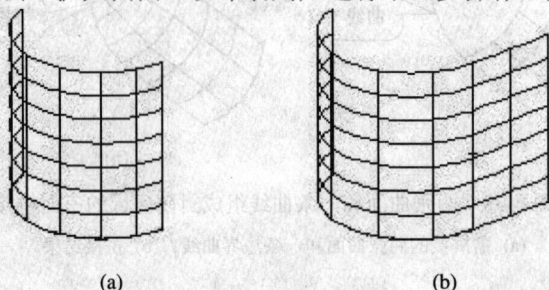

(a)   (b)

图 4-41 曲面延伸

(a) 待延伸曲面；(b) 延伸结果。

延伸曲面有 2 种方式：长度延伸和比例延伸。

(1) 单击"应用"，指向"线面编辑"，单击"曲面延伸"或单击 按钮。

(2) 在立即菜单中选择"长度延伸"或"比例延伸"方式，输入长度或比例值。

(3) 状态栏中提示"拾取曲面"，单击曲面，延伸完成。

注意：

曲面延伸功能不支持裁剪曲面的延伸。

4.3 曲面造型综合实例

4.3.1 酒杯的曲面造型

1. 酒杯曲线生成

(1) 按下"F7"键将绘图平面切换到 XOY 平面。单击曲线生成工具栏上的"直线"
按钮，进入空间曲线绘制状态，在特征树下方的立即菜单中选择"两点线"、"单个"、"正交"、"点方式"(如图 4-42 所示)。

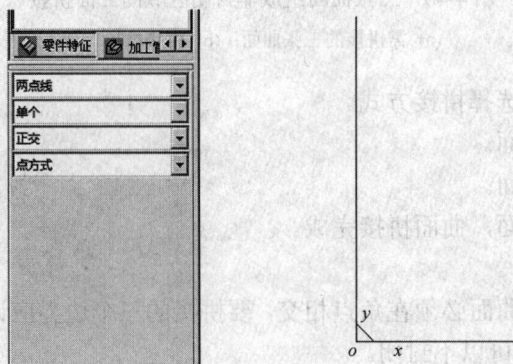

图 4-42 生成两点线

68

(2) 单击曲线工具栏中的"等距线" 按钮，生成如图 4-43 所示尺寸标注的各个等距线。

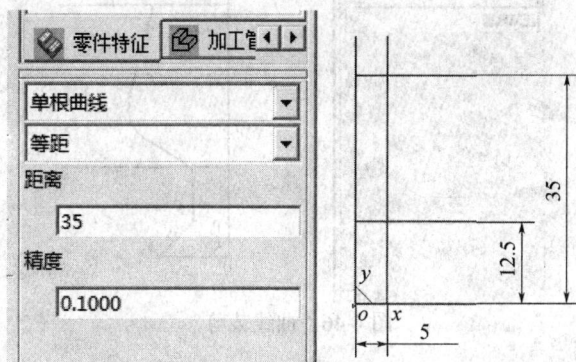

图 4-43　生成等距线

(3) 单击曲线生成工具栏上的"直线" 按钮，进入空间曲线绘制状态，在特征树下方的立即菜单中选择"角度线"、"X 轴夹角"，绘制如图 4-44 所示尺寸标注的角度线。

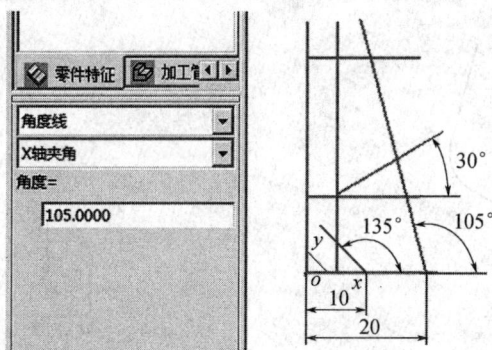

图 4-44　生成角度线

(4) 单击曲线编辑工具栏上的曲线过渡 按钮，选择"圆弧过渡"方式，按如图 4-45 所示尺寸标注进行圆弧过渡。

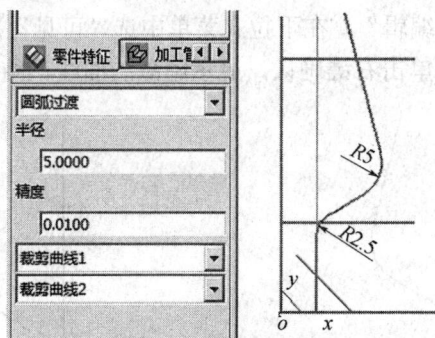

图 4-45　生成圆弧过渡

(5) 单击曲线编辑工具栏中"曲线裁剪" 按钮，在特征树下方的立即菜单中选择"快速裁剪"、"正常裁剪"方式，用鼠标点取需裁剪的曲线，结果如图 4-46 所示。

69

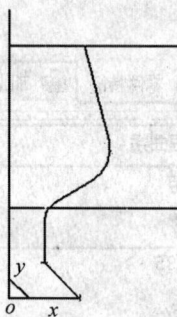

图 4-46　曲线裁剪

(6) 单击曲线编辑工具栏中"删除" 按钮，用鼠标直接点取多余的线段，拾取的线段会变成红色，单击右键确认，结果如图 4-47 所示。

(7) 单击主菜单中的"编辑"，在下拉式菜单中选隐藏，用鼠标直接拾取需隐藏的线段，拾取的线段会变成红色，单击右键确认，结果如图 4-48 所示。

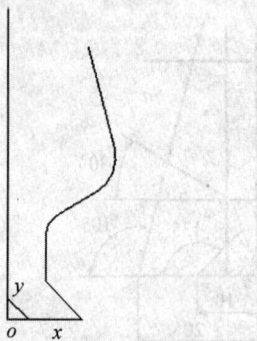

图 4-47　删除多余的线段

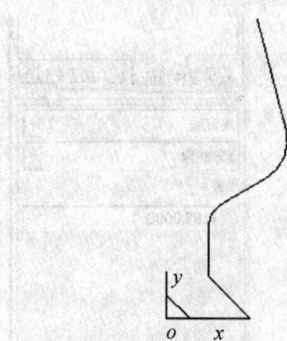

图 4-48　隐藏所需的线段

(8) 单击曲线编辑工具栏中"曲线组合" 按钮，在立即菜中选择"删除原曲线"方式。状态栏提示"拾取曲线"，按如图 4-49 所示拾取曲线并选向上的箭头，按右键确认。

2. 酒杯曲面生成

(1) 单击主菜单中的"编辑"，在下拉式菜单中选"可见"，用鼠标直接拾取前面隐藏的线段(该线段呈红色)，单击右键确认，显示隐藏的曲线，结果如图 4-50 所示。

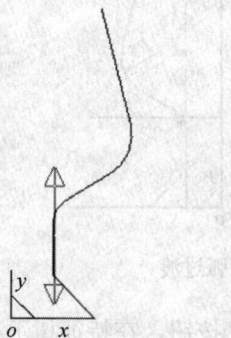

图 4-49　曲线组合

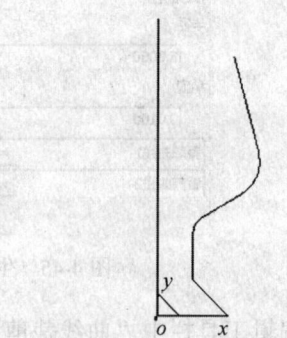

图 4-50　显示隐藏的曲线

70

(2) 单击曲面生成工具栏上的"旋转面" ⚜ 按钮，通过旋转面生成酒杯底部曲面。在特征树下方的立即菜单中输入起始角为0°，终止角为360°，然后用鼠标左键拾取，先拾取旋转轴线并选择方向，再拾取母线，结果如图4-51所示。

(3) 单击曲面生成工具栏上的"旋转面" ⚜ 按钮，通过旋转面生成酒杯下方的曲面。在特征树下方的立即菜单中输入起始角为0°，终止角为360°，然后用鼠标左键拾取，先拾取旋转轴线并选择方向，再拾取母线，结果如图4-52所示。

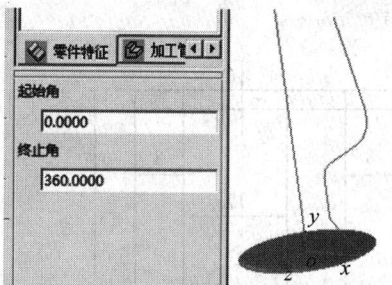

图 4-51 生成旋转面

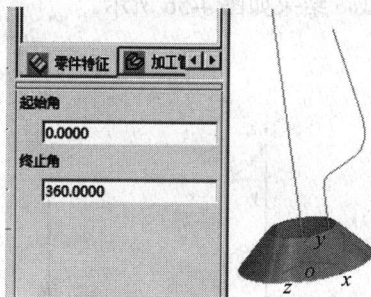

图 4-52 生成旋转面

(4) 单击曲面生成工具栏上的"旋转面" ⚜ 按钮，通过旋转面生成酒杯上方的曲面。在特征树下方的立即菜单中输入起始角为0°，终止角为360°，然后用鼠标左键拾取，先拾取旋转轴线并选择方向，再拾取组合曲线作为母线，结果如图4-53所示。

(5) 在主菜单中选择"设置"→"拾取过滤设置"命令，取消图形元素类型中的"空间曲面"项。然后选择"编辑"→"隐藏"命令，框选所有曲线，按右键确认，就可以将线框全部隐藏掉，结果如图4-54所示。

图 4-53 生成旋转面

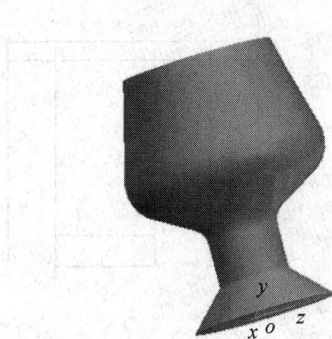

图 4-54 酒杯曲面

4.3.2 可乐瓶底的曲面造型

1. 造型思路

可乐瓶底的曲面造型比较复杂，它有5个完全相同的部分。用实体造型不能完成，但可以利用CAXA制造工程师强大的曲面造型功能中的网格面来实现。其实只要作出一个突起的2根截面线和1个凹进的1根截面线，然后进行圆形阵列就可以得到其它几个突起和凹进的所有截面线。然后使用网格面功能生成5个相同部分的曲面。可乐瓶底的最下面的平面使用直纹面中的"点+曲线"方式来做。

2. 绘制截面线

(1) 按下"F7"键将绘图平面切换到 *XOZ* 平面。单击曲线生成工具栏中的"矩形"按钮，用鼠标左键拾取到坐标原点，绘制一个 42.5×37 的矩形，结果如图 4-55 所示。

(2) 单击曲线生成工具栏中的"等距线"按钮，生成如图 4-56 所示尺寸标注的各个等距线，结果如图 4-56 所示。

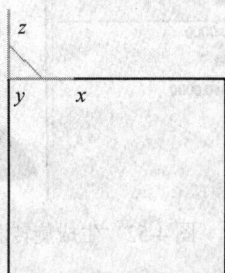

图 4-55　生成矩形

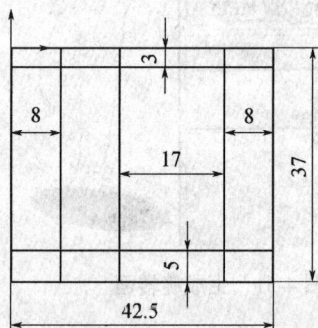

图 4-56　生成等距线

(3) 单击曲线编辑工具栏中的"裁剪"按钮，拾取需要裁剪的线段，结果如图 4-57(a)所示，然后单击曲线编辑工具栏中的"删除"按钮，拾取需要删除的直线，按右键确认删除，结果如图 4-57(b)所示。

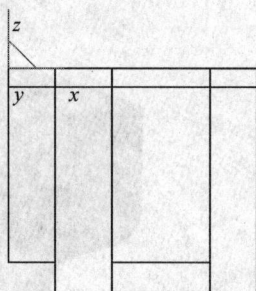

(a)

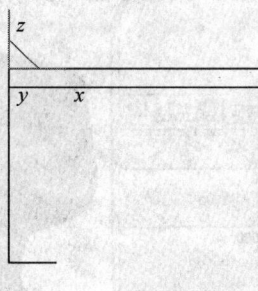

(b)

图 4-57　裁剪并删除直线

(4) 生成圆弧、直线截面：①单击曲线生成工具栏中的 "圆弧"按钮，在特征树下方的立即菜单中选择"两点_半径"方式，用鼠标左键拾取 P1 点和 P2 点，然后按空格键在弹出的点工具菜单中选择"切点"命令，拾取直线 L1，生成过 P1、P2 点且与直线 L1 相切的圆弧。②单击曲线生成工具栏中的 "圆"按钮，在特征树下方的立即菜单中选择"两点_半径"方式，用鼠标左键拾取 P4 点，然后按空格键在弹出的点工具菜单中选择"切点"命令，拾取直线 L2，再输入半径 6，生成过 P4 点且与直线 L2 相切，半径 *R* 为 6 的圆 *R*6。③单击曲线生成工具栏上的"直线"按钮，进入空间曲线绘制状态，在特征树下方的立即菜单中选择"两点线"、"单个"、"正交"、"点方式"，作过直线端点 P3

72

和圆 *R*6 切点的直线，结果如图 4-58 所示。

(5) 单击曲线生成工具栏中的 "圆" 按钮，在特征树下方的立即菜单中选择 "两点_半径" 方式，用鼠标左键拾取 P5 点，然后按空格键，在弹出的点工具菜单中选择 "切点" 命令，拾取圆 *R*6，再输入半径 6，生成与圆 *R*6 相切过点 P5，半径为 6 的圆 C1；同样方法作与圆弧 C4 相切，过直线 L3 与圆弧 C4 的交点，半径为 6 的圆 C2 和与圆 C1 和 C2 相切，半径 50 的圆 C3 并裁减，结果如图 4-59 所示。

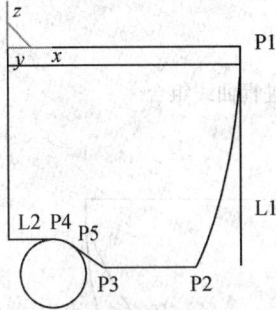

图 4-58　生成圆弧、直线

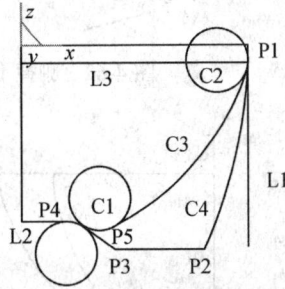

图 4-59　生成圆、圆弧

(6) 单击曲线编辑工具栏中的 "裁剪" 按钮和 "删除" 按钮，去掉不需要的部分。在圆弧 C4 上单击鼠标右键选择 "隐藏" 命令，将其隐藏掉。按下 "F9" 键将绘图平面切换到 *XOY* 平面，然后再按 "F8" 显示其轴侧图，结果如图 4-60 所示。

(7) 将绘图平面切换到 *XOY* 平面，单击几何变换中的 "平面旋转" 按钮，在立即菜单中选择 "拷贝" 方式，输入角度 41.6°，拾取坐标原点为旋转中心点，然后框选所有线段，单击右键确认，结果如图 4-61 所示。

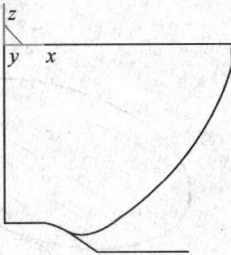

图 4-60　裁剪并删除、隐藏直线

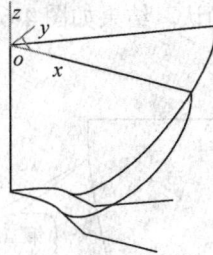

图 4-61　平面旋转

(8) 单击 "删除" 按钮，删掉不需要的部分。旋转视图，观察生成的第一条截面线。单击 "曲线组合" 按钮，拾取截面线，选择方向，将其组合一条样条曲线，结果如图 4-62 所示。至此，第一条截面线完成。

(9) 第二条截面线的生成。将绘图平面切换到 *XOZ* 面内，按 "F7" 显示 *XOZ* 面。单击 "可见" 按钮，显示前面隐藏掉的圆弧 C4，并拾取确认。然后拾取第一条截面线单击右键选择 "隐藏" 命令，将其隐藏掉。单击 "曲线过渡" 按钮，选择 "圆弧过渡" 方式，半径为 6，对 P2、P3 两处进行过渡。单击 "删除" 按钮，删掉不需要的线段，结果如图 4-63 所示。

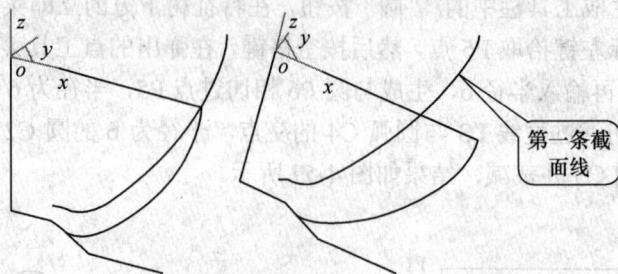

图 4-62　删掉不需要的直线并进行曲线组合

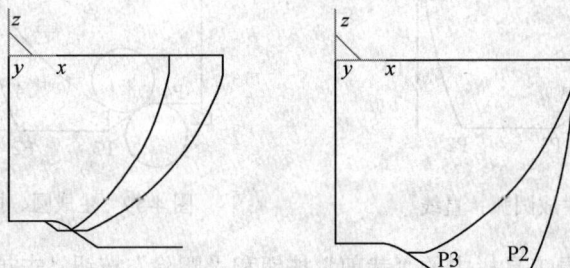

图 4-63　生成第二条截面线

(10) 单击"曲线组合"按钮，拾取第二条截面线，选择方向，将其组合一条样条曲线，结果如图 4-64 所示。

(11) 将绘图平面切换到 *XOY* 平面，单击几何变换中的"平面旋转"按钮，在立即菜单中选择"拷贝"方式，输入角度 11.2°，拾取坐标原点为旋转中心点，拾取第二条截面线，单击右键确认，结果如图 4-65 所示。

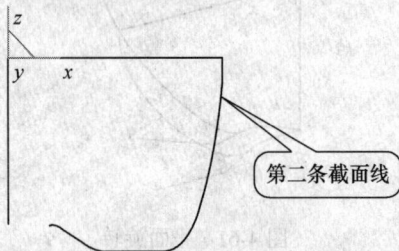

图 4-64　曲线组合

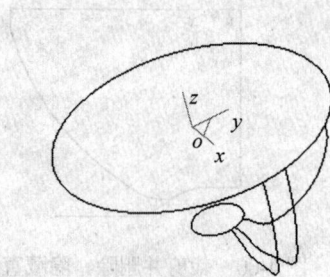

图 4-65　平面旋转

(12) 可乐瓶底有 5 个相同的部分，至此完成了其一部分的截面线，通过阵列就可以得到全部截面线，这是一种简化作图的有效方法。单击"阵列"按钮，选择"圆形"阵列方式，份数为 5，拾取三条截面线，单击鼠标右键确认，拾取原点(0，0，0)为阵列中心，按鼠标右键确认，立刻得到可乐瓶线架图，结果如图 4-66 所示。

(13) 将绘图平面切换到 *XOY* 平面，然后再按"F8"显示其轴侧图。单击 "圆"按钮，选择"圆心_半径"方式，以 Z 轴方向的直线两端点为圆心，拾取截面线的两端点为半径，绘制如图 4-67 所示的两个圆。

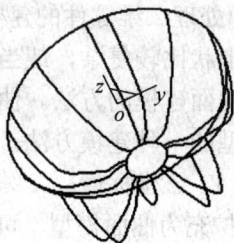

图 4-66　生成可乐瓶线架图　　　　　图 4-67　生成两个圆

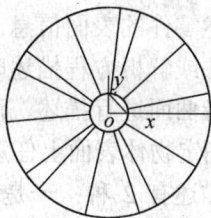

3. 可乐瓶的曲面生成

1) 生成网格面

按"F5"键进入俯视图，单击曲面工具栏中的"网格面"按钮，依次拾取 U 向截面线，共 2 条，按鼠标右键确认；再依次拾取 V 向截面线，共 15 条，按右键确认，稍等片刻曲面生成，结果如图 4-68 所示。

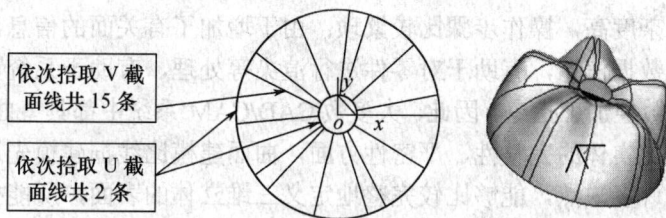

图 4-68　生成网格面

2) 生成直纹面

单击曲面工具栏中的"直纹面"按钮，选"点+曲线"，生成底部中心部分曲面，结果如图 4-69 所示。

3) 隐藏曲线

选择"设置"→"拾取过滤设置"命令，取消图形元素类型中的"空间曲面"项。然后选择"编辑"→"隐藏"命令，框选所有曲线，按右键确认，就可以将线框全部隐藏掉，结果如图 4-70 所示。

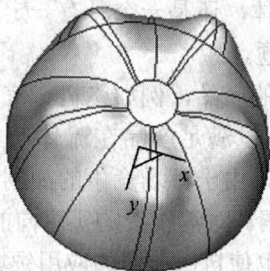

图 4-69　生成直纹面　　　　　图 4-70　隐藏所有曲线

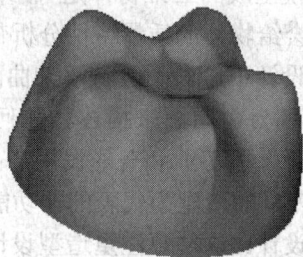

本 章 小 结

在 CAD/CAM 系统中，经常需要向计算机输入产品的外形数据和结构参数，这些数据往往通过计算求得，线框造型比较适合于描述和处理二维零件的建模和数控自动编程，线框模型无法描述零件的表面信息。当产品结构形状比较复杂，或当表面既不是平面，也无法用数学方法或解析方程描述时，通常采用曲面建模的方法。曲面建模是通过对实体的各个表面或者曲面进行描述，而构成实体模型的一种建模方法，用面来定义一个物体，并能精确地确定物体表面上任意一个点的 X、Y、Z 坐标值。

曲面模型的描述有 2 种：一是基于线框模型扩充为曲面模型，可以将封闭的边界定义成一个环或有向边界，则由此封闭边界所定义的为一个面；另一曲面模型是基于曲线、曲面的描述方法，将物体分解成组成物体的表面、边线和顶点，用顶点、边线和表面的有限集合来表示和建立物体的计算机内部模型。建模时，先将复杂的外表面分成若干个组成面，然后定出一块块的基本面素，基本面素可以是平面或二次曲面，例如圆柱面、圆锥面、圆环面、回转面等，通过各面素的连接构成了组成面，各组成面的拼接就是构造的模型。

曲面建模可产生具有真实感的物体图像；可适合复杂型腔模具的造型，但与实体建模相比，造型复杂度高，操作步骤比较繁琐；由于增加了有关面的信息，表达了零件表面和边界定义的数据信息，有助于对零件进行渲染等处理，有助于系统直接提取有关面的轨迹信息生成数控加工指令，因此，大多数 CAD/CAM 系统中都具备曲面建模的功能。同时，在提供三维实体的完整性、严密性方面，曲面建模比线框建模先进了一步，它克服了线框建模的许多缺点，能够比较完整地定义三维立体的表面，所能描述的零件范围广，特别像汽车覆盖件、飞机机翼等难于用简单的数学模型表达的物体，均可以采用曲面建模的方法构造其模型，而且利用曲面建模在图形终端上生成逼真的彩色图像，以便用户直观地从事产品的外形设计，从而避免表面形状设计的缺陷。另外，曲面建模可以为 CAD/CAM 中的其它场合提供数据，例如有限元分析中的网格划分，就可以直接利用曲面建模构造的模型。在物体性能计算方面，曲面建模中面信息的存在有助于对物性方面与面积有关的特征计算，同时对于封闭的零件来说，采用扫描等方法也可实现对零件进行与体积等物理性能有关的特征计算。

曲面建模也有其局限性，由于描述的仅是实体的外表面，并没切开物体而展示其内部结构，因而，也就无法表示零件的立体属性、无法区分物体的内外。由此，很难确定一个经过曲面建模生成的三维物体是一个实心物体，还是一个具有一定壁厚的壳，这样的不确定性同样会给物体的质量特性分析带来问题。

在现代产品设计中，对于具有复杂曲面外形的产品，例如飞机、汽车、船舶等，需要使用自由曲线和自由曲面来描述其几何形状，以满足产品在流体动力性能和造型方面的要求。而对于一般工业和普通民用产品而言，由于市场竞争的加剧，在满足功能需要的前提下，以产品的造型为代表的非功能性因素，对消费者购买意向的影响越来越大。因此，现代产品设计比以往更注重造型设计，这也使自由曲面的应用领域更加广泛。

曲面功能是目前大多数 CAD/CAM 系统的重要组成部分，是应用 CAD/CAM 技术进行产品造型设计的重要手段之一。本章重点介绍了在 CAXA 制造工程师中各种常见曲面的构造方法和曲面的编辑。

CAXA 制造工程师目前提供多种曲面生产方式，在构造曲面时需要根据曲面特征线的不同组合方式，采用不同的曲面生成方式并进行相应曲面编辑，即可得到零件的曲面模型。

思考与练习题

1. 平行平面与等距面的功能有何异同？

2. 试应用 CAXA 制造工程师软件创建咖啡杯曲面。已知咖啡杯截面尺寸如图 4-71 所示，杯把截面为椭圆，长半轴为 8，短半轴为 3。

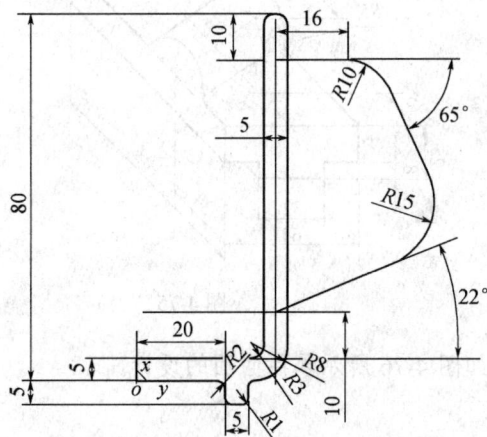

图 4-71　咖啡杯

3. 试应用 CAXA 制造工程师 2006 完成如图 4-72 所示零件曲面的设计。

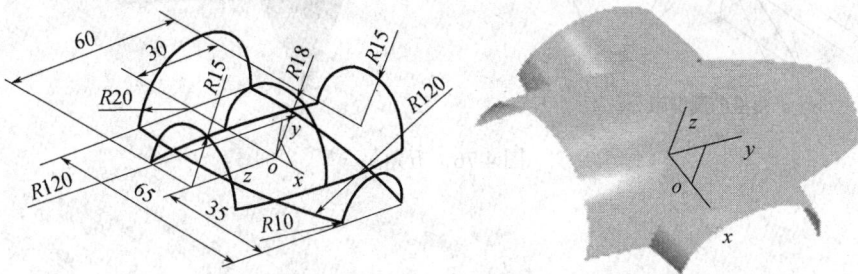

图 4-72　管道截面

4. 试应用 CAXA 制造工程师软件完成如图 4-73 所示零件曲面的设计。样条型值点 *XYZ* 坐标：(-70，0，20)，(-40，0，25)，(20，0，30)，(30，0，15)圆弧在平行于 *YOZ*

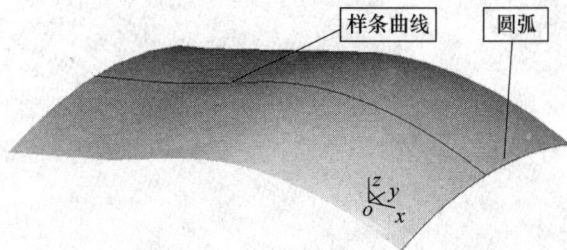

图 4-73　导动面

平面内，圆心坐标：(30，0，-95)，半径 $R=110$，两点在 XOY 面上，要求圆弧沿样条平行导动。

5. 试应用 CAXA 制造工程师软件完成如图 4-74 所示零件曲面的设计。

6. 试应用 CAXA 制造工程师软件完成如图 4-75 所示零件曲面的设计。

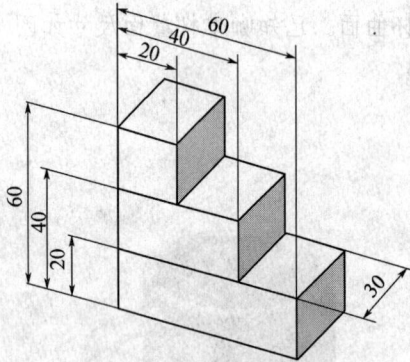

图 4-74　台阶面

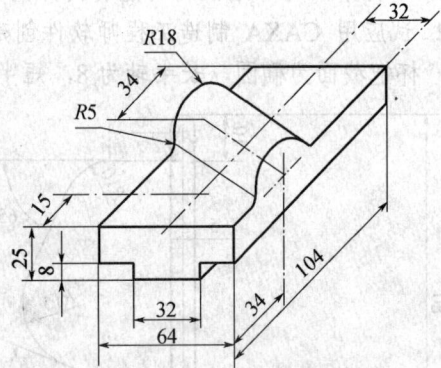

图 4-75

7. 试应用 CAXA 制造工程师软件完成如图 4-76 所示零件曲面的设计。

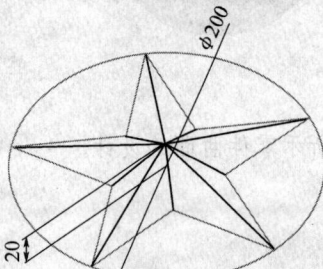

五角星的线框图

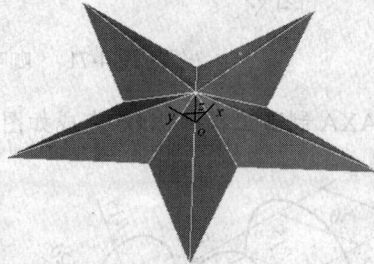

图 4-76　五角星

第 5 章　CAXA 制造工程师特征实体造型

5.1　草　图

草图是由点、线、圆弧等基本几何元素构成的几何图形，CAXA 制造工程师的实体特征造型必须依赖草图。草图可以是封闭的，也可以是开放的。开放的草图只能生成薄壁实体特征、筋板和用作分模。

草图的绘制必须在一个基准平面上进行，每个基准平面只能绘制一个草图。一个零件需要一个或多个草图。所以生成一个实体特征必须经过以下步骤：选择草图基准平面、在基准平面上绘制草图、生成特征、草图参数化修改。

5.1.1　基准面

基准面是绘制草图所依赖的基准平面，在草图绘制前，必须先选择或创建一个基准面。CAXA 制造工程师中，基准面可以是特征树中已有的默认坐标平面(XOY、XOZ、YOZ)，也可以是生成的实体上某个平面，还可以是利用实际存在的点、线、面等几何要素来构造出的平面。

用鼠标点击特征树中的任何一个平面(包括三个默认平面和自己构建的平面)，或直接用鼠标点击绘图区中已存在的实体表面(必须是平面)，被选中的面都可以成为草图的基准面，如图 5-1 所示。

CAXA 制造工程师提供了一个功能强大的构建基准面的工具，包括"等距平面确定基准平面"、"过直线和平面成夹角确定基准平面"、"生成曲面上某点的切平面"、"过点且垂直于曲线确定基准平面"、"过点且平行于平面确定基准平面"、"过点和直线确定基准平面"、"三点确定基准平面"以及"根据当前坐标系构建基准平面"等 8 种构建基准平面的方式，从而大大提高了实体造型的功能。

选择"造型"→"特征生成"→"基准面"，或直接用鼠标单击◈按钮，弹出"构建基准面"对话框，如图 5-2 所示。根据需要，选择适当的基准平面构件方式，填入参数，

图 5-1　选择基准平面　　　　图 5-2　"构造基准面"对话框

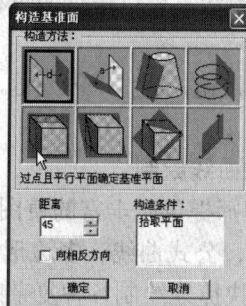

单击"确定",完成操作。

实例：在 CAXA 制造工程师中，以正方体的上平面为基准，分别构建一个等距基准面和与上平面成夹角的基准面。

(1) 利用 CAXA 制造工程师的实体造型功能，造型一个正方体，并在上平面作正交直线(空间直线)。

(2) 选择"造型"→"特征生成"→"基准面"，或直接单击 ⊗ 按钮，出现"构建基准面"对话框。

(3) 单击第一行第一列图框，选择"等距平面确定基准平面"，在"距离"对话框中输入 50，单击正方体上平面，单击"确定"，即生成一个与正方体上平面距离 50 的基准平面。

(4) 单击第一行第二列图框，选择"过直线和平面成夹角确定基准平面"，在"角度"对话框中输入 45°，分别拾取正方体上平面和正交直线，即生成一个过直线且与正方体上平面成 45°的基准平面，如图 5-3 所示。

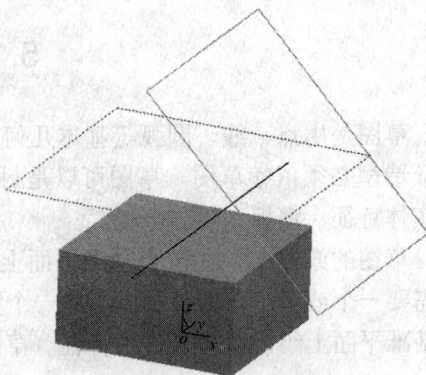

图 5-3　基准面的生成

5.1.2　草图绘制与编辑

1．创建草图

在特征树中选择一个基准面，或用鼠标单击绘图区中已有实体的表面(必须是平面)，单击"绘制草图" ✐ 按钮(或按"F2"键，或弹出鼠标右键点击"创建草图")，特征树中会出现一个草图图表，表示已经进入草图状态，即可进行草图绘制和编辑，如图 5-4 所示。

2．激活草图

如果绘图区中已有一个或几个草图，需要对它们进行编辑和修改，就需要将此草图激活。编辑和修改激活的草图不会影响其它草图上的图形。

图 5-4　创建新草图

用鼠标单击特征树中(或绘图区中)需编辑的草图，单击"绘制草图"按钮 ✐ (或单击右键"编辑草图"，或按"F2"键)，特征树中的 ⚒ 图表由蓝色变为灰色，已将草图激活，可以进行编辑和修改。

3．退出草图

单击绘制草图 ✐ 按钮，或按"F2"键，可退出草图状态，此时特征树中的 ⚒ 由灰色变为蓝色。

4．草图状态下的曲线绘制

CAXA 制造工程师提供了丰富的草图曲线绘制功能，包括直线、圆弧、圆、矩形、椭圆、样条曲线、点、公式曲线、多边形、二次曲线、等距线、曲线投影、相关线等，熟练掌握，可以方便快捷地绘制各种复杂的图形。

各种草图曲线的绘制方法见第 3 章的曲线生成内容，这里不再赘述。

80

5. 读入草图

CAXA 制造工程师除内部绘制草图外,还可以在 CAXA 电子图板中绘制好二维草图,然后通过"读入草图"输入到 CAXA 制造工程师中。

也可以通过 CAXA 电子图板或 AutoCAD 等平面软件绘制好二维草图,另存为"IGES"(*.igs)文件,用 CAXA 制造工程师打开成为空间曲线,然后通过 CAXA 制造工程师的"曲线投影"功能转化为草图。

6. 草图曲线和空间曲线的关系

CAXA 制造工程师提供了草图曲线绘制和空间曲线绘制 2 种功能,它们的画法和编辑方法都一样,但功能和使用方法有较大区别:

(1) CAXA 制造工程师中,除筋板、分模、薄壁特征等功能外,其它所有草图必须是封闭轮廓曲线,不能重叠,不能有断点,而空间曲线无此要求。

(2) 草图曲线是平面曲线,只能在草图平面内进行几何变换,而不能进行空间几何变换。

(3) 草图曲线只能用来进行实体增料和除料,空间曲线只能用来进行线框和曲面造型。空间曲线可以通过"曲线投影"功能转化为草图曲线。

(4) 空间曲线可以转换为草图曲线,而草图曲线不能转换为空间曲线。在草图状态下不能编辑空间曲线,在非草图状态下不能编辑草图曲线。

7. 草图编辑

CAXA 制造工程师在提供草图曲线绘图功能的同时,还提供了对基本图形进行编辑的功能,包括曲线裁剪、曲线过渡、曲线打断、曲线拉伸和组合等。

草图编辑的基本操作方法见第 3 章的曲线编辑内容,这里不再赘述。

8. 草图的参数化

参数化的基本概念是通过改变草图的尺寸参数达到改变图形的大小和形状,最终获得所期望的草图形状和尺寸。在此过程中,不改变图形图素之间的约束条件,即保证连续、相切、垂直、平行等关系不变。

CAXA 制造工程师在绘制草图的时候,可以通过 2 种方法进行。第一,先绘制出图形的大致形状,然后通过草图参数化的功能,对图形进行修改,最终获得所期望的图形。第二,也可以直接按照标准尺寸精确作图。

零件设计的草图参数化分为 2 种情况:

① 在草图环境下,对绘制的草图标注尺寸以后,只需改变尺寸的数值,二维草图就会随着给定的尺寸值而变化,达到最终期望的精确形状。

② 对于生成的实体无论造型操作到哪一步,通过尺寸驱动来编辑草图,可以相应地更新实体的相关尺寸和参数,自动改变零件的大小,并保持所有的特征和特征间的相互关系不变,重新生成造型的形状。

草图参数化的步骤:

(1) 尺寸标注:在草图状态下,对所绘制的图象标注尺寸。在非草图状态下,不能标注尺寸。

(2) 尺寸编辑:在草图状态下,对所标注的尺寸进行编辑。在非草图状态下,不能编辑尺寸。

(3) 尺寸驱动：用于修改某一尺寸，而图形的几何关系保持不变。在非草图状态下，不能驱动尺寸。

尺寸驱动最重要的作用是：对已造型完成的零件进行参数化修改时，不会影响已有图形元素之间的几何拓扑关系。

实例： 通过尺寸驱动修改草图，实体随草图变化而变化，但其图形元素的拓扑关系不改变，如图 5-5 和图 5-6 所示。

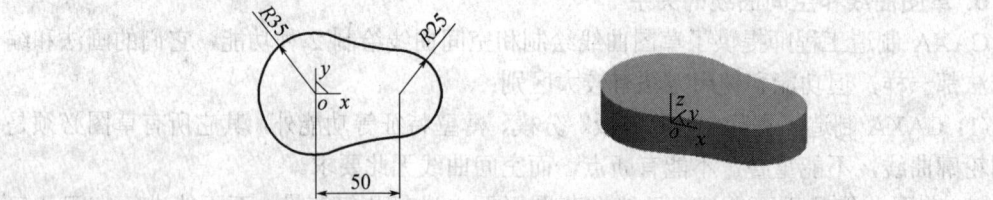

图 5-5　修改前的草图和造型

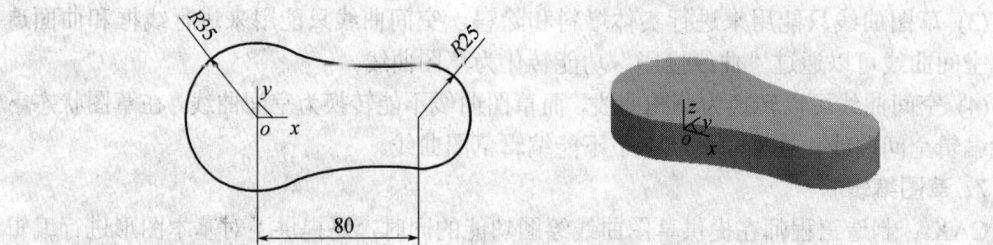

图 5-6　修改后的草图和造型

9. 草图环检查

此功能用来检查草图环是否封闭。当草图环封闭时，系统提示"草图不存在开口环"。当草图环不封闭时，系统提示"草图在标记开口或重合"，并在草图中用红色的点标记出来。

单击"应用"→"草图环检查"，或直接单击 按钮，系统弹出草图是否封闭的提示，如图 5-7 所示。

图 5-7　草图环检查

5.2　特　征　造　型

1. 拉伸特征造型

拉伸特征造型是 CAXA 制造工程师最基本和最重要的造型功能，它是将一个草图轮廓曲线根据要求做拉伸操作，用以生成一个增加材料或减去材料的特征。

拉伸特征造型分为拉伸增料和拉伸除料。

82

拉伸增料类型分为固定深度、双向拉伸和拉伸到面 3 种。沿拉伸方向可控制拔模斜度，如图 5-8 和图 5-9 所示。

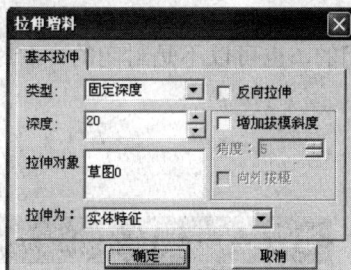

图 5-8　"拉伸增料"对话框

图 5-9　拉伸增料类型

根据需要，可以将草图拉伸为实体特征和薄壁特征。图 5-10 和图 5-11 所示为同一草图拉伸成为实体特征和薄壁特征。

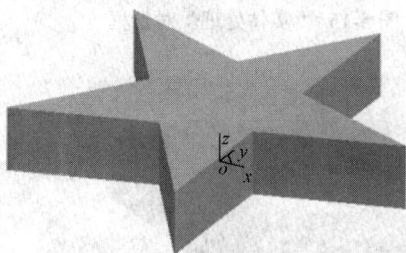

图 5-10　实体特征

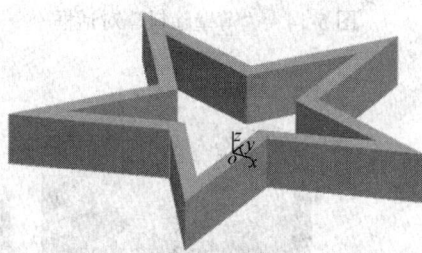

图 5-11　薄壁特征

拉伸除料类型分为固定深度、双向拉伸和拉伸到面和贯穿 4 种。沿拉伸方向可控制拔模斜度，如图 5-12 所示。

根据需要，可以将草图拉伸为实体特征和薄壁特征。所不同的是，实体特征除料是去除草图内部的实体，而薄壁特征除料会生成 2 个实体，可以根据需要去除草图内和草图外的实体。图 5-13~图 5-16 所示为薄壁特征除料实体生成过程。

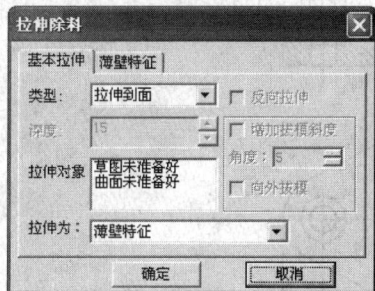

图 5-12　"拉伸除料"对话框

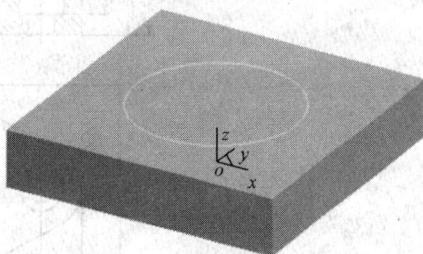

图 5-13　拉伸除料草图

注意：

(1) 在进行"双面拉伸"时，拔模斜度不可用。

(2) 在进行"拉伸到面"时，要使草图能够完全投影到这个面上，如果面的范围比草图小，会产生操作失败。

(3) 在进行"拉伸到面"时，深度和反向拉伸不可用。

(4) 在进行"拉伸到面"时，可以给定拔模斜度。

(5) 草图中隐藏的线不能参与特征拉伸。

(6) 在生成薄壁特征时，草图可以是封闭的，也可以不是封闭的，不封闭的草图其草图线段必须是连续的。

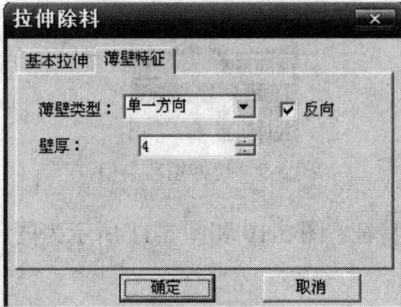

图 5-14　"薄壁除料"对话框　　　　　图 5-15　"实体处理"对话框

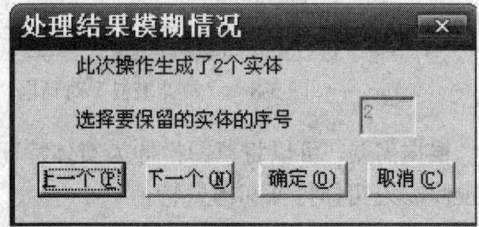

图 5-16　薄壁除料生成的两个实体

实例：图 5-17 为一个法兰盘，用拉伸增料和除料相结合，完成其特征造型。

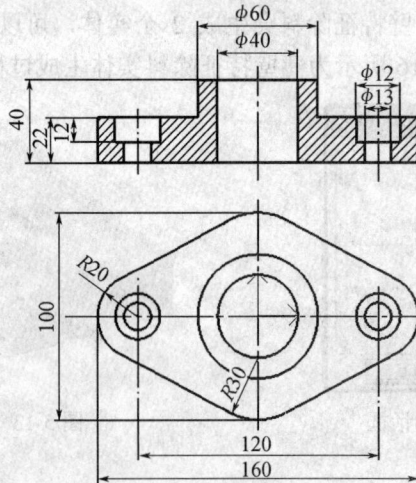

图 5-17　法兰盘零件图

(1) 单击零件特征树中的"*XOY*"基准面，选择该面作为草图绘制平面，或在"*XOY*"基准面上右键选"创建草图"，特征树中出现草图 0，并按"F5"使视图正视。

84

(2) 绘制法兰盘底座外轮廓，如图 5-18 所示。

(3) 单击 ▣ 拉伸增料按扭，弹出如图 5-19 所示的对话框，设定拉伸深度为 22mm，单击"确定"，完成法兰盘底座造型，如图 5-20 所示。

(4) 选择底座上平面为基准面，创建草图 1。绘制直径为 60mm 的圆，如图 5-21 所示。

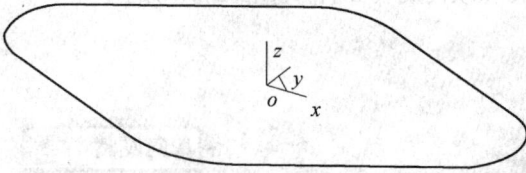

图 5-18　法兰盘底座草图

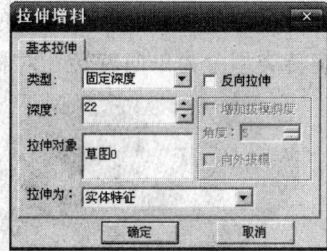

图 5-19　"拉伸增料"对话框

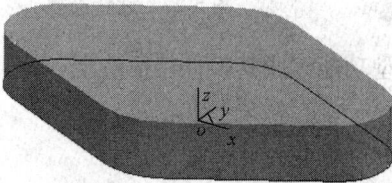

图 5-20　法兰盘底座

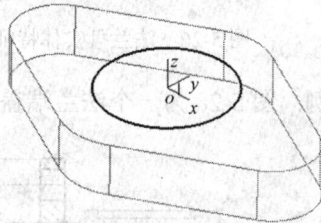

图 5-21　凸台草图

(5) 单击拉伸增料按扭 ▣ ，在对话框中输入深度 18，单击"确定"，生成法兰盘凸台，如图 5-22 所示。

(6) 以凸台上平面为基准面，创建草图 2。绘制直径为 40mm 的圆，如图 5-23 所示。

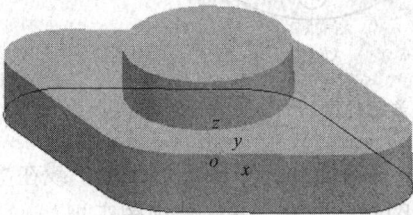

图 5-22　法兰盘凸台

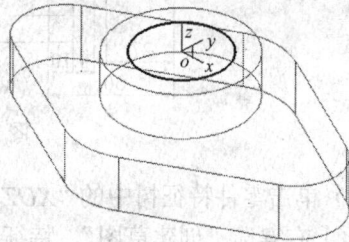

图 5-23　内孔拉伸除料草图

(7) 单击 ▣ 拉伸除料按扭，弹出如图 5-24 所示的对话框，选择类型为"贯穿"，单击"确定"，生成法兰盘内孔，如图 5-25 所示。

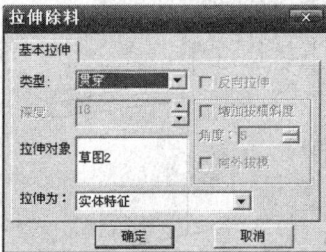

图 5-24　"拉伸除料"对话框

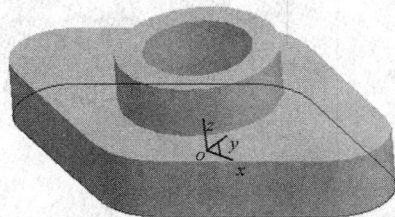

图 5-25　去除内孔的法兰盘

(8) 以法兰底座上平面为基准平面,用拉伸除料功能,同样可以完成两沉头孔的造型,最终完成的法兰盘造型如图 5-26 所示。

2. 旋转特征造型

旋转特征造型是通过围绕一条空间直线旋转一个或多个封闭轮廓,形成一个增料或减料的特征。是针对回转体零件的一种快速、有效的造型方法。

旋转类型分为单向旋转、对称旋转和双向旋转 3 种,如图 5-27 所示。

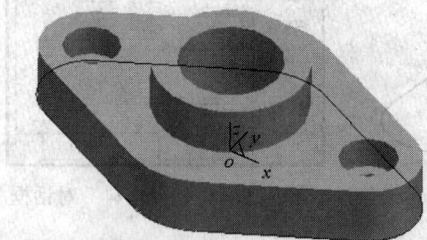

图 5-26　法兰盘实体特征造型

图 5-27　旋转类型

实例:图 5-28 为一个法兰端盖,用旋转造型功能完成其零件特征造型。

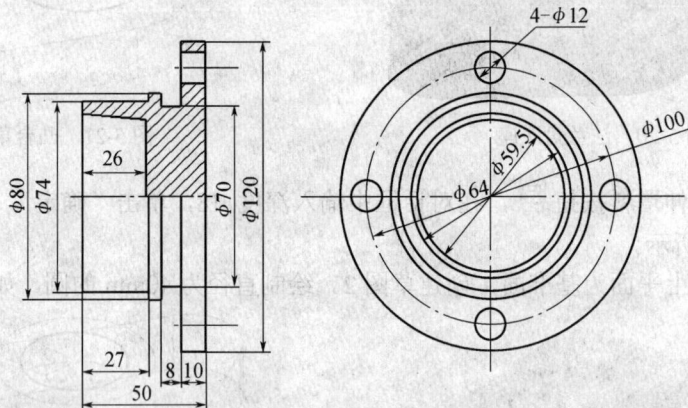

图 5-28　法兰端盖零件图

(1) 单击零件特征树中的"XOZ"基准面,选择该面作为草图绘制平面,或在"XOZ"基准面上右键选"创建草图",特征树中出现草图 0,并按"F5"使视图正视。

(2) 绘制法兰端盖轮廓(只绘制一半),如图 5-29 所示。

(3) 退出草图,在 XOZ 平面内作一直线,作为旋转轴线,如图 5-30 所示。

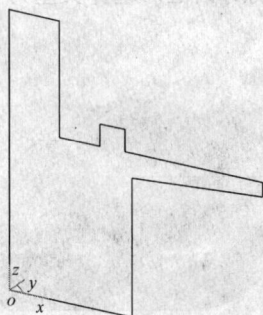

图 5-29　法兰端盖轮廓草图

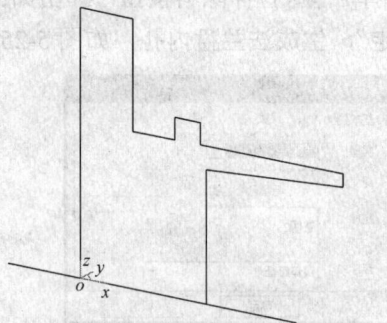

图 5-30　旋转轴线的绘制

86

(4) 单击旋转增料按钮 ，在弹出的对话框中输入旋转角度 360°，如图 5-31 所示，单击"确定"，完成法兰端盖的造型，如图 5-32 所示。

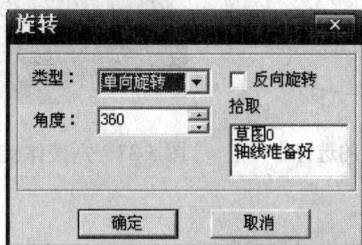

图 5-31 "旋转特征"对话框

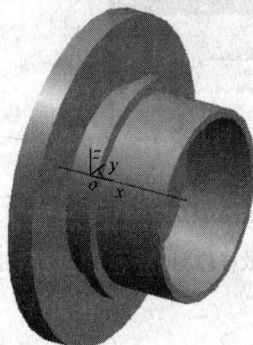

图 5-32 法兰端盖的特征造型

旋转除料的应用与操作与旋转增料基本一致，这里就不再赘述。

注意：

旋转轴线是一条空间直线，必须退出草图绘制。

3. 放样特征造型

放样特征造型是一种操作简单，但能够完成形状较为复杂零件的特征造型方法，它是根据多个截面线轮廓生成一个实体。截面线应为草图轮廓。放样有放样增料和放样减料 2 种方式。

放样特征造型在模具设计中应用广泛。

实例：利用放样增料生成一个六棱体实体特征。

(1) 先创建一个与 *XOY* 基准平面距离为 45 和 90 的平行基准面 3 和平面 4，如图 5-33 所示。

(2) 在基准面 *XOY* 和平面 3 和平面 4 上分别创建六边形草图，如图 5-34 所示。退出草图。

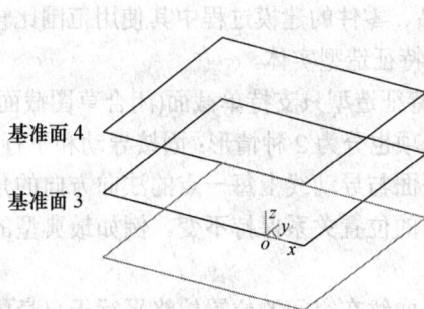

图 5-33 建立基准平面

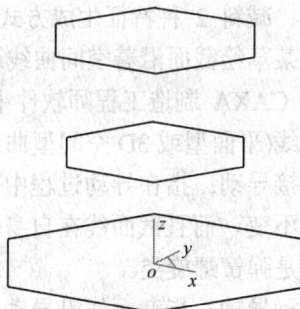

图 5-34 六棱体轮廓草图

(3) 单击"造型"→"特征生成"→"增料"→"放样"，或直接单击 按钮，弹出"放样"对话框如图 5-35 所示。

(4) 从上至下依次选择 3 个六边形草图的同一位置点，如图 5-36 所示。

(5) 单击"确定"，完成六棱体放样特征造型，如图 5-37 所示。

图 5-35 "放样增料"对话框　　图 5-36 放样位置的选择　　图 5-37 六棱体放样特征造型

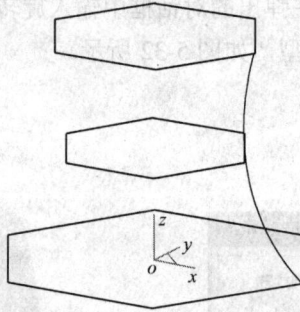

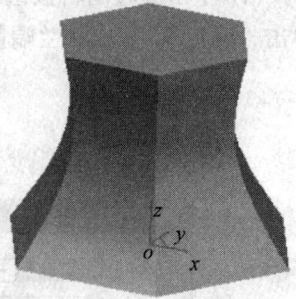

注意：

(1) 轮廓按照操作中的拾取顺序排列。

(2) 拾取轮廓时，要注意状态栏指示，拾取不同的边，不同的位置，会产生不同的结果，如图 5-38 所示。

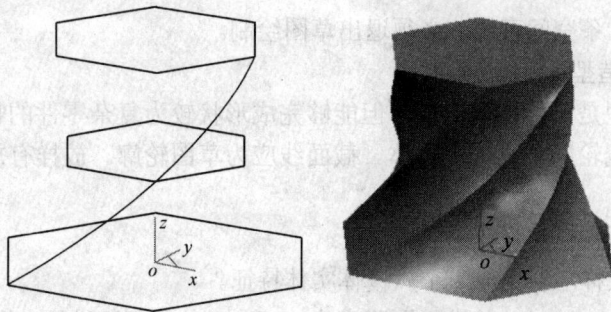

图 5-38 选择位置对放样的影响

4. 导动特征造型

导动特征造型(也可称之为扫描特征造型)属于一种比较复杂的特征建模的方法，它分为增料、减料 2 种特征生成方式。在实际产品、零件的建模过程中其使用范围比较广。它是将某草绘截面沿着空间曲线运动而形成的特征造型实体。

在 CAXA 制造工程师软件中，目前导动特征造型只支持单截面(闭合草图截面)、单轨迹曲线(平面型或 3D 空间型曲线)，其控制选项也分为 2 种情形：固接导动和平行导动。

固接导动：指在导动过程中，截面线的平面与导动线上每一点的法向方向的角度始终保持不变，而且截面线在自身相对坐标系中的位置关系保持不变。例如最典型的产品造型就是弹簧螺旋类。

平行导动：指截面线沿导动线运动时其截面线在空间的位置始终平行于自身的移动而生成的特征实体。

实例 1：等节距螺旋弹簧的造型。

(1) 在工具条上单击"公式曲线"命令，弹出"公式曲线"对话框如图 5-39 所示，并按图 5-39 中参数进行设置，点击"确定"生成如图 5-40 所示的螺旋曲线。选择构造基准面命令在曲线的端点的法向生成基准面，如图 5-41 所示的"构造基准面"对话框及在螺旋曲线的端点生成的法向平面。在所生成的基准面上绘制一半径 25 的圆并退出草图绘制，如图 5-42 所示。

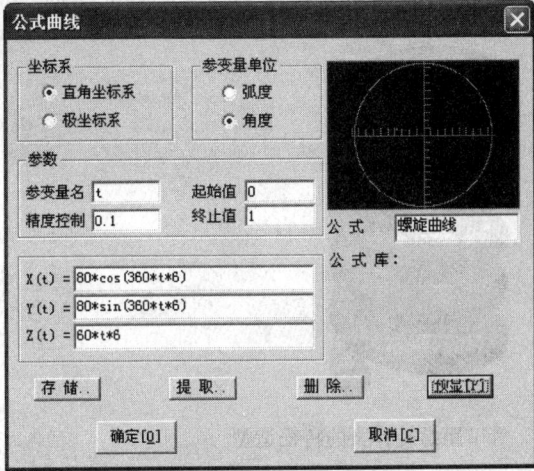

图 5-39 "公式曲线"对话框

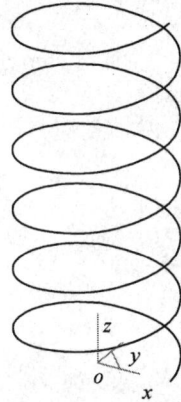

图 5-40 螺旋曲线

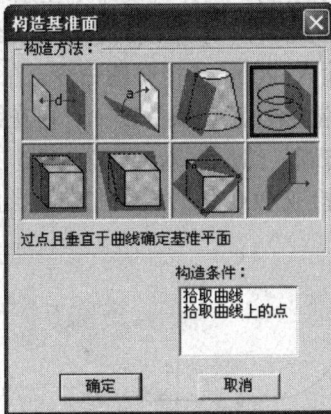

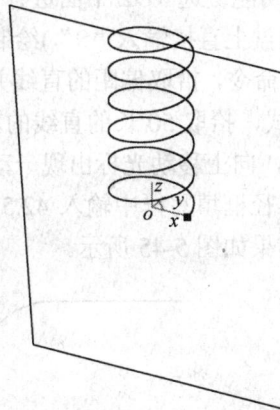

图 5-41 "构造基准面"对话框及法向平面

(2) 单击"造型"→"特征生成"→"增料"→"导动"，或直接单击 按钮，弹出"导动增料"对话框，按照如图 5-43 所示的对话框进行设置。在具体操作过程中，先

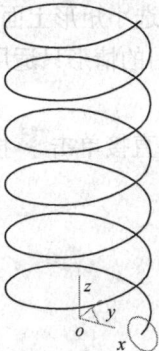

图 5-42 草图的绘制

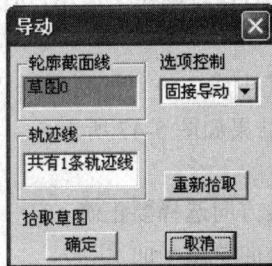

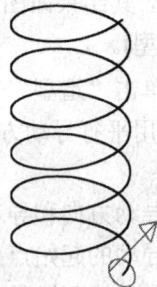

图 5-43 "导动"对话框设置

用鼠标左键选择导动线的起始线段，根据状态栏提示"确定链搜索方向"，单击鼠标左键确认拾取完成，再选取轮廓截面线(草图)。

(3) 单击"确定"完成操作，图 5-44 所示为等节距螺旋弹簧的特征造型。

图 5-44 等节距螺旋弹簧的特征造型

实例 2：滑槽零件的特征。

(1) 按"F7"功能键选 *XOZ* 平面进行曲线绘制。选择直线命令在系统原点(注意捕捉方式的切换，在键盘上直接输入"S")绘制-50 长的一水平线。选择等距线命令向上偏距 55，选择曲线拉伸命令，拾取偏距的直线并输入-200。选择整圆命令，在对话框中选"两点_半径"画圆方式，拾取 50 长的直线的左端点(注意切换"E")，再在键盘上输入"T"(切线)并拾取直线，向上移动光标出现一动态圆，然后输入半径为 42.5 生成圆。选择曲线过渡命令，在半径框填写框中输入 42.5，拾取 200 长的直线左端及圆的左下方，生成一过渡圆弧，其结果如图 5-45 所示。

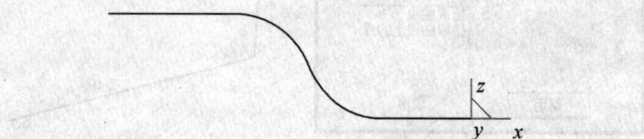

图 5-45 导动线的绘制

(2) 选"平面 *YZ*"绘制草图截面。选"矩形"命令在原点单击(注意切换"S")然后再输入(70，-55)以确定矩形的另一角点。继续作一矩形其角点坐标分别为(15，0)、(55，-30)。单击"曲线裁减"命令，对上面的水平线进行裁减操作，再选小矩形上面的直线，右键删除，其结果如图 5-46 所示(草绘操作未退出，但增料特征可用的情形只适用于第一个特征造型)。

(3) 单击"造型"→"特征生成"→"增料"→"导动"，或直接单击 ⟳ 按钮。选项控制采用平行导动方式，其结果如图 5-47 所示。

注意：

(1) 导动方向和导动线搜索方向选择要正确。

(2) 导动的起始点必须在截面草图平面上。

(3) 导动线可以是多段曲线组成，但是曲线必须是光滑过渡。

(4) 导动线是空间曲线，需要退出草图状态后绘制。

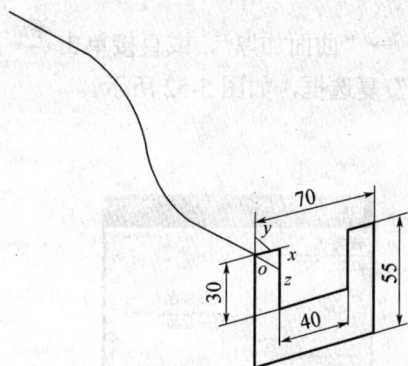

图 5-46 滑槽截面草图

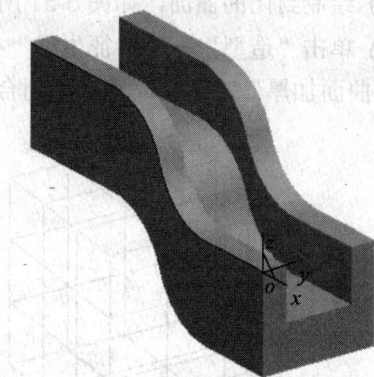

图 5-47 滑槽零件的特征造型

对于导动特征造型的减料操作与前面讲的增料基本是一样的，这里就不再赘述。

5. 曲面加厚特征造型

对指定的曲面按照给定的厚度和方向生成实体。适合直接由曲面生成实体的特征造型。分为曲面加厚增料和曲面加厚除料。

实例：风扇叶片曲面的加厚增料特征造型。

图 5-48 为风扇叶片(曲面造型)，单击"造型"→"特征生成"→"增料"→"曲面加厚"，或直接单击 按钮，出现如图 5-49 所示的对话框，设定加厚厚度和加厚方向，选择加厚曲面，单击"确定"，完成曲面加厚特征造型，如图 5-50 所示。

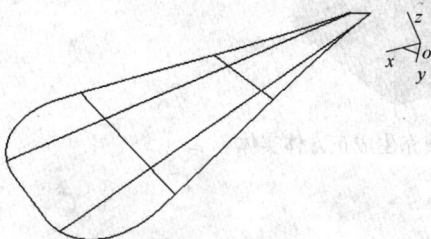

图 5-48 风扇叶片曲面造型

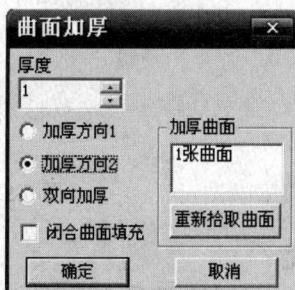

图 5-49 "曲面加厚"对话框

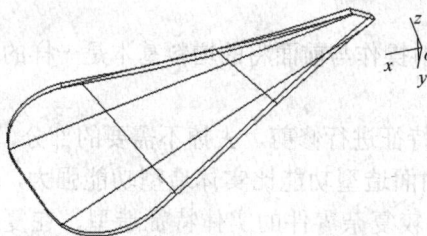

图 5-50 曲面加厚生成的风扇叶片

在"曲面加厚"对话框中，如果选择闭合曲面填充，则是将一组封闭的曲面填充生成实体。

实例：将一正方体封闭曲面生成一正方体实体特征。

(1) 绘制封闭的曲面，如图 5-51 所示。

(2) 单击"造型"→"特征生成"→"增料"→"曲面加厚"，或直接单击 按钮，弹出"曲面加厚"对话框，选择"闭合曲面填充"复选框，如图 5-52 所示。

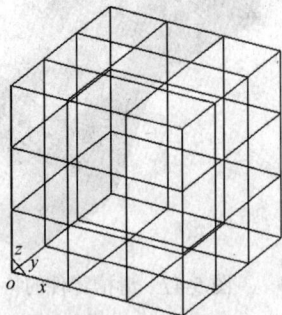

图 5-51　正方体曲面　　　　　　图 5-52　"曲面加厚"对话框

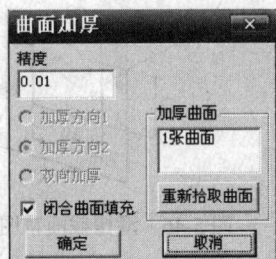

(3) 在对话框中选择适当的精度，按照系统提示，拾取所有曲面，单击"确定"，完成正方体的闭合曲面加厚造型，如图 5-53 所示。

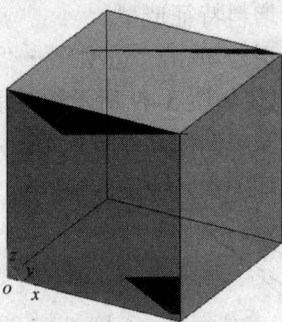

图 5-53　闭合曲面填充生成正方体实体

注意：

(1) 加厚方向选择要正确。

(2) 应用曲面加厚除料时，实体应至少有一部分大于曲面。若曲面完全大于实体，系统会提示特征操作失败。

对于曲面加厚中的减料操作与前面将的增料基本是一样的，这里就不再赘述。

6. 曲面裁剪特征造型

用生成的曲面对实体特征进行修剪，去掉不需要的部分，重新生成新的实体特征。由于 CAXA 制造工程师曲面造型功能比实体造型功能强大，可以借助曲面功能，使用曲面裁剪特征造型来完成较复杂零件的实体特征造型，在复杂零件的模具设计中经常使用。

实例：可乐瓶底凹模的实体特征造型。

(1) 用 CAXA 制造工程师的曲面造型功能完成可乐瓶底的曲面造型，并绘制正方体实体特征造型，使可乐瓶底位于其中，如图 5-54 所示。

92

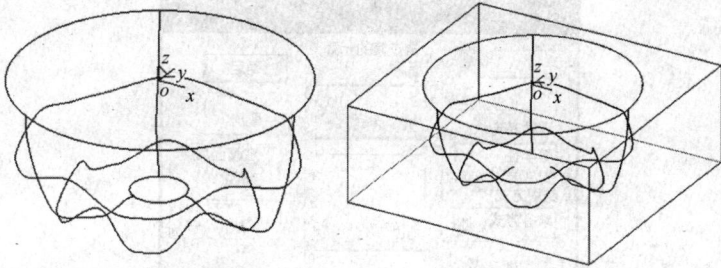

图 5-54　可乐瓶底曲面造型特征

(2) 单击"应用"→"特征生成"→"除料"→"曲面裁剪"，或直接单击 按钮。弹出"曲面裁剪"对话框，如图 5-55 所示。

(3) 拾取曲面，确定是否进行除料方向选择，单击"确定"，完成操作，生成如图 5-56 所示的可乐瓶底凹模。

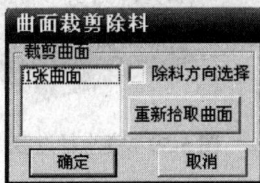

图 5-55　"曲面裁剪"对话框

图 5-56　可乐瓶底凹模

注意：

(1) 在特征树中，右键单击"曲面裁剪"，后单击"修改特征"，弹出的对话框，其中增加了"重新拾取曲面"的按钮，可以以此来重新选择裁剪所用的曲面。

(2) 裁减实体的曲面必须完全大于实体，否则系统会提示特征操作失败。

5.3　处理特征

处理特征又称附着型特征，包括过渡、倒角、筋板、抽壳、拔模、打孔等，应用处理特征可以对零件进行更细化的设计。

1. 过渡

过渡是指以给定半径或半径规律在实体间作光滑过渡。CAXA 制造工程师的实体过渡方式包括等半径和变半径 2 种，过渡结束方式有缺省、保边和保面 3 种方式。

(1) 单击"应用"→"特征生成"→"过渡"，或直接单击 按钮，弹出"过渡"对话框，如图 5-57 所示。

(2) 填入半径，确定过渡方式和结束方式，选择变化方式，拾取需要过渡的元素，单击"确定"，完成操作。

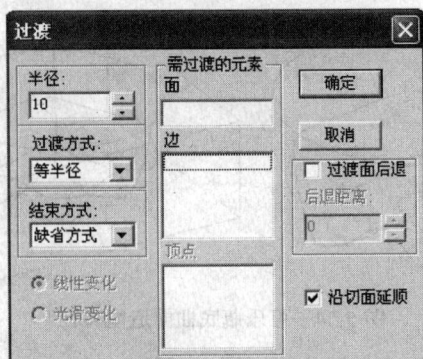

图 5-57 "过渡"对话框

图 5-58 为对长方体的一边进行的等半径过渡，图 5-59 为对长方体的一边进行的变半径过渡。

图 5-58　等半径过渡

图 5-59　变半径过渡

图 5-60 和图 5-61 是保边方式和保面方式的区别。

图 5-60　保边方式

图 5-61　保面方式

在过渡对话框中，如果选择沿切面顺延，则是指在相切的几个表面的边界上，拾取一条边时，可以将边界全部过渡。

如图 5-62 所示的实体，如果采用沿切面顺延，只需拾取一条边，即可过渡成如图 5-63 所示的实体。

在过渡对话框中，如果选择过渡面后退，则零件在使用过渡特征时，可以使过渡变得缓慢光滑。拾取过渡边(不少于 3 条)，并给定每条边所需要的后退距离，每条边的后退距离可以是相等的，也可以是不相等，单击"确定"按钮完成，如图 5-64 和图 5-65 所示。

94

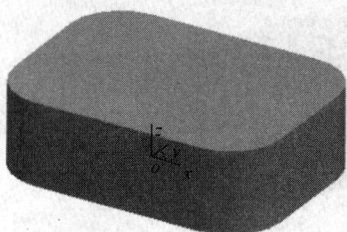

图 5-62 未过渡实体

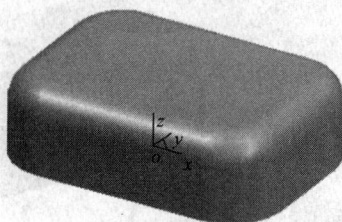

图 5-63 过渡后实体

图 5-64 无后退的情况

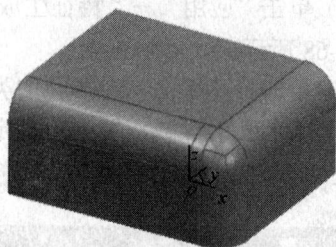

图 5-65 后退的情况

注意：

(1) 在进行变半径过渡时，只能拾取边，不能拾取面。

(2) 变半径过渡时，注意控制点的顺序。

2. 倒角

倒角是指对实体的棱边进行光滑过渡。

(1) 单击"应用"→"特征生成"→"倒角"，或直接单击 按钮，弹出"倒角"对话框，如图 5-66 所示。

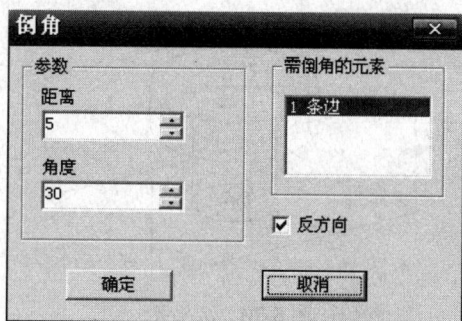

图 5-66 "倒角"对话框

(2) 填入距离和角度，拾取需要倒角的元素，单击"确定"，完成操作。

在"倒角"选项中，如果倒角角度不是 45°，选择反方向，效果与正向刚好相反，如图 5-67 所示。

注意：

两个平面的棱边才可以倒角。

3. 打孔

打孔是指在平面上直接去除材料生成各种类型的孔。

图 5-67　正向倒角和反向倒角

(1) 单击"应用"→"特征生成"→"孔"，或直接单击 按钮，弹出"孔"对话框，如图 5-68 所示。

(2) 拾取打孔平面，选择孔的类型，指定孔的定位点，点击"下一步"。

(3) 填入孔的参数，单击"确定"，完成操作。

孔的参数主要是不同的孔的直径、深度，沉孔和钻头的参数等，如图 5-69 所示。

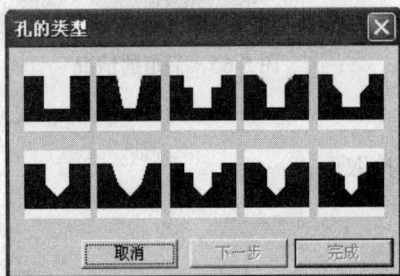

图 5-68　"孔"对话框

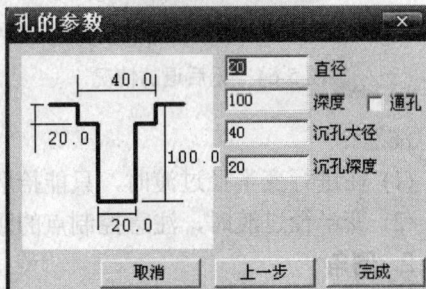

图 5-69　孔的参数设置

实例：图 5-70 为直接通过"打孔"第一行第三列的类型生成的沉头孔。

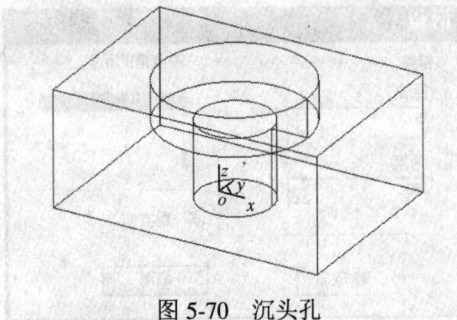

图 5-70　沉头孔

注意：

(1) 通孔时，深度不可用。

(2) 指定孔的定位点时，点击平面后按回车，可以输入打孔位置的坐标值。

4. 拔模

拔模是指保持中性面与拔模面的交轴不变(即以此交轴为旋转轴)，对拔模面进行相应拔模角度的旋转操作。

此功能用来对几何面的倾斜角进行修改。

(1) 单击"应用"→"特征生成"→"拔模"，或直接单击 按钮，弹出"拔模"

对话框，如图 5-71 所示。

(2) 填入拔模角度，选取拔模类型，单击"确定"，完成操作。

拔模类型分为中立面和分型线 2 种。

图 5-72 为通过中立面类型生成的 2 种方向的拔模实体。其中上表面是中性面，右侧面为拔模面。

图 5-71 "拔模"对话框

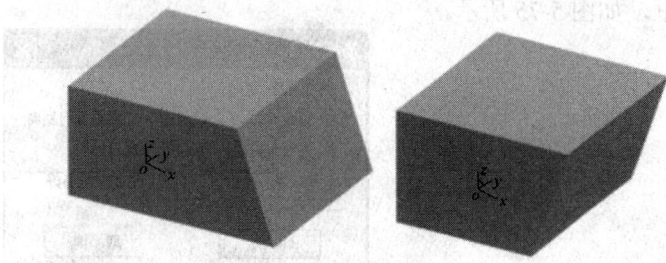

图 5-72 通过中立面生成的拔模实体

注意：

拔模角度不要超过合理值。

5. 抽壳

根据指定壳体的厚度将实心物体抽成内空的薄壳体。

(1) 单击"应用"→"特征生成"→"抽壳"，或直接单击 ⬛ 按钮，弹出"抽壳"对话框，如图 5-73 所示。

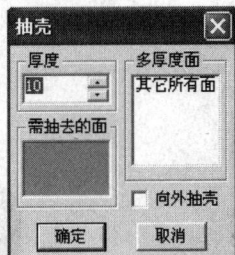

图 5-73 "抽壳"对话框

(2) 填入抽壳厚度，选取需抽去的面，单击"确定"，完成操作。

图 5-74 为对一个正方体分别抽掉一面、两个面和三个面而生成的不同实体。在一个正方体上，最多可以抽掉五个面。

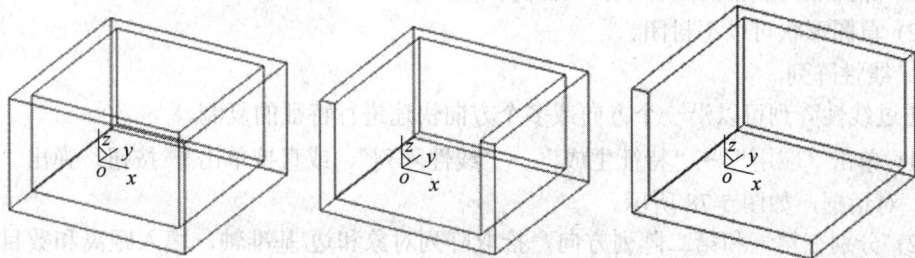

图 5-74 抽壳生成实体

注意：

(1) 抽壳厚度要合理。

(2) 抽壳的面可以是平面，也可以是曲面。

6. 筋板

在指定位置增加加强筋。

(1) 单击"应用"→"特征生成"→"筋板"，或直接单击 ⬛ 按钮，弹出"筋板"对话框，如图 5-75 所示。

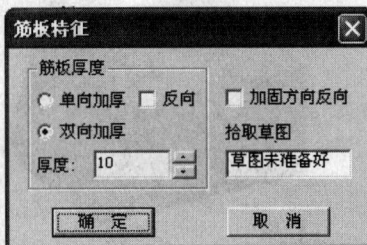

图 5-75　"筋板"对话框

(2) 选取筋板加厚方式，填入厚度，拾取草图，单击"确定"，完成操作。

单向加厚：指按照固定的方向和厚度生成实体。

反向：指与默认给定的单项加厚方向相反。

双向加厚：指按照相反的方向生成给定厚度的实体，厚度以草图平分。

加固方向反向：指与默认加固方向相反。

实例： 图 5-76 为被加固实体，绘制图示草图，通过单向、反向或双响加厚等功能，生成如图 5-77 所示筋板。

图 5-76　被加固实体及筋板草图

图 5-77　筋板生成

注意：

(1) 加固方向应指向实体，否则操作失败。

(2) 草图形状可以不封闭。

7. 线性阵列

通过线性阵列可以沿一个方向或多个方向快速进行特征的复制。

(1) 单击"应用"→"特征生成"→"线性阵列"，或直接单击 ⬛ 按钮，弹出"线性阵列"对话框，如图 5-78 所示。

(2) 分别在第一和第二阵列方向，拾取阵列对象和边/基准轴，填入距离和数目，单击"确定"，完成操作。

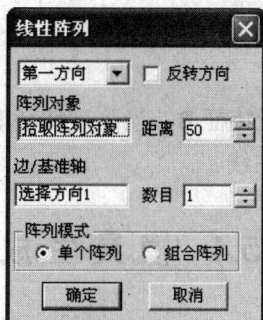

图 5-78   "线性阵列"对话框

图 5-79 为对平版实体上的圆柱体分别在 X 方向和 Y 方向进行的阵列。

组合阵列：当对某个特征进行阵列时，如果该特征还存在修改特征(比如过渡或倒角)，可以使用"组合阵列"功能对其进行同时阵列，如图 5-80 所示。

注意：

(1) 如果特征 A 附着(依赖)于特征 B，当阵列特征 B 时，特征 A 不会被阵列。

(2) 两个阵列方向都要选取。

8. 环形阵列

绕某基准轴旋转将特征阵列为多个特征，构成环形阵列。基准轴应为空间直线。

图 5-79   线性阵列

图 5-80   组合阵列

(1) 单击"应用"→"特征生成"→"环性阵列"，或直接单击 按钮，弹出"环形阵列"对话框，如图 5-81 所示。

(2) 拾取阵列对象和边/基准轴，填入角度和数目，单击"确定"，完成操作。

图 5-82 为对一平面上的 6 个小圆柱进行环行阵列所生成的实体特征。

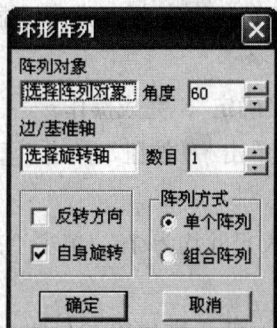

图 5-81   "环性阵列"对话框

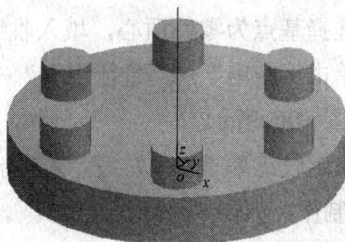

图 5-82   环形阵列

环形组合阵列的使用和线性组合阵列的使用方法一样，这里不再赘述。

注意：

(1) 如果特征 A 附着(依赖)于特征 B，当阵列特征 B 时，特征 A 不会被阵列。

(2) 阵列基准轴是一条空间曲线。

5.4 模 具 生 成

某些需要通过注塑、压铸、铸造等工艺手段完成的产品，当产品造型完成后，需要根据产品模型进行模具设计。其设计步骤如下。

1. 缩放

当产品建模完成后，需要对产品进行缩小或放大处理，这是因为铸塑产品或压铸产品热成形冷却后，由于产品材料的不同，会产生缩放。如果不将建模产品根据材料的性质进行缩放处理，最终成形的产品会跟设计要求产生误差。一般操作是以给定基准点对零件进行放大或缩小。

2. 型腔

以零件为型腔生成包围此零件的模具。

3. 分模

型腔生成后，通过分模，使模具按照给定的方式分成几个部分。

实例： 图 5-83 为鼠标外壳的实体造型特征，完成其凸、凹模实体特征造型。

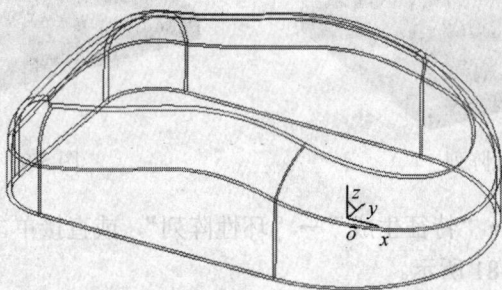

图 5-83　鼠标外壳

(1) 单击"应用"→"特征生成"→"缩放"，或直接单击 ![按钮] 按钮，弹出"缩放"对话框，如图 5-84 所示。

(2) 选择基点为零件质心，填入收缩率为 3%，单击"确定"，完成操作。

(3) 单击"应用"→"特征生成"→"型腔"，或直接单击 ![按钮] 按钮，弹出"型腔"对话框，如图 5-85 所示。

(4) 设定收缩率 3%，X、Y、Z 轴的正负方向毛坯放大尺寸均为 10，单击"确定"，完成型腔制作，如图 5-86 所示。

(5) 选择型腔零件侧面作为基准面，作一直线草图，供分模使用，如图 5-87 所示。

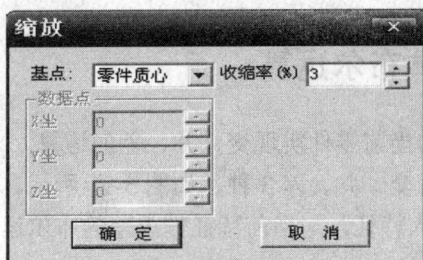

图 5-84　"缩放"对话框

图 5-85　"型腔"对话框

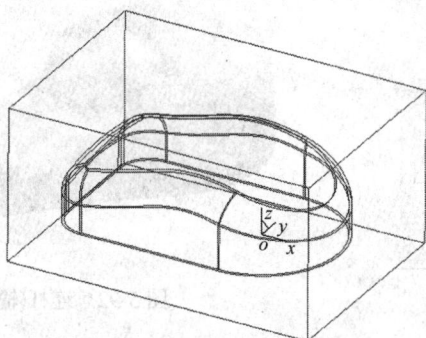

图 5-86　型腔制作

(6) 单击"应用"→"特征生成"→"分模"，或直接单击 按钮，弹出"分模"对话框，如图 5-88 所示。

(7) 选择分模形式为草图分模，拾取草图，单击"确定"，完成操作。

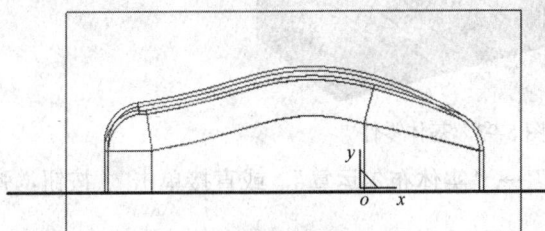

图 5-87　草图分模线

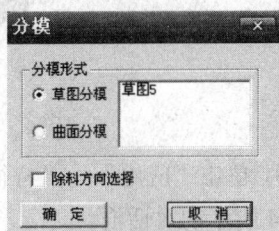

图 5-88　"分模"对话框

图 5-89 和图 5-90 分别为通过分模生成的鼠标凸模和凹模。

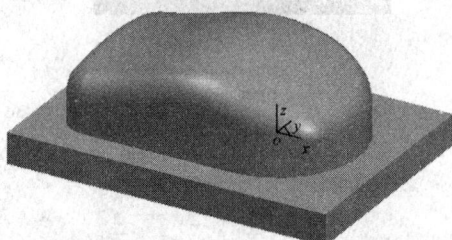

图 5-89　鼠标凸模

图 5-90　鼠标凹模

注意：

收缩率介于-20%~20%之间。

5.5 实体布尔运算

实体布尔运算是将另一个实体并入，与当前零件实现交、并、差的运算。

输入特征与当前特征的布尔运算方式有交、并、差3种，如图5-91所示。

实例：将如图5-92所示的连杆作为输入特征，与当前特征作求差的布尔运算。

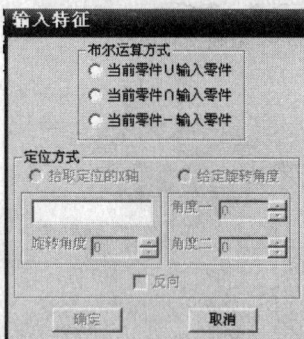

图5-91　布尔运算方式

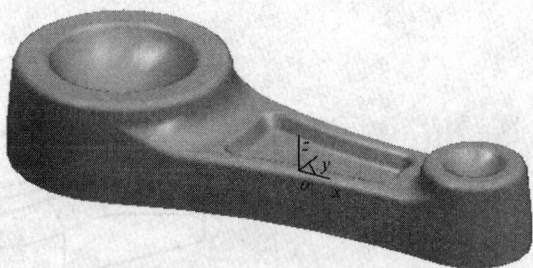

图5-92　连杆(输入特征)

(1) 将连杆另存为扩展名为.x-t 的文件，以备后用。

(2) 新建一个文件，以 *XOY* 平面作为基准面，作草图，造型一个长方体，使其长、宽、高均大于连杆(输入特征)尺寸，并使其坐标系定位与连杆坐标系相对应，如图5-93所示。

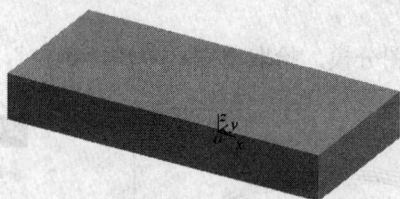

图5-93　基体零件

(3) 单击"应用"→"特征生成"→"实体布尔运算"，或直接单击 按钮，弹出如图5-94所示的对话框。

(4) 选取文件，单击"打开"，弹出"布尔运算方式"对话框，如图5-95所示。

图5-94　"打开"对话框

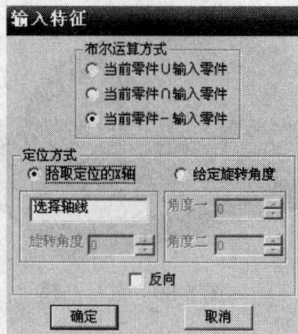

图5-95　输入特征的布尔运算方式

102

（5）选择布尔运算方式，给出定位点，选取定位方式。若为拾取定位的 *X* 轴，则选择轴线，输入旋转角度为 0°，单击"确定"，完成操作，结果如图 5-96 所示。

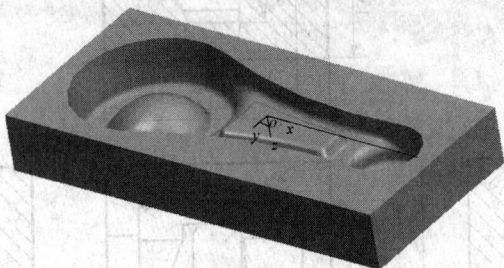

图 5-96　两零件进行求差布尔运算的结果

注意：

（1）采用"拾取定位的 *X* 轴"方式时，轴线为空间直线。

（2）选择文件时，注意文件的类型，不能直接输入*.epb 文件，先将零件存成*.x_t 文件，然后进行布尔运算。

（3）进行布尔运算时，基体尺寸应比输入的零件稍大。

5.6　特征造型综合实例

5.6.1　摩擦楔块锻造模具零件进行实体造型

摩擦楔块锻造模具零件及实体造型如图 5-97 所示。

1. 造型思路及方案

（1）用实体拉伸增料造型锻模基体。

（2）用实体拉伸除料造型带锥度的凹槽。

（3）用实体拉伸除料造型 188×65 尺寸的凹槽。

（4）用拉伸增料造型凹槽内部圆弧凸形部分。

（5）用拉伸除料完成 600 和 850 两个斜面的造型。

（6）过渡处理。

图 5-97(b)为摩擦楔块锻造模具零件三维造型图。

2. 建立零件模型

第 1 步：锻造模基体造型。

（1）单击零件特征树中的"*YOZ*"基准面，选择该面作为草图绘制平面，或在"*YOZ*"基准面上右键选"创建草图"，并按"F5"使视图正视。

（2）单击曲线生成栏的 ▱ 按钮，选择"两点矩形"作图方式，输入坐标(-170，80) 及(170，0)，生成一矩形。

（3）单击曲线生成栏的 ◿ 按钮，选择"角度线"作图方式，设定与 *X* 轴夹角 40°，输入坐标(-82.5，80)，任意长度，生成一条直线。重新设定与 *X* 轴夹角-40°，输入坐标(82.5，80)，任意长度，生成另一条直线，结果如图 5-98 所示。

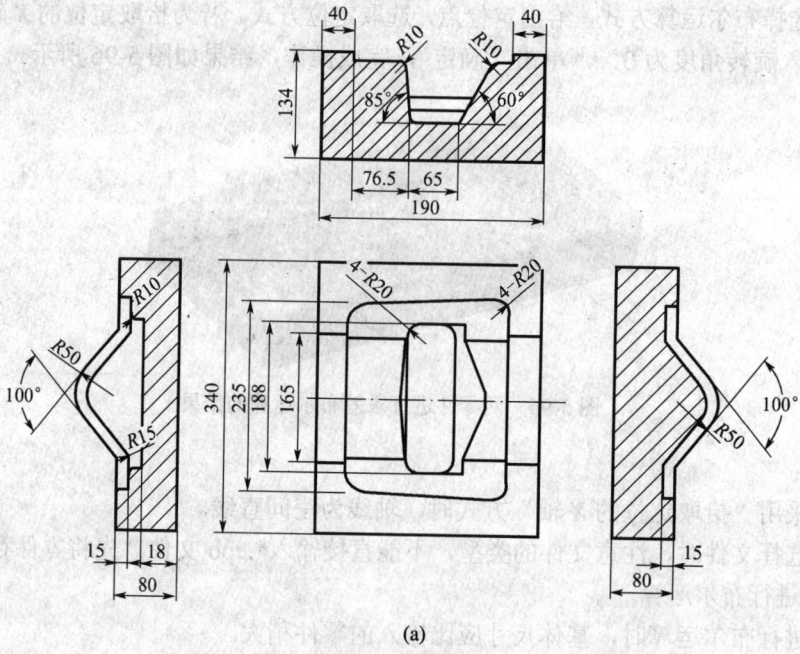

(a)

(b)

图 5-97　摩擦楔块锻造模具

(a) 零件图；(b) 零件实体造型。

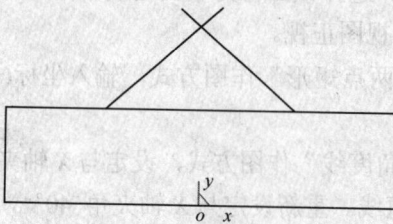

图 5-98　基体草图绘制过程

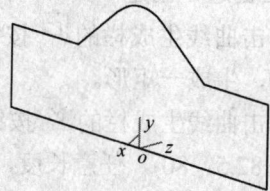

图 5-99　生成的基体草图

(4) 单击曲线过渡按钮 ，选择"圆弧过渡"，设定半径 50，对第(3)步中作的两角度线进行圆弧过渡，并裁减两角度线之间的直线，其结果如图 5-99 所示。

(5) 单击"拉伸增料" 按钮，按如图 5-100 所示的对话框进行设置，其它为默认设置，按"确定"，生成如图 5-101 所示的锻模基体造型。

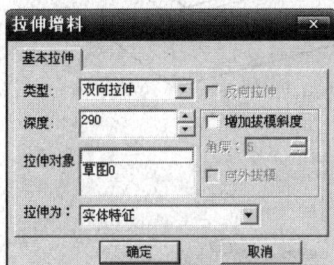

图 5-100 "拉伸增料"对话框

图 5-101 生成的锻模基体

第 2 步：带锥度的凹槽造型。

(1) 单击"构造基准面" 按钮，弹出"构造基准面" 对话框，如图 5-102 所示，选择"等距平面确定基准平面"，"距离"为 65，单击"*XOY*"平面或基体底平面，生成如图 5-103 所示的与基体底面距离为 65 的基准平面 3。

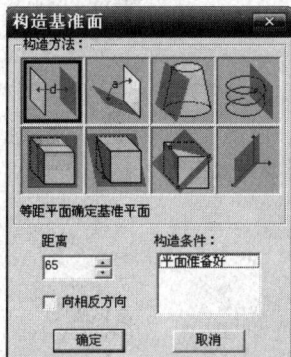

图 5-102 "构造基准面"对话框

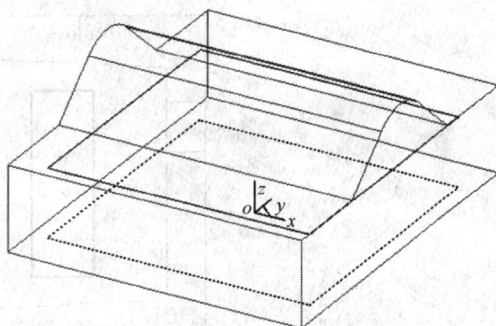

图 5-103 基准面生成

(2) 单击零件特征树中的"平面 3"，选择该面作为草图绘制平面。

(3) 单击曲线生成栏的 按钮，选择"两点线"作图方式，分别输入(-105，117.5) 和 (-105，-117.5)、(105，127.5)和(-105，-127.5)，并分别连接两直线生成凹槽边框草图 1，如图 5-104 所示。

(4) 单击"拉伸除料" 按钮，按照如图 5-105 所示的对话框进行设置，其它为默认设置，按"确定"，生成如图 5-106 所示的凹槽。

第 3 步：188×65 尺寸的凹槽造型。

(1) 选择凹槽底面作为草图绘制平面。

(2) 选择 "两点矩形"作图方式，输入两坐标(-28.5，94)、(36.5，-94)，生成一矩形。完成草图 2 的绘制，如图 5-107 所示。

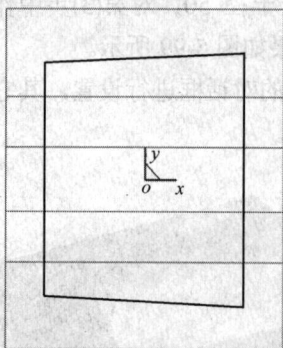

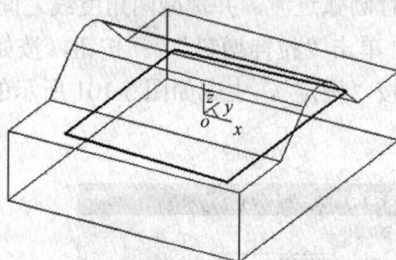

图 5-104 凹槽草图

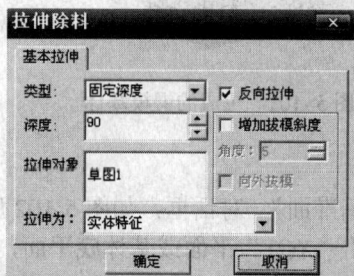

图 5-105 "拉伸除料"对话框

图 5-106 锥度凹槽

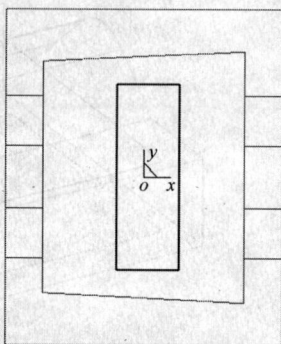

图 5-107 188×65 凹槽草图

(3) 单击"拉伸除料" 按钮,按照如图 5-108 所示的对话框进行设置,其它为默认设置,按"确定",完成尺寸 188×65 的凹槽造型,如图 5-109 所示。

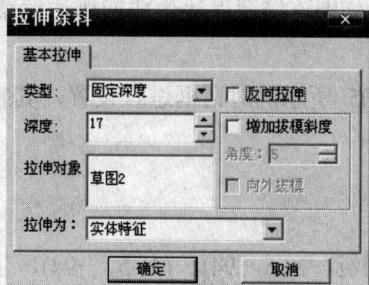

图 5-108 拉伸除料

图 5-109 尺寸 188×65 的凹槽造型

106

第4步：凹槽内部圆弧凸形部分造型。

(1) 单击如图 5-109 所示零件内侧平面作为草图绘制平面，如图 5-110 所示。

图 5-110　草图平面选取

(2) 单击"绘制草图" 按钮或直接右键进入草图绘制。

(3) 单击"相关线" 按钮，选择"实体边界"。

(4) 用鼠标拾取如图 5-111 所示的实体边界。

(5) 单击"等距线" 按钮，设置"距离"为 15。

(6) 分别单击步骤(4)中已经生成的弧顶圆弧和两条斜线，生成如图 5-112 所示的等距线。

(7) 删除弧顶圆弧及两条斜线。

(8) 单击曲线过渡按钮 ，选择"尖角"方式，生成如图 5-113 所示的草图。并退出草图状态，完成草图 3 的绘制。

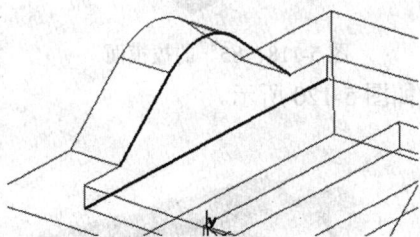

图 5-111　实体边界拾取

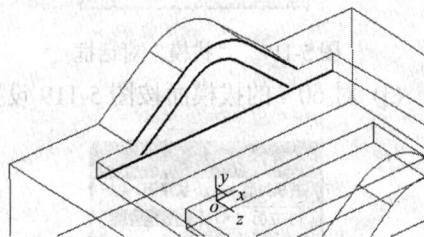

图 5-112　等距线段

(9) 单击"拉伸增料" 按钮，出现如图 5-114 所示的对话框。设定"类型"为"拉伸到面"，"拉伸对象"为草图 3，其它为默认设置，拾取 188×65 侧面，按"确定"，生成凹槽内部左侧圆弧凸形，如图 5-115 所示。

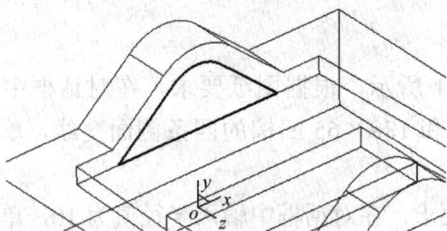

图 5-113　草图 3

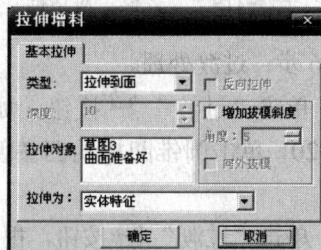

图 5-114　"拉伸增料"对话框

(10) 重复(1)~(9)的步骤，可以完成右侧圆弧凸形，如图 5-116 所示。

图 5-115　左侧圆弧凸形　　　　　　　　　　　图 5-116　圆弧凸形造型

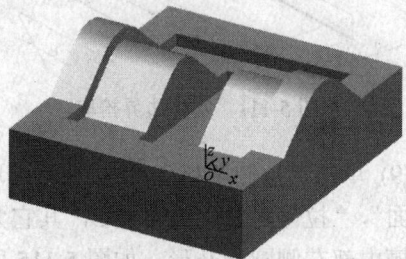

第 5 步：60°和 85°两个斜面的造型。

(1) 选择"拔模"特征命令，以 188×65 的凹槽底平面作为拔模基准面来分别生成两侧面的斜面。

(2) 先对 85°的拔模面按图 5-117 的对话框设置，结果如图 5-118 所示。

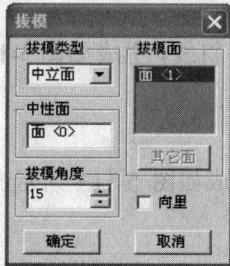

图 5-117　"拔模"对话框　　　　　　　　　　　图 5-118　85°的拔模面

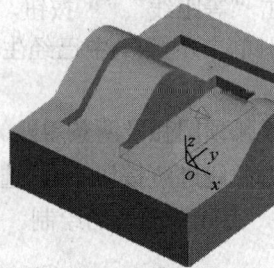

(3) 对 60°的拔模面按图 5-119 设置，其结果如图 5-120 所示。

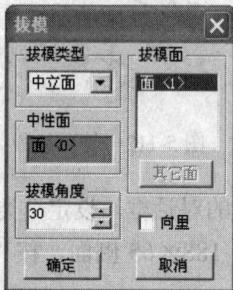

图 5-119　"拔模"对话框　　　　　　　　　　　图 5-120　60°和 85°两个斜面的造型

第 6 步：过渡处理。

(1) 单击"过渡"⬡按钮，如图 5-121 所示，根据图纸要求，在对话框中输入半径值为 20，单击圆锥凹槽的四条侧面交线和 188×65 凹槽的四条侧面交线，单击"确定"。

(2) 单击"过渡"⬡按钮，根据图纸要求，在对话框中输入半径值为 10，单击圆弧凸形与底面的交线，单击"确定"。

(3) 单击"过渡"⬡按钮，根据图纸要求，在对话框中输入半径值为 10，单击凹槽周边轮廓线，单击"确定"，结果如图 5-122 所示。

108

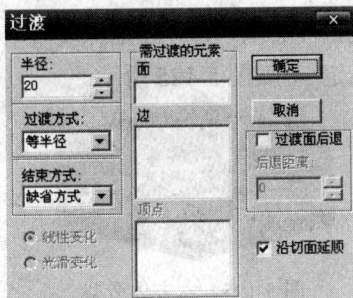

图 5-121 "过渡"对话框

图 5-122 过渡后的锻模实体造型

5.6.2 旋钮零件的实体造型

1. 造型思路及方案

(1) 用拉伸增料和旋转增料的方法进行六方体及 $R80$ 圆弧部分造型。

(2) 用拉伸增料方法完成上部凸台的造型。

(3) 用放样增料方法完成下部凸台的造型。

(4) 过渡处理。

图 5-123 所示为旋钮零件三维零件图。

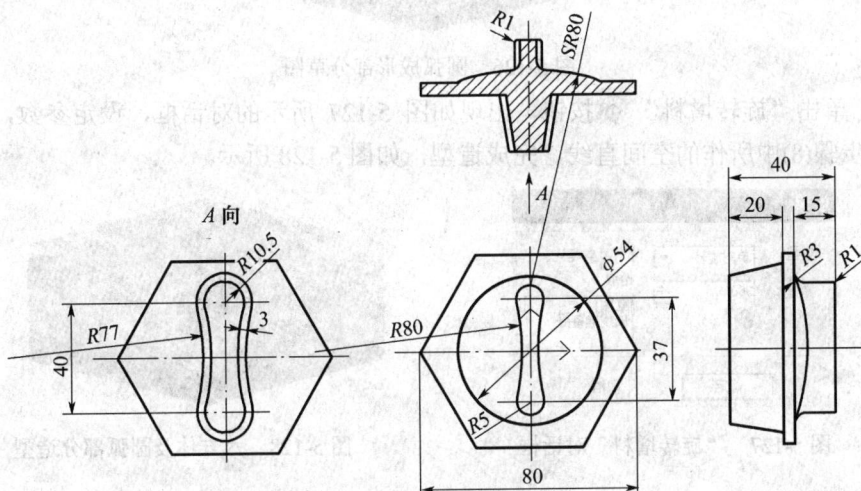

图 5-123 零件图

2. 零件建模

第 1 步：六方体及 $R80$ 圆弧部分造型。

(1) 单击零件特征树中的"*XOY*"基准面，选择该面作为草图绘制平面。

(2) 单击"绘制草图" 按钮或直接按"F2"键，进行草图状态。

(3) 单击曲线生成栏的 按钮，选择"中心"作图方式，边数 6，内接，输入中心坐标(0，0)，输入边起点(40，0)。

(4) 单击"绘制草图" 按钮或直接按"F2"键，退出草图状态，完成草图 0 的绘制，按"F8"键，轴测图如图 5-124 所示。

(5) 单击"拉伸增料" 按钮，在对话框中设定"类型"为"固定深度"，"深度"5，"拉伸对象"为草图 0，其它为默认设置，按"确定"，如图 5-125 所示。

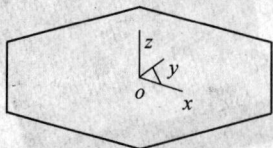

图 5-124　六边形草图　　　　　　　图 5-125　六方体造型

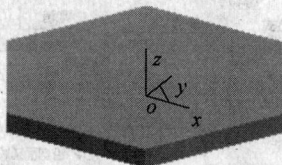

(6) 单击零件特征树中的"YOZ"基准面，选择该面作为草图绘制平面。

(7) 单击"绘制草图" 按钮或直接按"F2"键，进行草图状态，按"F5"，转入作图平面。

(8) 用直线和圆弧功能，配合曲线裁减功能，完成 R80 部分的草图绘制，单击"绘制草图" 按钮或直接按"F2"键，退出草图状态，完成草图 1 的绘制。按"F9"键，转换作图平面，作一条与 XOY 平面垂直的空间直线，结果如图 5-126 所示。

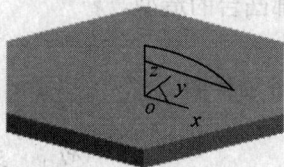

图 5-126　圆弧成形部分草图

(9) 单击"旋转增料" 按钮，出现如图 5-127 所示的对话框，设定参数，拾取草图 1 和步骤(8)中所作的空间直线，完成造型，如图 5-128 所示。

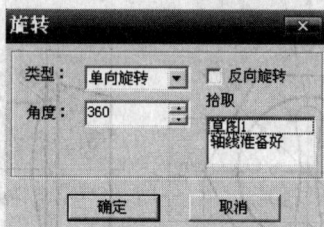

图 5-127　"旋转增料"对话框　　　　图 5-128　六方体及圆弧部分造型

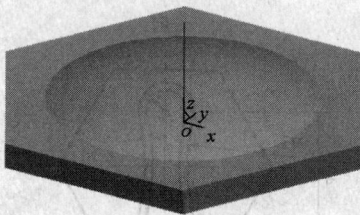

第 2 步：上部凸的造型。

(1) 单击"构造基准面" 按钮，弹出"构造基准面"对话框，选择"等距平面确定基准平面"，"距离"为 20，单击"XOY"平面或基体底平面，生成与"XOY"平面(六方体底面)距离为 20 的基准平面 3。

(2) 单击零件特征树中的"平面 3"，选择该面作为草图绘制平面。

(3) 单击"绘制草图" 按钮或直接按"F2"键，进行草图状态。

(4) 应用"曲线生成"中的"整圆"功能，绘制以 X 轴对称，距离为 37，半径为 5 的两个圆，再用"圆弧"功能中的"两点半径"绘制两条与两个圆相切、半径为 80 的圆弧，使用"曲线裁减"功能，裁除多余部分。

110

(5) 单击"绘制草图" ✐ 按钮或直接按"F2"键，退出草图状态，完成草图 2 的绘制。按"F8"键，轴测图如图 5-129 所示。

(6) 单击"拉伸增料" ⬚ 按钮，设定"类型"为"拉伸到面"，"拉伸对象"为草图 2，其它为默认设置，拾取圆弧面，按"确定"，生成上部凸台，如图 5-130 所示。

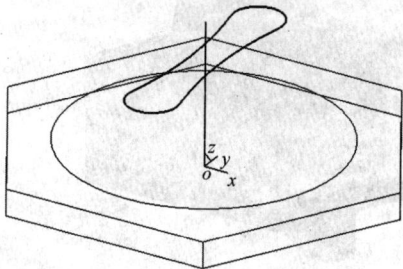

图 5-129　草图 2

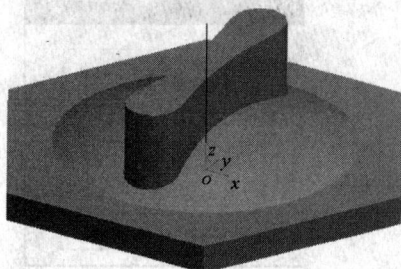

图 5-130　上部凸台造型

第 3 步：下部凸台的造型。

(1) 单击零件特征树中的"XOY"基准面(或六方体底面)，选择该面作为草图绘制平面。

(2) 单击"绘制草图" ✐ 按钮或直接按"F2"键，进行草图状态。

(3) 应用"曲线生成"中的"整圆"功能，绘制以 X 轴对称、距离为 40、半径为 10.5 的两个圆，再用"圆弧"功能中的"两点半径"绘制两条与两个圆相切、半径为 77 的圆弧，使用"曲线裁减"功能，裁除多余部分。

(4) 单击"绘制草图" ✐ 按钮或直接按"F2"键，退出草图状态，完成草图 3 的绘制。按"F8"键，轴测图如图 5-131 所示。

(5) 单击"构造基准面" ◈ 按钮，弹出"构造基准面"对话框，选择"等距平面确定基准平面"，"距离"为 20，单击"XOY"平面或基体底平面，生成与"XOY"平面(六方体底面)距离为 20 的基准平面 4。

(6) 单击零件特征树中的"平面 4"，选择该面作为草图绘制平面。

(7) 单击"绘制草图" ✐ 按钮或直接按"F2"键，进行草图状态。

(8) 单击"曲线投影" ✎ 按钮，拾取草图 3 的所有线段，将其投影到基准平面 4 上。

(9) 单击"曲线生成"的"等距线" ⬚ 按钮，设定距离 3，拾取投影到基准平面 4 上的所有线段，向内等距 3，删除原来的线段，得到草图 4，如图 5-132 所示。

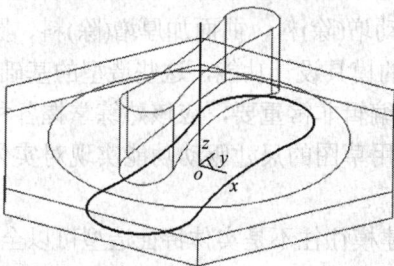

图 5-131　草图 3

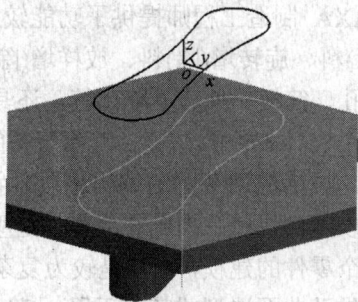

图 5-132　草图 4

(10) 单击"放样增料" 按钮，出现如图 5-133 所示的对话框，分别以草图 3 和草图 4 为上、下轮廓(注意选取位置)，按"确定"，完成下部凸台造型，如图 5-134 所示。

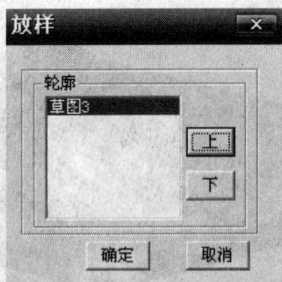

图 5-133　"放样"对话框

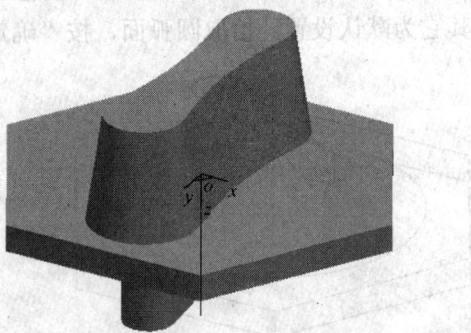

图 5-134　下部凸台造型

第 4 部：过渡处理。

单击"过渡" 按钮，根据图纸要求，分别输入半径为 3 和 1，对零件进行过渡处理，最终生成的零件如图 5-135 所示。

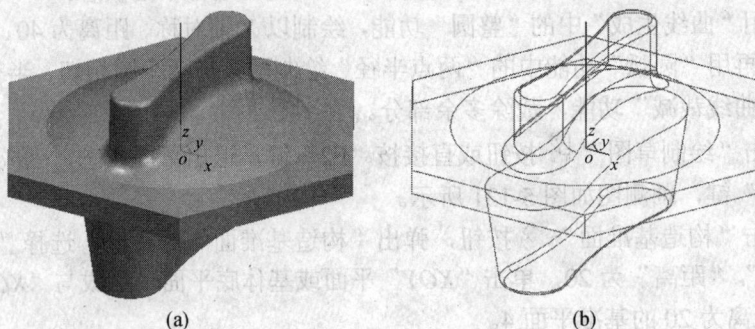

(a)

(b)

图 5-135　零件造型图

(a) 色彩显示；(b) 线框显示。

本 章 小 结

　　CAXA 制造工程师提供了功能较强、方法多样的实体造型和特征处理功能，包括拉伸增(除)料、旋转增(除)料、放样增(除)料、导动增(除)料、曲面加厚增(除)料、圆角、倒角、打孔、筋板、抽壳、阵列等，还具备简单的模具设计功能，这些造型的基础是草图，它是一个实体零件的骨架，因此草图的绘制和编辑非常重要，应该熟练掌握各种草图绘制方法，灵活应用草图的编辑手段，特别是利用草图的尺寸驱动功能实现对实体特征的修改，以达到快速、准确完成零件造型的目的。

　　一个零件的建模，特别是较为复杂零件的建模往往不是实体特征造型可以全部完成，还需要借助曲面造型或其它手段，CAXA 制造工程师也是如此，其实体特征造型功能有很多局限，比如其导动增(除)料与其它的曲面导动比较，功能较差，过渡功能也很单调，

112

特别是变半径过渡只能针对起始点和结束点之间进行线性变化，这些局限使实体特征造型在复杂零件造型中显得力不从心，因此各种功能的配合使用是完成零件建模的快捷和有力方法。

一个零件的建模方法往往不止一种，选择什么途径、什么顺序、什么手段完成，与个人习惯、对软件掌握的程度等有关，在这些方法中，应该有较为优化、合理和快捷的方法，在学习过程中，应尽量去发现和挖掘，以达到熟练和提高的目的。

思考与练习题

根据零件尺寸完成如图 5-136~图 5-141 所示的实体造型。

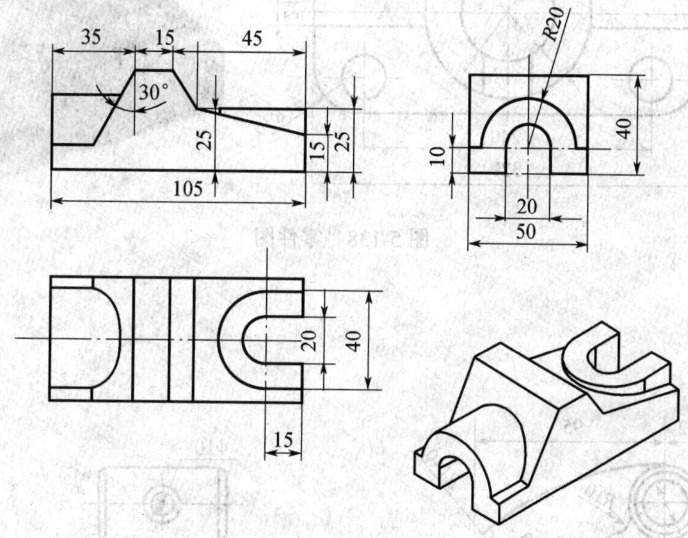

图 5-136　零件图

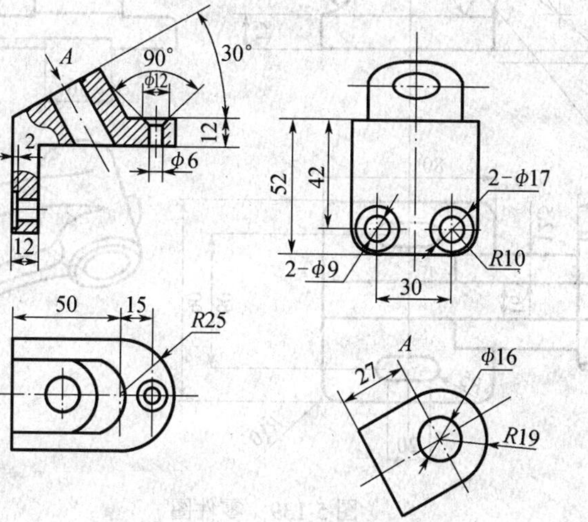

图 5-137　零件图

113

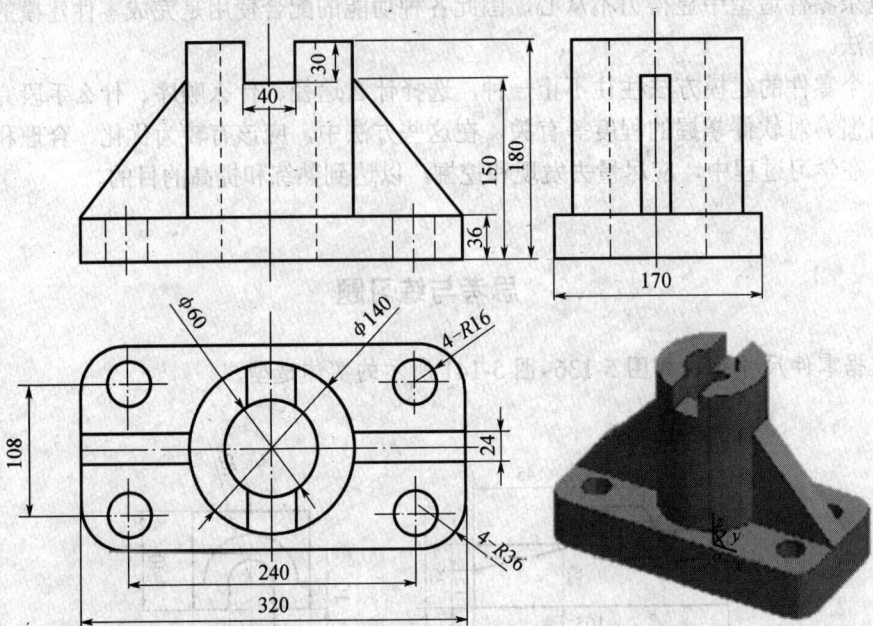

图 5-138 零件图

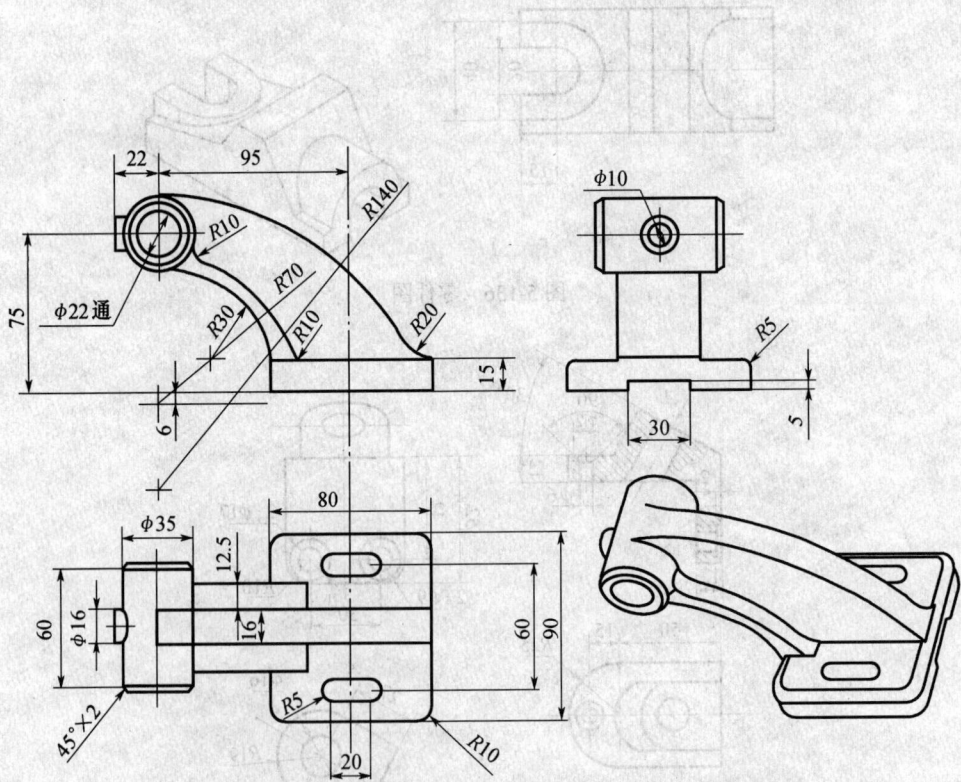

图 5-139 零件图

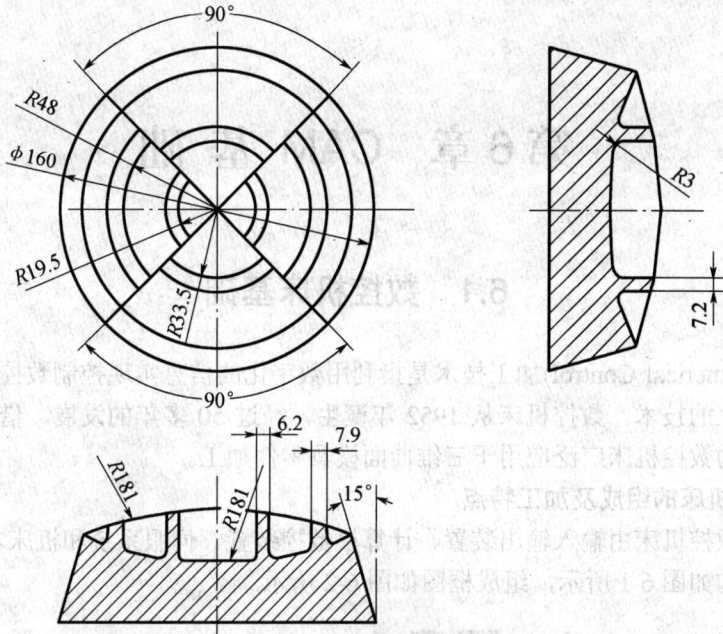

图 5-140　零件图

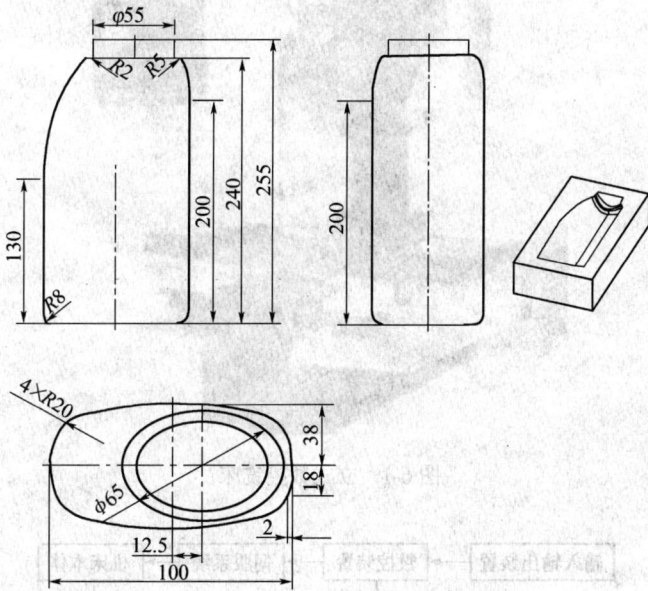

图 5-141　零件图

第 6 章 CAM 基础

6.1 数控机床基础

数控(Numerical Control)加工技术是指利用数字化的信息实现控制数控机床,从而实现加工自动化的技术。数控机床从 1952 年诞生,经过 50 多年的发展,借助 CAD/CAM 软件,现在的数控机床广泛应用于三维曲面模具零件加工。

1. 数控机床的组成及加工特点

计算机数控机床由输入输出装置、计算机数控装置、伺服系统和机床本体等 4 部分组成,其结构如图 6-1 所示,组成框图如图 6-2 所示。

图 6-1 立式数控铣床

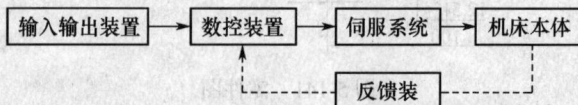

图 6-2 数控机床的组成

数控机床的加工特点:
(1) 加工对象适应性强。
(2) 加工精度高。
(3) 加工生产率高。

116

(4) 自动化程度高，减少劳动强度。

(5) 良好经济效益。

(6) 有利于生产管理的现代化。

(7) 易于建立计算机通信网络。

2. 数控机床坐标系

机床坐标系包含机床坐标和工作坐标。

1) 机床坐标系

机床坐标(Machine Coodinate)是为了确定机床各个运动部件的运动方向和移动距离，需要在机床上建立一个坐标系，这个坐标系就叫做机床坐标系。

机床的运动统一按工件静止而刀具相对于工件运动来描述，并以右手笛卡尔坐标系表达，其坐标轴用 X、Y、Z 表示，用来描述机床的主要平动轴，称为基本坐标轴，若机床有转动轴，标准规定绕 X、Y 和 Z 轴转动的轴分别用 A、B、C 表示，其正向按右手笛卡尔直角坐标系确定，如图 6-3 所示。

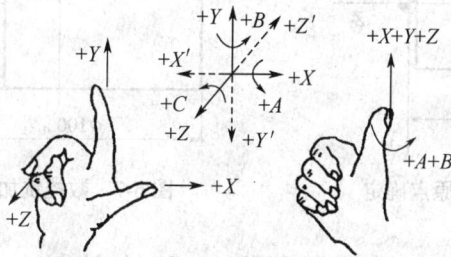

图 6-3　右手笛卡尔直角坐标系

典型的数控车床与数控铣床坐标系如图 6-4 和图 6-5 所示。

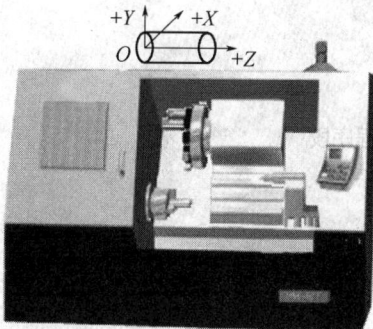

图 6-4　卧式数控车床的坐标系　　　　图 6-5　立式数控铣床的坐标系

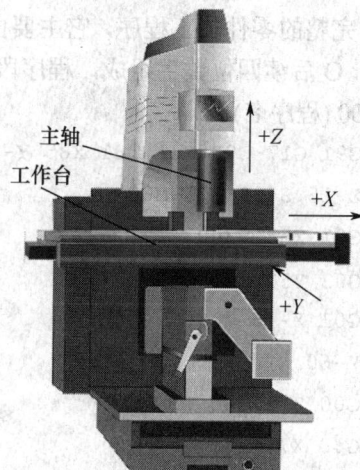

2) 工件坐标系

用于确定工件几何图形上各几何要素的位置而建立的坐标系。工件坐标系的原点就是工件原点，也称编程原点。

117

工件原点的一般选用原则：

(1) 工件零点选在工件图样的尺寸基准上，这样可以直接用图纸标注的尺寸作为编程点的坐标值，减少计算工作量。

(2) 能使工件方便地装卡、测量和检验。

(3) 对于有对称形状的几何零件，工件零点最好选择在对称中心上。

(4) Z 方向一般选在工件上表面。

常见的工件原点选择如图 6-6 和图 6-7 所示。

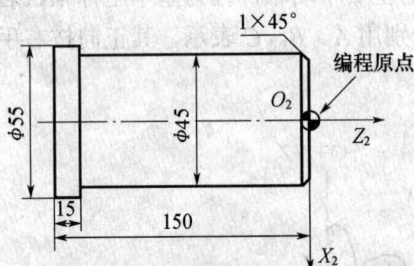

图 6-6　数控车加工零件原点确定　　　　　图 6-7　数控铣加工零件原点确定

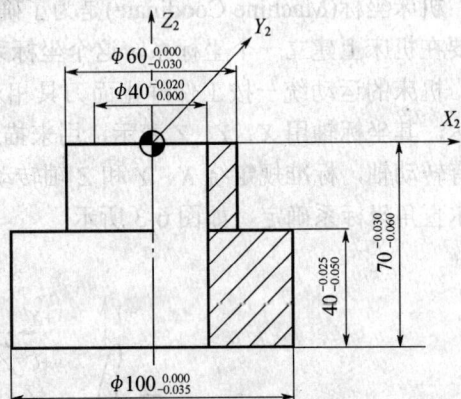

6.2 数控加工程序基础

6.2.1 程序的结构

一个完整的零件加工程序，它主要由程序名、若干程序段和程序结束组成。程序头由大写字母 O 后续四位数字组成，程序段由若干个组成，程序结束用 M30 或 M02。

O2000 (程序名)

```
N01 G91 G17 G00 G42 T01 X85 Y-25
N02 Z-15 S400 M03 M08
N03 G01 X85 F300
N04 G03 Y50 I25
N05 G01 X-75                        程序段
N06 Y-60
N07 G00 Z15 M05 M09
N08 G40 X75 Y35
N09M30 (程序结束)
```

6.2.2 常用加工指令代码

数控加工是按照事先编制好的程序运行的，大多数系统使用国际通用的 ISO 格式，即 G 代码，G 代码具体主要包括 G 指令和 M 指令等。不同控制系统的指令含义多少有些出入，但是基本的"直线"、"圆弧"、"转速"、"进给"等常见指令是通用的。

常用加工指令代码。

1. G 指令参见表 6-1 所列

表 6-1　常用 G 代码

指令功能	指令代码	指令功能	指令代码	指令功能	指令代码
快速移动	G00	绝对指令	G90	取消半径补偿	G40
直线插补	G01	相对指令	G91	长度补偿	G43
顺时针圆插补	G02	半径左补偿	G41	坐标设定	G54
逆时针圆插补	G03	半径右补偿	G42	返回参考点	G28

2. M 指令参见表 6-2 所列

表 6-2　常用 M 代码

指令功能	指令代码	指令功能	指令代码	指令功能	指令代码
主轴正转	M03	主轴停止	M05	冷却液开	M07
主轴反转	M04	程序结束	M30	冷却液关	M09

3. 其它指令参见表 6-3 所列

表 6-3　其它指令

指令功能	指令代码	指令功能	指令代码
进给速度	F	主轴转速	S
刀具调用	T	换刀指令	M06

6.3　数控加工工艺基础

6.3.1　切削刀具

数控铣床上所采用的刀具要根据被加工零件的材料、几何形状、表面质量要求、热处理状态、切削性能及加工余量等，选择刚性好、耐用度高的刀具，常见刀具如图 6-8 所示。

图 6-8　常用数控刀具

数控刀具选择：

(1) 加工曲面类零件时，为了保证刀具切削刃与加工轮廓在切削点相切，而避免刀刃与工件轮廓发生干涉，一般采用球头刀，粗加工用两刃铣刀，半精加工和精加工用四刃铣刀。

(2) 铣较大平面时，为了提高生产效率和提高加工表面粗糙度，一般采用刀片镶嵌式盘形铣刀。

(3) 铣小平面或台阶面时一般采用通用铣刀。

(4) 铣键槽时，为了保证槽的尺寸精度，一般用两刃键槽铣刀。

(5) 孔加工时，可采用钻头、镗刀等孔加工类刀具。

6.3.2　顺铣和逆铣

在铣削加工中，采用顺铣还是逆铣方式是影响加工表面粗糙度的重要因素之一。逆铣时切削力 F 的水平分力 F_x 的方向与进给运动 V_f 方向相反，顺铣时切削力 F 的水平分力 F_x 的方向与进给运动 V_f 的方向相同，如图 6-9 所示。铣削方式的选择应视零件图样的加工要求，工件材料的性质、特点以及机床、刀具等条件综合考虑。通常，由于数控机床传动采用滚珠丝杠结构，其进给传动间隙很小，顺铣的工艺性就优于逆铣。

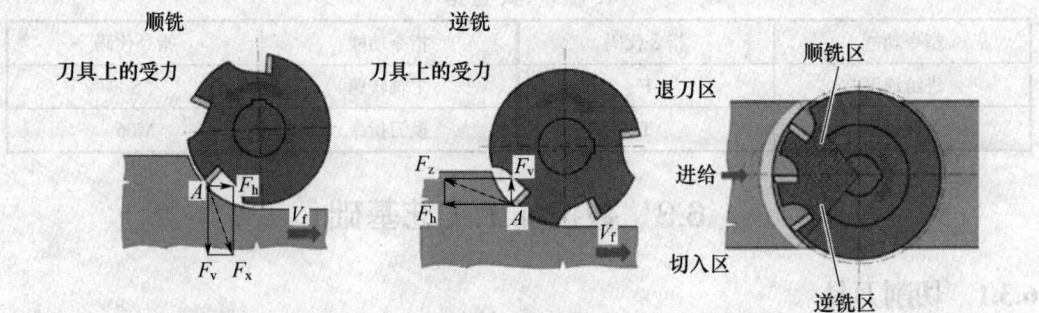

图 6-9　顺铣与逆铣

为了降低表面粗糙度值，提高刀具耐用度，尽量采用顺铣加工。但如果零件毛坯为黑色金属锻件或铸件，表皮硬而且余量一般较大，这时采用逆铣较为合理。

数控铣床顺逆铣削的简易判断法：由于刀具正转，对凸型顺时针走刀方向为顺铣；对凹型逆时针走刀方向为顺铣。

6.3.3　确定走刀路线和安排加工顺序

走刀路线就是刀具在整个加工工序中的运动轨迹，它不但包括了工步的内容，也反映出工步顺序。走刀路线是编写程序的依据之一，确定走刀路线时应注意以下几点。

1. 寻求最短加工路线

加工如图 6-10(a)所示零件上的孔系。图 6-10(b)的走刀路线为先加工完外圈孔后，再加工内圈孔。若改用图 6-10(c)的走刀路线，减少空刀时间，则可节省定位时间近一倍，提高了加工效率。

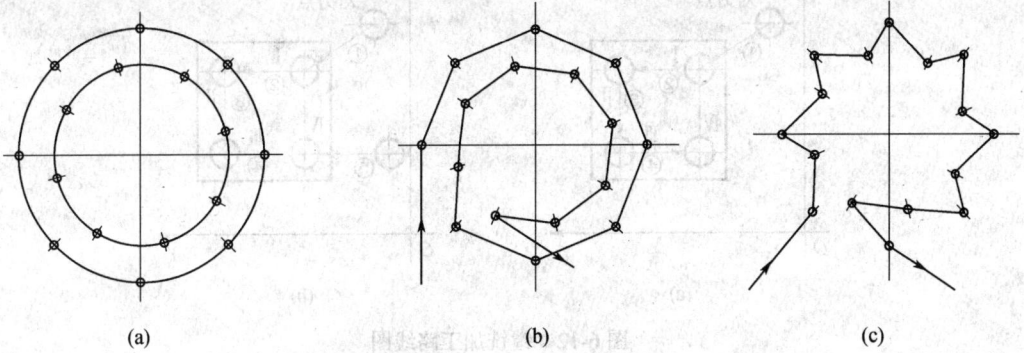

图 6-10　最短走刀路线的设计

(a) 零件图样；(b) 路线 1；(c) 路线 2。

2. 最终轮廓一次走刀完成

为保证工件轮廓表面加工后的粗糙度要求，最终轮廓应安排在最后一次走刀中连续加工出来。如图 6-11(a)所示为用行切方式加工内腔的走刀路线，这种走刀能切除内腔中的全部余量，不留死角，不伤轮廓。但行切法将在两次走刀的起点和终点间留下残留高度，而达不到要求的表面粗糙度。所以如采用图 6-11(b)的走刀路线，先用行切法，最后沿周向环切一刀，光整轮廓表面，能获得较好的效果。图 6-11(c)也是一种较好的走刀路线方式。

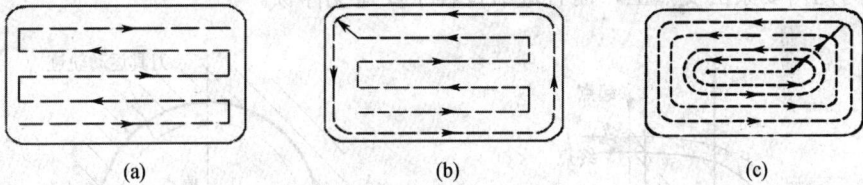

图 6-11　铣削内腔的 3 种走刀路线

(a) 路线 1；(b) 路线 2；(c) 路线 3。

3. 尽量避免引入反向间隙误差

数控机床在反向运动时会出现反向间隙，如果在走刀路线中将反向间隙带入，就会影响刀具的定位精度，增加工件的定位误差。例如精镗如图 6-12 所示的 4 个孔，由于孔的位置精度要求较高，因此安排镗孔路线的问题就显得比较重要，安排不当就有可能把坐标轴的反向间隙带入，直接影响孔的位置精度。这里给出 2 个方案，方案 a 如图 6-12(a)所示，方案 b 如图 6-12(b)所示。

从图 6-12 中不难看出，方案 a 中由于Ⅳ孔与Ⅰ、Ⅱ、Ⅲ孔的定位方向相反，X 向的反向间隙会使定位误差增加，而影响Ⅳ孔的位置精度。

在方案 b 中，当加工完Ⅲ孔后并没有直接在Ⅳ孔处定位，而是多运动了一段距离，然后折回来在Ⅳ孔处定位。这样Ⅰ、Ⅱ、Ⅲ孔与Ⅳ孔的定位方向是一致的，就可以避免引入反向间隙的误差，从而提高了IV孔与各孔之间的孔距精度。

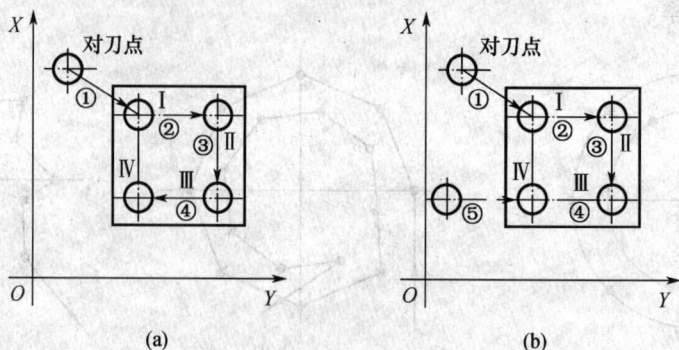

图 6-12　镗铣加工路线图

4. 选择切入切出方向

考虑刀具的进、退刀(切入、切出)路线时，刀具的切出或切入点应在沿零件轮廓的切线或延长线上，以保证工件轮廓光滑；应避免在工件轮廓面上垂直上、下刀而划伤工件表面；并尽量减少在轮廓加工切削过程中的暂停(切削力突然变化造成弹性变形)，以免留下刀痕，如图 6-13 所示。

当铣切内表面轮廓形状时，也应该尽量遵循从切向切入的方法，但此时切入无法外延，最好安排从圆弧过渡到圆弧的加工路线。切出时也应多安排一段过渡圆弧再退刀，如图 6-14 所示，路径 3 和路径 5 分别为圆弧切入、切出。当实在无法沿零件曲线的切向切入、切出时，铣刀只有沿法线方向切入和切出，在这种情况下切入切出点应选在零件轮廓两几何要素的交点上，而且进给过程中要避免停顿。

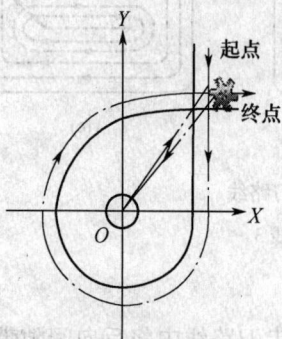

图 6-13　刀具切入和切出时的外延

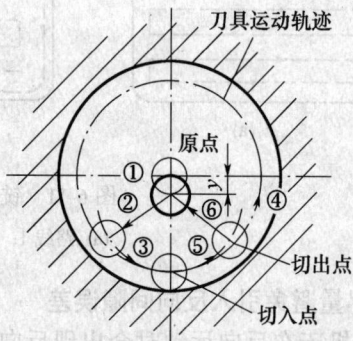

图 6-14　内轮廓铣削的加工路线

6.3.4　数控加工基本概念

1. 刀具轨迹和刀位点

刀具轨迹指的是切削时刀具的走刀路线，如图 6-15 所示。刀具轨迹由一系列有序的刀位点和连接这些刀位点的直线(直线插补)或圆弧(圆弧插补)组成。刀位点就是刀具上沿编程轨迹运动的点，如球头刀的刀位点为球头的球心，立铣刀的刀位点为刀具端面的中心。

122

2. 区域和岛

区域是一个闭合的内外轮廓围成的内部空间，其内部闭合轮廓称为"岛"。通常上说的区域就是指外轮廓和岛之间的部分。由外轮廓和岛共同指定待加工的区域，外轮廓用来界定加工区域的外部边界，岛用来屏蔽其内部不需加工或需保护的部分，如图6-16所示。

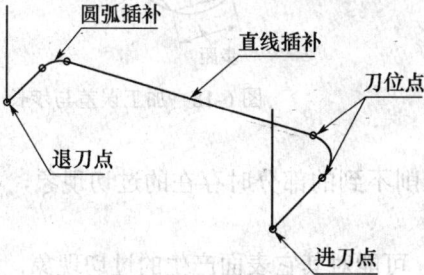

图 6-15　刀具轨迹和刀位点

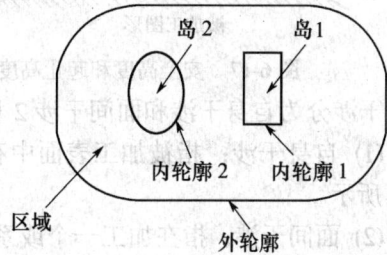

图 6-16　轮廓、区域和岛

3. 高度

1) 安全高度

指保证在此高度以上可以快速走刀而不发生干涉的高度。若应高于零件的最大高度，如图6-17所示。一般为了安全起见，安全高度距离工件最高点50mm～100mm。

2) 慢速下刀高度

由快进(G00)转为工进(G01)时的位置高度，如图6-17所示。一般为了安全和效率，慢速下刀高度距离工件最高点5mm左右。

3) 退刀距离

指加工完成，刀具以G01的速度退出的距离，然后以G00速度快速退至安全高度。如图6-17所示，一般退刀距离为刀具脱离工件0.5mm～2mm。

4. 加工误差和步长

加工误差通常指的是在加工非圆曲线时，刀具轨迹是以折线方式逼近曲线，和实际加工模型之间的偏差就是加工误差，如图6-18所示。加工误差可以根据情况给定，给定值越小，加工精度越高，加工代码越长，但效率越低；相反，给定值越大，加工精度越差，加工代码越短，但效率越高。

一般进行粗加工时误差可以大些，以防加工效率的降低，但加工误差不要大于加工余量，否则可能造成过切；在进行精加工时，则应根据表面粗糙度要求等设置加工误差。

在三轴联动控制中，可以按给定步长的方式控制加工误差。步长用来控制刀具步进方向上每两个刀位点之间的距离，系统按用户给定的步长计算刀具轨迹。与此同时，系统对生成的刀具轨迹进行优化处理，删除同一直线上的刀位点，在保证加工精度的前提下提高加工效率。因此，用户给定的是加工最小步距，实际生成的刀具轨迹中的步长可能大于用户给定的步长，如图6-18所示。

5. 干涉

在切削被加工表面时，倘若刀具切到了不应该切的部分，则称作出现干涉现象，或者称为过切。

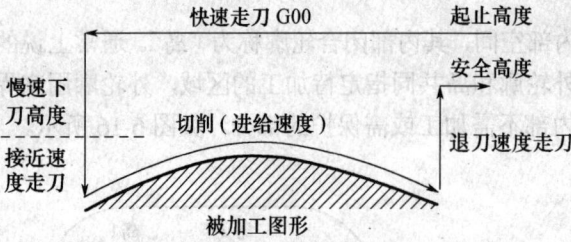

图 6-17 安全高度和起止高度

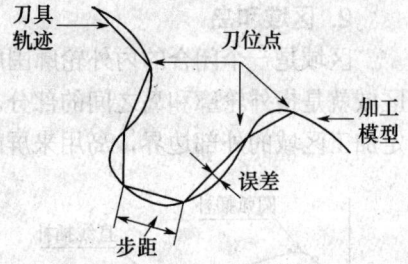

图 6-18 加工误差与步长

干涉分为自身干涉和面间干涉 2 种情况：

(1) 自身干涉：指被加工表面中存在刀具切削不到的部分时存在的过切现象，如图 6-19 所示。

(2) 面间干涉：指在加工一个或系列表面时，可能对其它表面产生的过切现象，如图 6-20 所示。

图 6-19　自身干涉

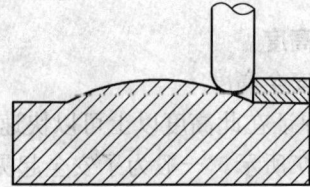

图 6-20　面间干涉

6.3.5　数控铣削加工工艺参数的确定

确定工艺参数是工艺制定中重要的内容，采用自动编程时更是程序成功与否的关键。

1. 逼近误差的确定

逼近误差 e_r，指实际切削轨迹偏离理论轨迹的最大允许误差，如图 6-21 所示，加工精度越高，逼近误差越小，但加工时间越长。其大小确定一般与零件的加工精度有关。

2. 行距的确定

行距 d_0，也称切削间距，指加工轨迹中相邻两行刀具轨迹之间的距离。如图 6-22 所示，行距大加工时间短，但加工精度低，零件型面失真性较大，行距小则加工精度高，但加工时间长，费用高。

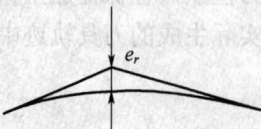

图 6-21　指定逼近误差

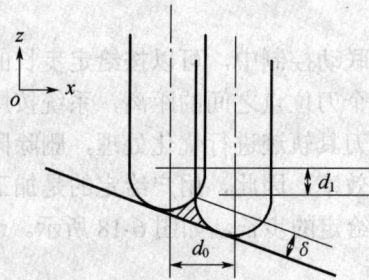

图 6-22　行距与残留高度

δ—残留高度；d_0—XY 向行距；d_1—层高。

制定行距的方法有以下 2 种。

1) 直接定义行距

直接依据侧吃刀量确定，一般设置为 1/3~1/2 刀具直径，算法简单、计算速度快，适于粗加工、半精加工和形状比较平坦零件的精加工的刀具运动轨迹的生成。

2) 用残留高度 δ 来定义行距

残留高度 δ，指被加工表面的法矢量方向上两相邻切削行之间残留沟纹的高度，如图 6-22 所示。残留高度 δ 值大，则零件表面粗糙度值大；残留高度 δ 小，可以提高加工精度，但程序长，占机时间成倍增加，效率降低，适于形状比较陡峭曲面或曲面精度要求一致的零件精加工。

3. 与切削用量有关的工艺参数确定

1) 背吃刀量 a_p 与侧吃刀量 a_c

背吃刀量 a_p，指平行于铣刀轴线测量的切削层尺寸，侧吃刀量 a_c，指垂直于铣刀轴线测量的切削层尺寸，如图 6-23 所示。

从刀具耐用度的角度出发，切削用量的选择方法是：先选取背吃刀量 a_p 或侧吃刀量 a_c，其次确定进给速度，最后确定切削速度。

如果零件精度要求不高，在工艺系统刚度允许的情况下，最好一次切净加工余量，以提高加工效率；如果零件精度要求高，为保证精度和表面粗糙度，只好采用多次走刀。

2) 与进给有关参数的确定

在加工复杂表面的自动编程中，有 5 种进给速度须设定，它们分别是：

(1) 快速走刀速度(G00)。为节省非切削加工时间速度，即快速接近被工件时的速度，一般选为机床允许的最大进给速度，即 G00 速度，如图 6-19 所示。

(2) 下刀速度(F0)。指的是接近工件表面进给速度，为使刀具安全可靠的接近工件，而不损坏机床、刀具和工件，下刀速度不能太高，要小于或等于切削进给速度。对软材料一般为 200mm/min；对钢类或铸铁类一般为 50mm/min，如图 6-24 所示。

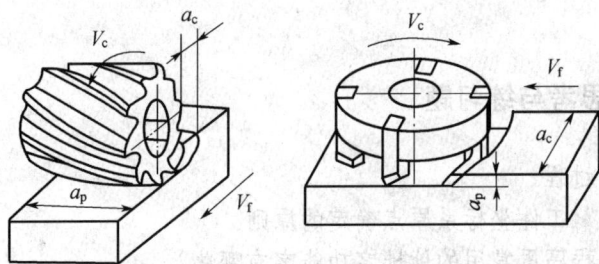

图 6-23　背吃刀量与侧吃刀量　　　　　　图 6-24　进给速度

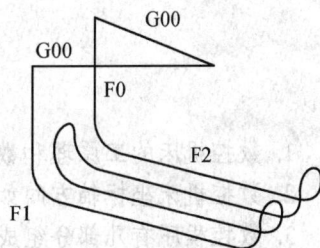

(3) 切入切出连接速度(F1)。指的是设定切入轨迹段、切出轨迹段、连接轨迹段、接近轨迹段、返回轨迹段的进给速度的大小，如图 6-24 所示，该速度一般小于或等于切削进给速度。

(4) 切削进给速度(F2)。切削进给速度应根据所采用机床的性能、刀具材料和尺寸、被加工材料的切削加工性能和加工余量的大小来综合的确定，如图 6-24 所示。

切削速度设定一般原则是：刀具强度低或被加工工件材料硬或工件表面的加工余量

大，切削进给速度低；反之相反。

切削进给速度可由机床操作者根据被加工工件表面的具体情况进行手工调整，以获得最佳切削状态。切削进给速度不能超过按逼近误差和插补周期计算所允许的进给速度。该速度一般小于或等于切削进给速度。

(5) 退刀进给速度(G00)。为节省非切削加工时间速度，即快速退出被加工件时的速度，一般选为机床允许的最大进给速度，即 G00 速度。

3) 与切削速度有关的参数确定

(1) 切削速度 v_c。

切削速度 v_c 的高低主要取决于被加工零件的精度和材料、刀具的材料和耐用度等因素。

(2) 主轴转速 n。

主轴转速 n 根据允许的切削速度 v_c，由公式 $n=1000v/\pi d$ 来确定。

理论上，v_c 越大越好，这样可以提高生产率，而且可以避开生成积屑瘤的临界速度，获得较低的表面粗糙度值。但实际上由于机床、刀具等的限制，使用国内机床、刀具时允许的切削速度常常只能在 100m/min～200m/min 范围内选取。

本 章 小 结

一般来说，计算机辅助制造(Computer Aided Manufacturing, CAM)是指应用计算机来进行产品制造的统称。有广义 CAM 和狭义 CAM 之分。广义 CAM 是指利用计算机辅助完成从原材料到产品的全部制造过程，其中包括直接制造过程和间接制造过程。狭义 CAM 是指制造过程中应用计算机软件，输入零件的工艺路线和工序内容的信息，输出刀具加工时的运动轨迹(刀位文件)和数控程序到数控机床，让数控机床自动加工。本章主要介绍了数控机床、数控加工程序和数控加工工艺基础知识，这些内容是也学好 CAM 的基础。

思考与练习题

1. 数控机床的工原理和数控加工过程。
2. 数控机床坐标轴方向如何确定？工件坐标系原点确定的原则。
3. 数控程序有几部分组成？数控程序里常用的地址字功能字有哪些？
4. 列出数控程序中常用的 G 代码和 M 代码。
5. 确定走刀路线时应注意哪几点？
6. 加工非圆曲线时，步长和加工误差之间的关系。

第 7 章　CAXA 制造工程师加工功能介绍

7.1　粗 加 工

加工过程中，加工参数的设定是个重要环节，CAXA 制造工程师里加工参数分 2 种。

专用参数：每一种加工方法所独有的参数。限于一个或两个参数页面，如"加工参数"等。

通用参数：加工策略所具有的通用参数，如"下刀方式"、"切入切出"、"切削用量"、"加工边界"、"刀具参数"等。如图 7-1 所示，加工参数为专用参数，其余均为通用参数。

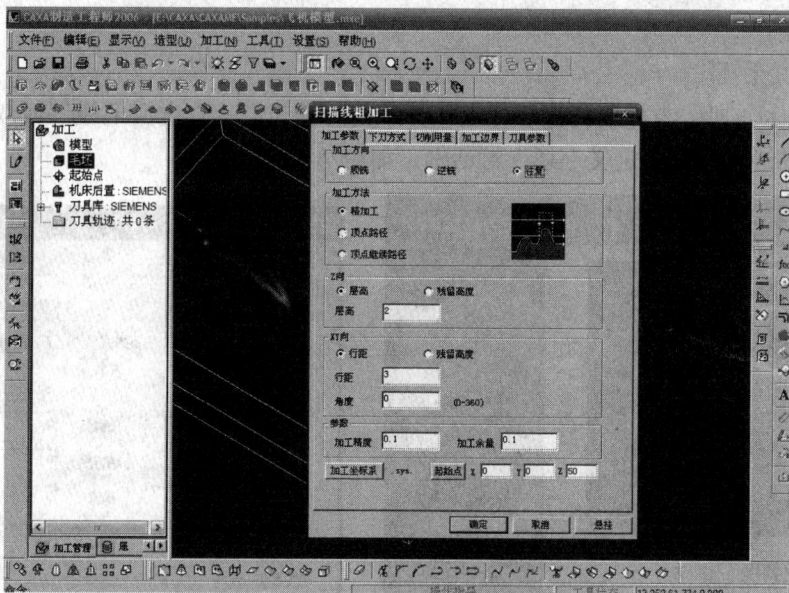

图 7-1　加工专用参数和通用参数

7.1.1　数控加工的相关操作和设定

1. 特征树操作

单击"加工"图标，可以折叠或展开整个树枝，右键可以弹出快捷菜单。

双击"模型"、"毛坯"、"起始点"、"机床后置"、"刀具库"图标均可以弹出相应的对话框。在"毛坯"图标上右键可以弹出快捷菜单。

"刀具库"前面的"+"折叠或展开，以便观察刀具。

生成的刀具轨迹树枝结构位于"刀具轨迹"文件夹下面，双击"刀具轨迹"文件夹既可以折叠或展开，又可以选中所生成刀具轨迹(勾选)。

某一种加工方法(文件夹）下面以刀具轨迹树枝结构由"轨迹数据"、"加工参数"、"+铣刀××"、"几何元素"图标构成。

双击"加工参数"、"+铣刀××" 可以弹出相应的对话框。

双击"几何元素"弹出"轨迹几何编辑器"对话框，可以对轮廓曲线、岛屿曲线、加工曲面、检查曲面、加工边界等几何元素进行相应的编辑与修改。

当某一加工策略的加工参数页面设置完成，单击"悬挂"，经系统运算结束后所生成的加工树文件夹的左上角有一棕色小方块标记，但窗口并没有刀轨生成，在适当的时间(如下班后）右键选"轨迹重置"即可；或者某一加工策略的参数经修改后出现"轨迹生成失败"的提示，在相应的加工树文件夹的左上角也会有一棕色小方块标记。

当有多个加工策略时，按住"加工树文件夹"可以前后拖动以调整其位置。

1) 模型

"模型"功能提供视图模型显示和模型参数显示功能，特征树中图标为 ⬡ 模型，单击该图标在绘图区以红色线条显示零件模型，双击该图标显示零件模型参数，如图 7-2 所示。

2) 毛坯

(1) 定义毛坯。

当进入加工时，首先要构建零件毛坯。单击"加工"→"定义毛坯"或双击特征树中图标 ⬛ 毛坯，弹出"定义毛坯"对话框，如图 7-3 所示。

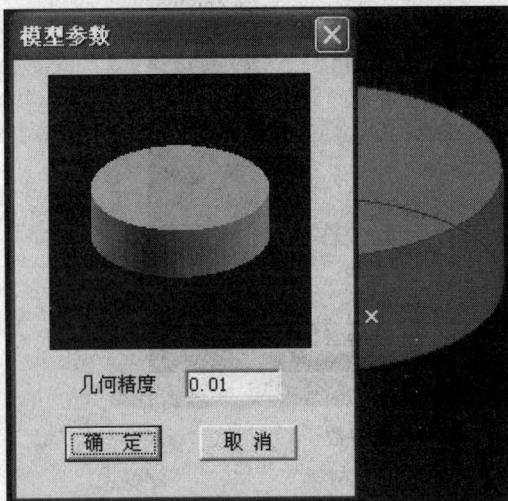

图 7-2 模型参数

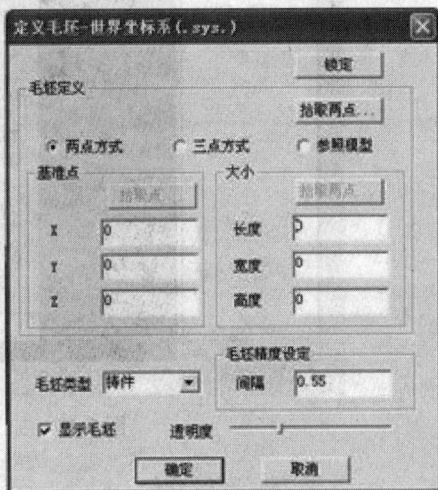

图 7-3 定义毛坯

(2) 毛坯参数。

系统提供了 3 种毛坯定义的方式。

两点方式：通过拾取毛坯的两个角点(与顺序，位置无关)来定义毛坯。

三点方式：通过拾取基准点，拾取定义毛坯大小的两个角点来定义毛坯。

参照模型：系统自动计算模型的包围盒，以此作为毛坯，如图 7-4 所示。

此外，也可以根据已知的毛坯尺寸在"大小"标签的"长度"、"高度"输入框中直接输入，或对上述操作所显示的尺寸数值进行修改。

128

3) 起始点

起始点是设定全局刀具起始点的位置，特征树图◆起始点。双击该图标弹出"刀具起始点"对话框，如图7-5所示。

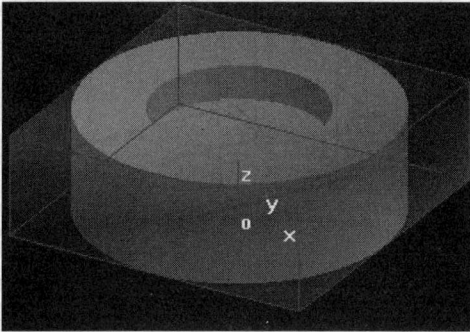

图7-4 毛坯参数

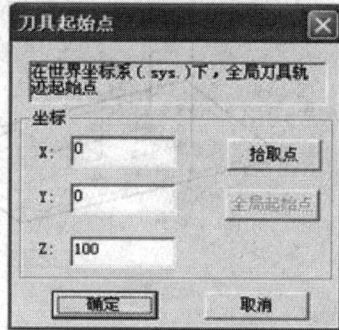

图7-5 刀具起始点

4) 刀具轨迹

显示加工的刀具轨迹及其所有信息，并可在特征树中对这些信息进行编辑。特征树展开后可以看到所有信息，如图7-6所示。

2. 通用参数设置

1) 切入切出

切入切出选项卡菜单在大部分加工方法中都存在，其作用是设定加工过程中刀具切入切出方式，以避免产生接刀痕，在高速加工中尤其应该值得注意，如图7-7所示。

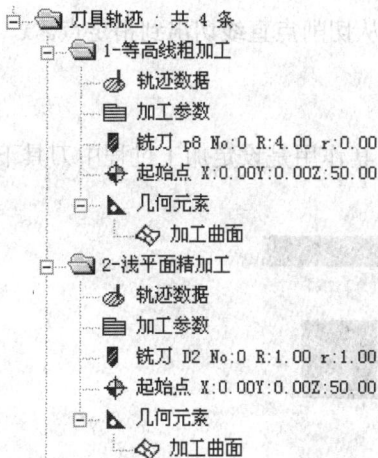

图7-6 刀具轨迹

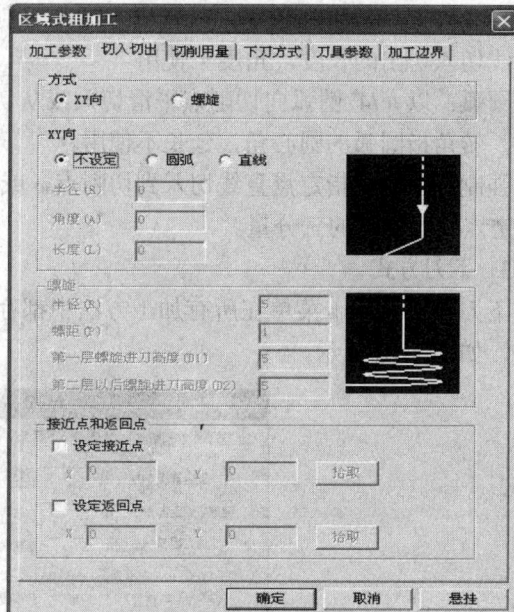

图7-7 切入切出

2) 接近点和返回点

根据模型或者加工条件，从接近点开始移动或者移动到返回点的部分可能与领域发生干涉的情况。避免的方法有变更接近位置点或者返回位置点，如图7-8和图7-9所示。

129

在 CAXA 制造工程师软件操作中，能够采用自定义的方式来加以定义接近点和返回点。具体操作是准备加工边界线时，针对接近点和返回点的具体位置将加工边界线加以打断，当加工提示选择加工边界线时，用鼠标选择打断点处即可。

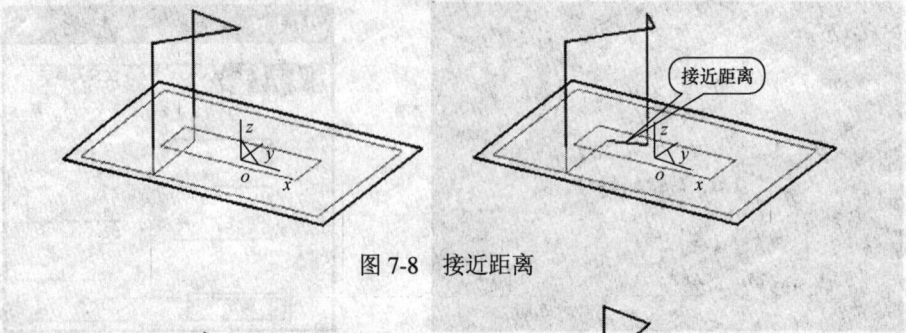

图 7-8 接近距离

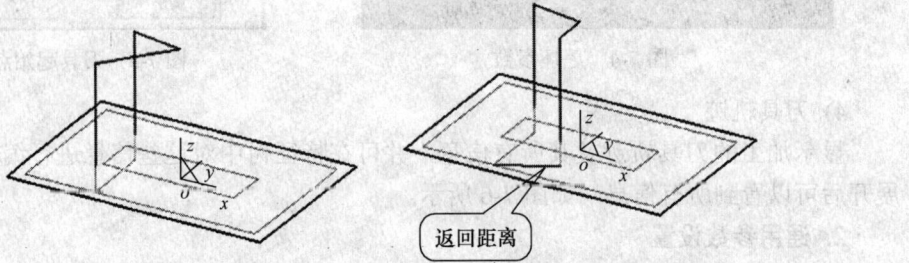

图 7-9 返回距离

不设定：不设定接近返回的切入切出。

直线：刀具按给定长度，以直线方式向切削点平滑切入或从切削点平滑切出。长度指直线切入切出的长度，角度不使用。

圆弧：以 π/4 圆弧向切削点平滑切入或从切削点平滑切出。半径指圆弧切入切出的半径，转角指圆弧的圆心角，延长不使用。

强制：强制从指定点直线切入到切削点，或强制从切削点直线切出到指定点。x、y、z 指定点空间位置的三分量。

3) 下刀方式

下刀方式选项卡菜单在所有加工方法中都存在，其作用是设定加工过程中刀具下刀方式，如图 7-10 所示。

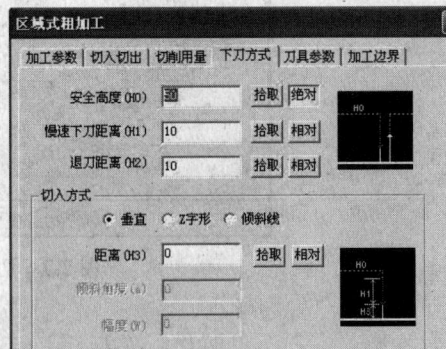

图 7-10 下刀方式

（1）安全高度。

刀具快速移动而不会与毛坯、机床、工夹具等发生干涉的高度，有相对与绝对 2 种模式，单击相对或绝对按钮可以实现二者的互换。但需要注意的是在进行曲面加工时应当选择相对方式。

相对：以切入或切出或切削开始或切削结束位置的刀位点为参考点。

绝对：以当前加工坐标系的 XOY 平面为参考平面。

拾取：单击后可以从工作区选择安全高度的绝对位置高度点。

（2）慢速下刀距离。

在切入或切削开始前的一段刀位轨迹的位置长度，这段轨迹以慢速下刀速度垂直向下进给。有相对与绝对 2 种模式，单击相对或绝对按钮可以实现二者的互换，如图 7-11 所示。

相对：以切入或切削开始位置的刀位点为参考点。

绝对：以当前加工坐标系的 XOY 平面为参考平面。

拾取：单击后可以从工作区选择慢速下刀距离的绝对位置高度点。

（3）退刀距离。

在切出或切削结束后的一段刀位轨迹的位置长度，这段轨迹以退刀速度垂直向上进给。有相对与绝对 2 种模式，单击相对或绝对按钮可以实现二者的互换，如图 7-12 所示。

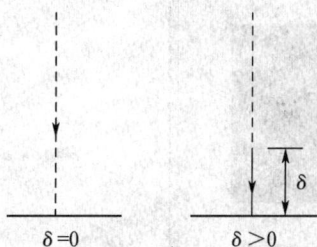

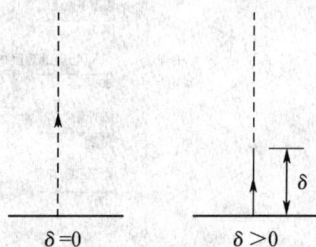

图 7-11　慢速下刀距离 δ 　　　　　图 7-12　退到距离 δ

相对：以切出或切削结束位置的刀位点为参考点。

绝对：以当前加工坐标系的 XOY 平面为参考平面。

拾取：单击后可以从工作区选择退刀距离的绝对位置高度点。

（4）切入方式。

此处提供了 3 种通用的切入方式，如图 7-13 所示，几乎适用于所有的铣削加工策略，其中的一些切削加工策略有其特殊的切入切出方式(切入切出属性页面中可以设定)。如果在切入切出属性页面里设定了特殊的切入切出方式后，此处的通用的切入方式将不会起作用。

垂直：刀具沿垂直方向切入。

Z 字形：刀具以 Z 字形方式切入。

倾斜线：刀具以与切削方向相反的倾斜线方向切入。

距离：切入轨迹段的高度，有相对与绝对 2 种模式，单击相对或绝对按钮可以实现二者的互换，相对指以切削开始位置的刀位点为参考点，绝对指以 XOY 平面为参考平面。单击拾取后可以从工作区选择距离的绝对位置高度点。

幅度：Z 字形切入时走刀的宽度。

倾斜角度：Z 字形或倾斜线走刀方向与 XOY 平面的夹角。

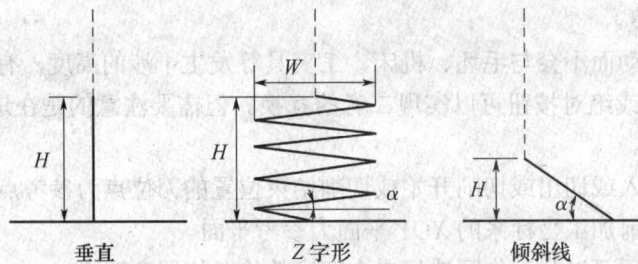

图 7-13　切入方式

H—距离；W—幅度；α—倾斜角度。

4) 切削用量

切削用量选项卡菜单在所有加工方法中都存在，其作用是设定加工过程中所有速度值，如图 7-14 所示。

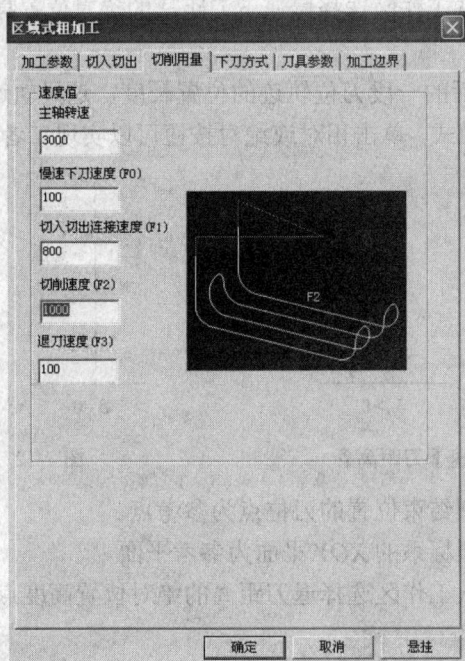

图 7-14　切削用量

速度值是指设定轨迹各位置的相关进给速度及主轴转速，各种速度如图 7-15 所示。

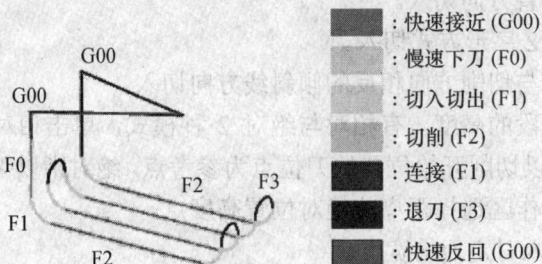

图 7-15　各种速度

主轴转速：设定主轴转速的大小，单位为 r/min。

慢速下刀速度(F0)：设定慢速下刀轨迹段的进给速度的大小，单位为 mm/min。

切入切出连接速度(F1)：设定切入轨迹段、切出轨迹段、连接轨迹段、接近轨迹段、返回轨迹段的进给速度的大小，单位为 mm/min。

切削速度(F2)：设定切削轨迹段的进给速度的大小，单位为 mm/min。

退刀速度(F3)：设定退刀轨迹段的进给速度的大小，单位为 mm/min。

5) 加工边界

加工边界选项卡菜单在大部分加工方法中都存在，且都相同，其作用是加工边界进行设定，如图 7-16 所示。

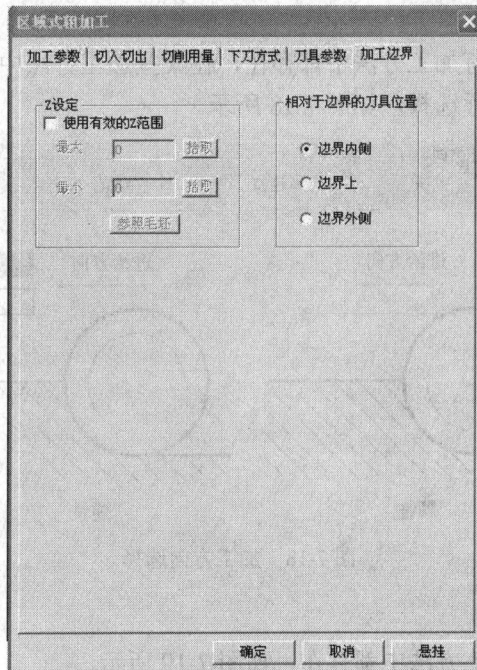

图 7-16　加工边界

(1) z 设定。

设定毛坯的有效的 z 范围。

使用有效的 z 范围：设定是否使用有效的 z 范围，是指使用指定的最大最小 z 值所限定的毛坯的范围进行计算，否指使用定义的毛坯的高度范围进行计算。

最大：指定 z 范围最大的 z 值，可以采用输入数值和拾取点 2 种方式。

最小：指定 z 范围最小的 z 值，可以采用输入数值和拾取点 2 种方式。

参照毛坯 ：通过毛坯的高度范围来定义 z 范围最大的 z 值和指定 z 范围最小的 z 值。

(2) 相对于边界的刀具位置。

设定刀具相对于边界的位置，如图 7-17 所示。

边界内侧：刀具位于边界的内侧。

边界上：刀具位于边界上。

边界外侧：刀具位于边界的外侧。

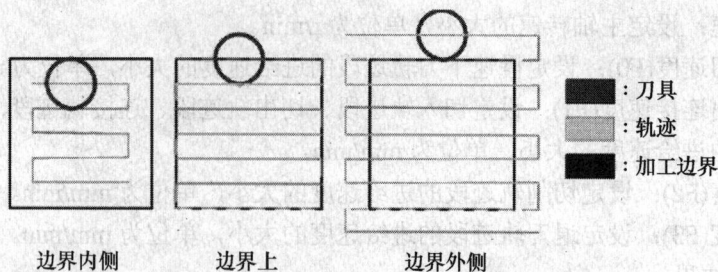

图 7-17 相对于边界的刀具位置

6) 加工参数

(1) 加工方向。

"加工方向"在所有加工方法中都存在，在某些加工方法中只有顺铣和逆铣 2 项，其作用是对加工方向进行选择，如图 7-18 所示。

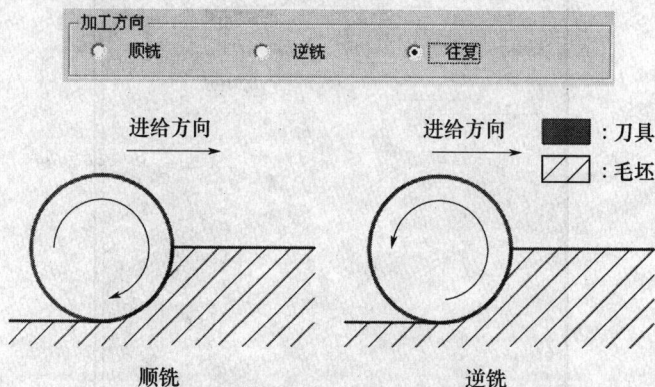

图 7-18 加工方向选择

(2) 参数。

"参数"在所有加工方法中都存在，如图 7-19 所示。

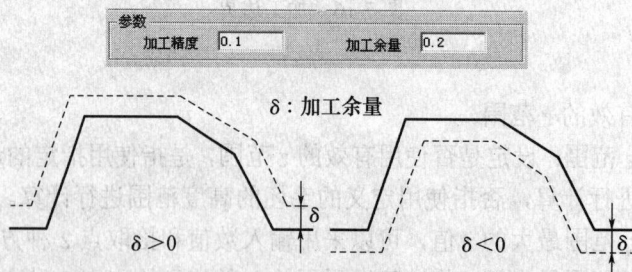

图 7-19 参数的设定

加工精度越大，模型形状的误差也增大，模型表面越粗糙。加工精度越小，模型形状的误差也减小，模型表面越光滑，但是轨迹段的数目增多，轨迹数据量变大。

加工余量：相对模型表面的残留高度，可以为负值，但不要超过刀角半径。

(3) 加工坐标系和起始点。

"加工坐标系"和"起始点"在所有加工方法中都存在，其作用是对加工坐标系和

134

起始点进行设定，如图 7-20 所示。

图 7-20　加工坐标系和起始点的设定

(4) 其它常用参数说明。

① *XY* 切入。

行距：*XY* 方向的相邻扫描行的距离。

残留高度：由球刀铣削时，输入铣削通过时的残余量(残留高度)。当指定残留高度时，会提示 *XY* 切削量，如图 7-21 所示。

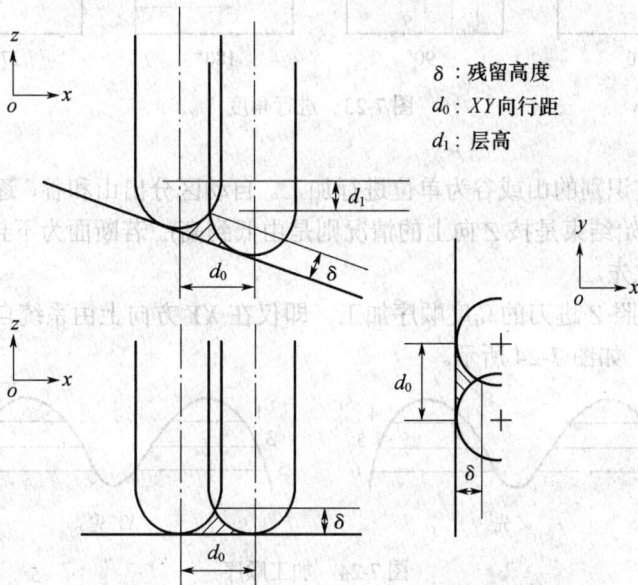

δ：残留高度
d_0：*XY* 向行距
d_1：层高

图 7-21　*XY* 切入

② *Z* 切入。

Z 向切削设定有以下 2 种定义方式，如图 7-22 所示。

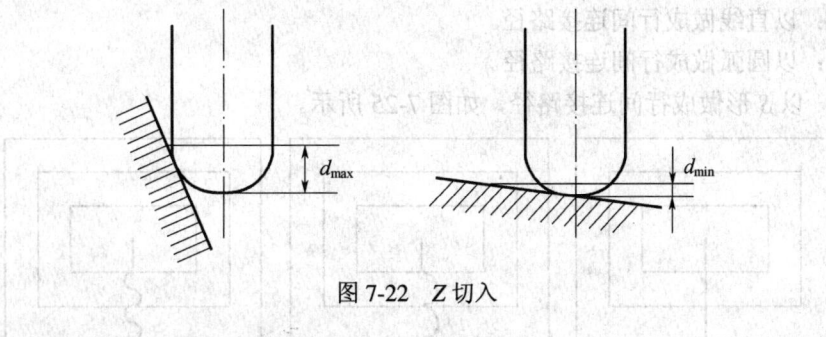

图 7-22　*Z* 切入

层高：*Z* 向每加工层的切削深度。

残留高度：系统会根据输入的残留高度的大小计算 *Z* 向层高。

135

最大层间距：输入最大 Z 向切削深度。根据残留高度值在求得 Z 向的层高时，为防止在加工较陡斜面时可能层高过大，限制层高在最大层间距的设定值之下。

最小层间距：输入最小 Z 向切削深度。根据残留高度值在求得 Z 向的层高时，为防止在加工较平坦面时可能层高过小，限制层高在最小层间距的设定值之上。

③ 进行角度。

当"XY 切削模式"为"环切"以外时进行设定。当输入 0°，生成与 X 轴平行的扫描线轨迹。输入 90°，生成与 Y 轴平行的扫描线轨迹。输入值范围是 0°～360°，如图 7-23 所示。

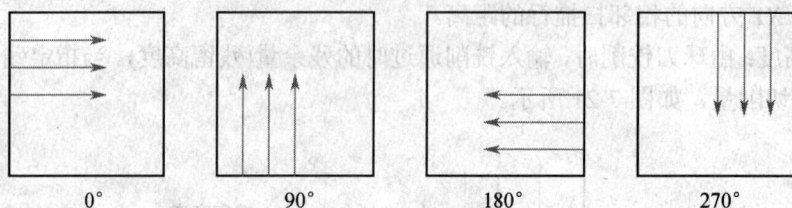

图 7-23　进行角度

④ 加工顺序。

Z 优先：以被识别的山或谷为单位进行加工。自动区分出山和谷，逐个进行由高到低的加工(若加工开始结束是按 Z 向上的情况则是由低到高)。若断面为不封闭形状时，有时会变成 XY 方向优先。

XY 优先：按照 Z 进刀的高度顺序加工。即仅在 XY 方向上由系统自动区分的山或谷按顺序进行加工，如图 7-24 所示。

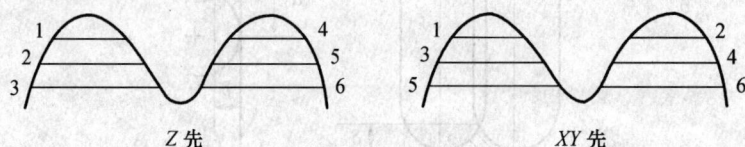

图 7-24　加工顺序

上述两种设定方式对于零件加工过程中产生的加工效果、加工精度、内应力情况是有差异的。

⑤ 行间连接方式。

行间连接方式有直线、圆弧、S 形 3 种类型。

直线：以直线做成行间连接路径。

圆弧：以圆弧做成行间连接路径。

S 形：以 S 形做成行间连接路径，如图 7-25 所示。

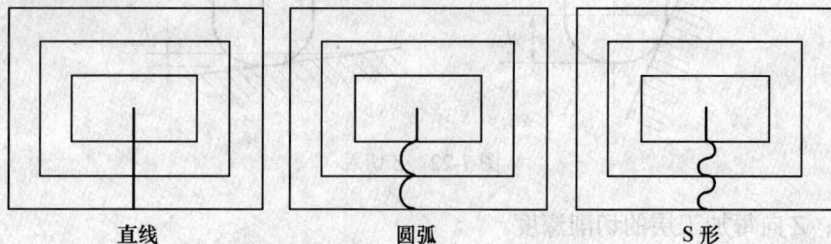

图 7-25　行间连接方式

136

⑥ 平坦部识别。

自动识别模型的平坦区域，选择是否根据该区域所在高度生成轨迹，如图 7-26 所示。

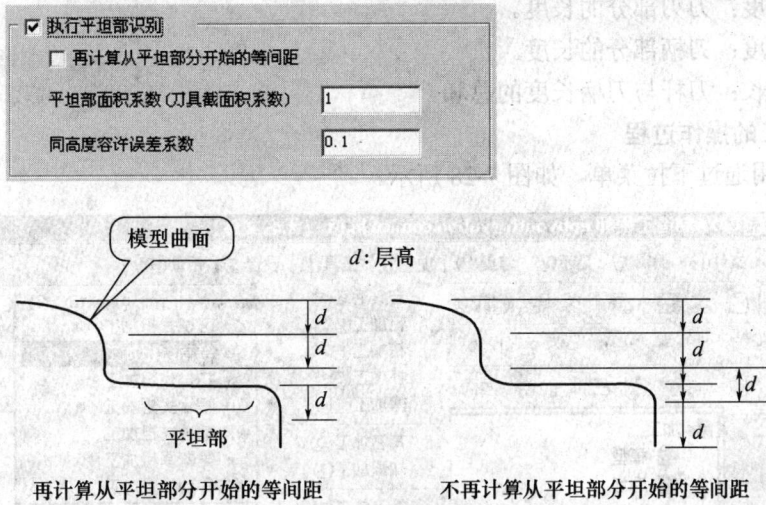

图 7-26　平坦部识别

⑦ 刀具参数。

a. 刀具库参数。

刀具库中能存放用户定义的不同的刀具，包括钻头、铣刀(球刀、牛鼻刀、端刀)等，使用中用户可以很方便地从刀具库中取出所需的刀具。

增加刀具：用户可以向刀具库中增加新定义的刀具。

编辑刀具：选中某把刀具后，用户可以对这把刀具的参数进行编辑。

刀具类型：刀具名称、刀号、刀具半径 R、圆角半径 r/a、切削刃长 L。

b. 刀具参数。

刀具主要由刀刃、刀杆、刀柄 3 部分组成，如图 7-27 所示。

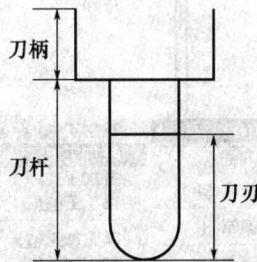

图 7-27　刀具参数

类型：铣刀或钻头。

刀具名：刀具的名称。

刀具号：刀具在加工中心里的位置编号，便于加工过程中换刀。

刀具补偿号：刀具半径补偿值对应的编号。

刀具半径：刀刃部分最大截面圆的半径大小。

刀角半径：刀刃部分球形轮廓区域半径的大小，只对铣刀有效。

刀尖角度：钻尖的圆锥角，只对钻头有效。

刀刃长度：刀刃部分的长度。

刀柄长度：刀柄部分的长度。

刀具全长：刀杆与刀柄长度的总和。

3. 加工的操作过程

(1) 使用通过下拉菜单，如图 7-28 所示。

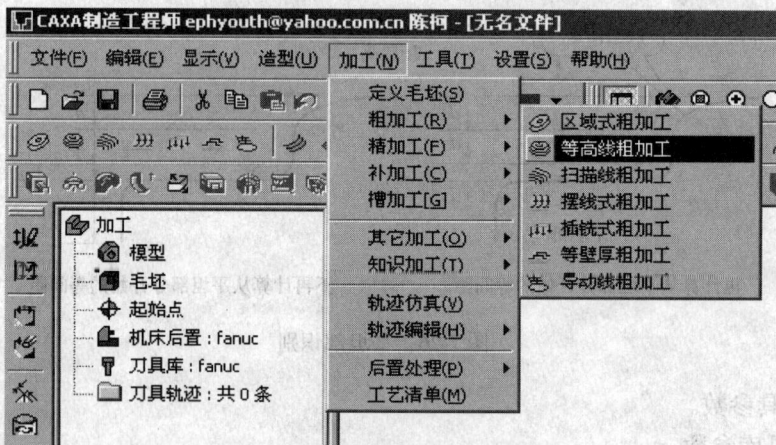

图 7-28　加工的菜单操作过程

(2) 特征树栏空白处单击右键，如图 7-29 所示。

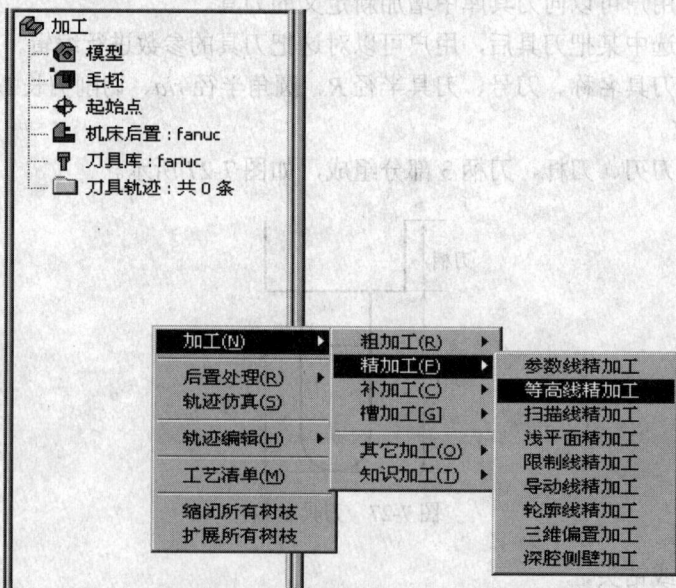

图 7-29　加工的右键操作过程

(3) 直接点击工具条，如图 7-30 所示。

138

图 7-30 加工的工具条操作过程

7.1.2 平面区域粗加工

1. 加工参数设定(如图 7-31 所示)

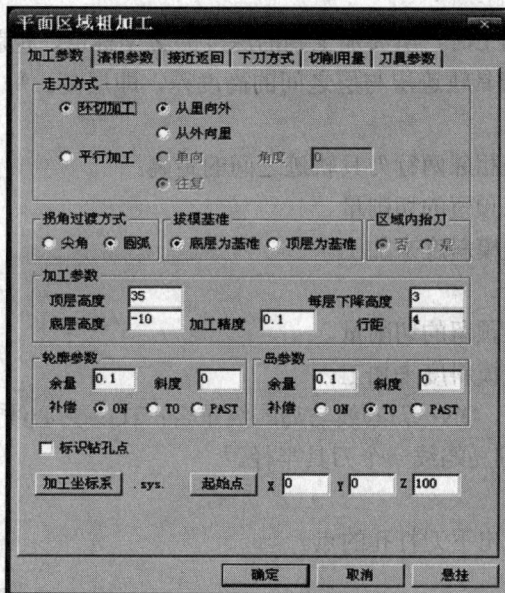

图 7-31 平面区域粗加工

1) 走刀方式

平行加工：刀具以平行走刀方式切削工件。可改变生成的刀位行与 *X* 轴的夹角。可选择单向还是往复方式。

单向：刀具以单一的顺铣或逆铣方式加工工件。

往复：刀具以顺逆混合方式加工工件。

环切加工：刀具以环状走刀方式切削工件。可选择从里向外还是从外向里的方式。

2) 拐角过渡方式

拐角过渡就是在切削过程遇到拐角时的处理方式，有以下 2 种情况。

尖角：刀具从轮廓的一边到另一边的过程中，以二条边延长后相交的方式连接。

圆弧：刀具从轮廓的一边到另一边的过程中，以圆弧的方式过渡。过渡半径=刀具半径+余量。

3) 拔模基准

当加工的工件带有拔模斜度时，工件顶层轮廓与底层轮廓的大小不一样。

底层为基准：加工中所选的轮廓是工件底层的轮廓。

顶层为基准：加工中所选的轮廓是工件顶层的轮廓。

4) 区域内抬刀

在加工有岛屿的区域时，轨迹过岛屿时是否抬刀，选"是"就抬刀，选"否"就不抬刀。此项只对平行加工的单向有用。

否：在岛屿处不抬刀。

是：在岛屿处直接抬刀连接。

5) 其它的加工参数

顶层高度：零件加工时起始高度的高度值，一般来说，也就是零件的最高点，即 Z 最大值。

底层高度：零件加工时，所要加工到的深度的 Z 坐标值，也就是 Z 最小值。

每层下降高度：刀具轨迹层与层之间的高度差，即层高。每层的高度从输入的顶层高度开始计算。

行距：指加工轨迹相邻两行刀具轨迹之间的距离。

余量：给轮廓加工预留的切削量。

斜度：以多大的拔模斜度来加工。

6) 岛屿参数

余量：给轮廓加工预留的切削量。

斜度：以多大的拔模斜度来加工。

补偿：有 3 种方式。**ON**：刀心线与岛屿线重合；**TO**：刀心线超过岛屿线一个刀具半径；**PAST**：刀心线未到岛屿线一个刀具半径。

7) 标识钻孔点

选择该项自动显示出下刀打孔的点。

8) 加工坐标系

生成轨迹所在的局部坐标系，单击加工坐标系按钮可以从工作区中拾取。

9) 起始点

刀具的初始位置和沿某轨迹走刀结束后的停留位置，单击起始点按钮可以从工作区中拾取。

2. 加工特点

由轮廓线构成一封闭区域，其区域内可以包含有一个或多个闭环，构成岛屿。

轮廓、岛屿可以设置拔模斜度，用以加工带有斜度的轮廓或岛屿，如五角星造型。

可以设置刀具偏置：ON(刀心线与轮廓线或岛屿线重合)、TO(刀心线超过轮廓先或岛屿线一个刀具半径)、PAST(刀心线未到轮廓线或岛屿线一个刀具半径)。

3. 几点说明

(1) 走刀方式选择环切加工时，沿轮廓线走刀，每一个刀路成闭环。根据需要可选择"从里向外"或"从外向里"走刀。

(2) 走刀方式选择平行加工时，刀具以顺铣或逆铣方式加工工件，设置角度(如 45°)加工效果有时更好。

(3) 拐角过渡方式选择圆弧防止过切、减轻刀具对机床的震动。

(4) 接近和返回选择强制点方式，使刀具避开机床、工夹具，以免撞刀。

(5) 切入方式选择螺旋避免进刀时产生接刀痕。

7.1.3 区域粗加工

1. 加工参数设定(如图 7-32 所示)

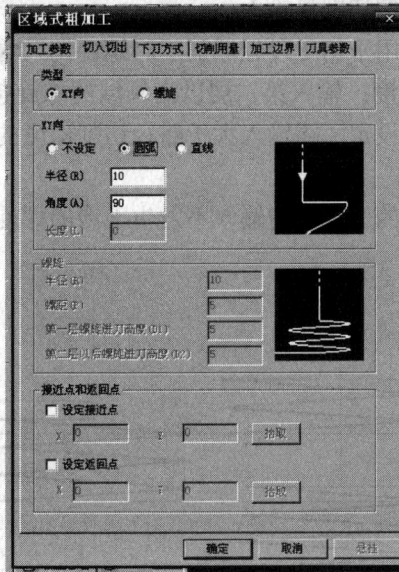

图 7-32　区域粗加工

1) *XY* 向

接近方式为 *XY* 向时，有以下 3 种情况，如图 7-33 所示。

不设定：不设定水平接近。

圆弧：设定圆弧接近。所谓圆弧接近是指在轮廓加工和等高线加工等功能中，从形状的相切方向开始以圆弧的方式接近工件。

直线：水平接近设定为直线。

半径：输入接近圆弧半径。输入 0 时，不添加圆弧。输入负值时，以刀具直径的倍数作为圆弧接近。

角度：输入接近圆弧的角度。输入 0° 时，不添加圆弧。

长度：输入直线接近的长度。输入 0 时，不附加直线。

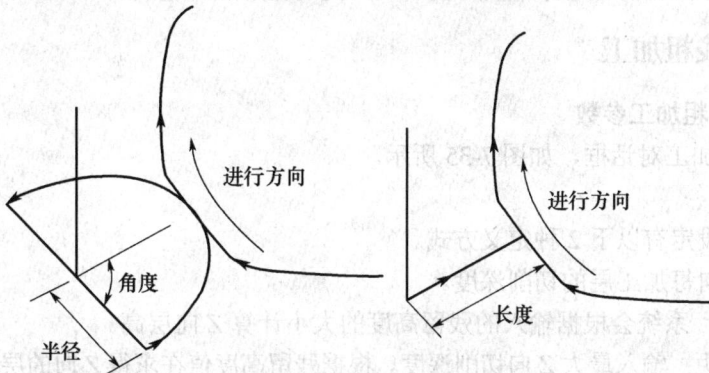

图 7-33　*XY* 接近方式

2) 螺旋

接近方式为螺旋时设定，如图 7-34 所示。

半径：输入螺旋的半径。

螺距：用于螺旋 1 回时的切削量输入。

第一层螺旋进刀高度：用于第 1 段领域加工时螺旋切入的开始高度的输入。

第二层以后螺旋进刀高度：输入第二层以后领域的螺旋接近切入深度。切入深度由下一加工层开始的相对高度设定，需输入大于路径切削深度的值。

注意：

螺旋接近不检查对模型的干涉，请输入不发生干涉的螺旋半径。

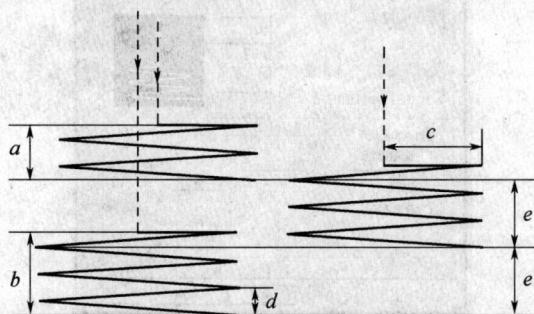

图 7-34　螺旋接近方式

a—切削开始高度；b—切入深度；c—半径；d—螺距；e—轨迹切入深度。

2. 特点

区域式粗加工：支持多轮廓(而平面区域粗加工仅支持一个轮廓)、岛屿；不支持轮廓与岛屿的拔模斜度的设置。

3. 说明

(1) 对于凹形模具而言，无论是普通机床还是数控机床(垂直下刀方式)，需要先钻一定位孔才能进行粗加工。采用螺旋进刀方式，刀具在未达到切削 Z 值时，刀具一方面做周回运动，一方面沿着指定的角度切入，这样一来就可以免去事先钻孔步骤，节约了加工时间。对于高速加工更应该如此。

(2) 设置对轮廓最后进行一次刀轨生成，提高轮廓加工精度。

7.1.4　等高线粗加工

1. 等高线粗加工参数

等高线粗加工对话框，如图 7-35 所示。

1) Z 切入

Z 向切削设定有以下 2 种定义方式。

层高：Z 向每加工层的切削深度。

残留高度：系统会根据输入的残留高度的大小计算 Z 向层高。

最大层间距：输入最大 Z 向切削深度。根据残留高度值在求得 Z 向的层高时，为防止在加工较陡斜面时可能层高过大，限制层高在最大层间距的设定值之下，如图 7-36 所示。

142

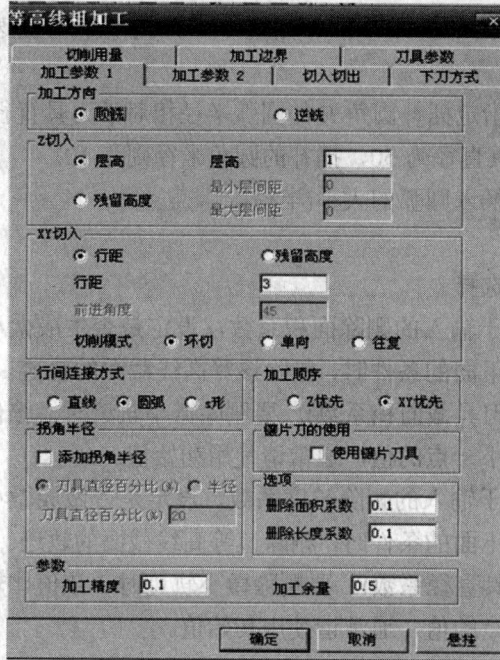

图 7-35 等高线粗加工

最小层间距：输入最小 Z 向切削深度。根据残留高度值在求得 Z 向的层高时，为防止在加工较平坦面时可能层高过小，限制层高在最小层间距的设定值之上。

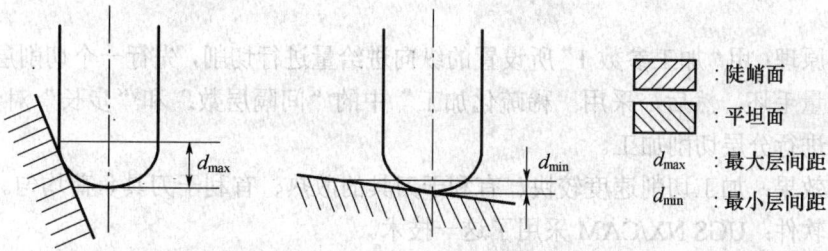

图 7-36 最大层间距和最小层间距

2) 拐角半径

在拐角部分加上圆弧如图 7-37 所示。

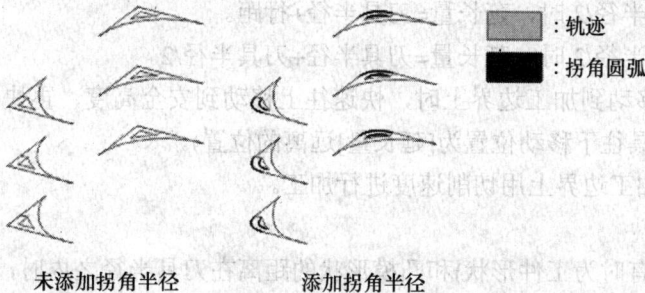

未添加拐角半径　　　　添加拐角半径

图 7-37 拐角半径

添加拐角半径：设定在拐角部插补圆角 R。高速切削时减速转向，防止拐角处的过切。

工具直径百分比：指定插补圆角 R 的圆弧半径相对于刀具直径的比率(%)。例如，刀具直径比为 20(%)，刀具直径为 50，插补的圆角半径则为 10。

半径：指定拐角处插入圆弧的大小(半径)。

3) 选项

选项包括以下 2 种选择。

删除面积系数：基于输入的删除面积系数，设定是否生成微小轨迹。刀具截面积和等高线截面面积若满足下面的条件时，删除该等高线截面的轨迹。等高线截面面积<刀具截面积×删除面积系数(刀具截面积系数)。要删除微小轨迹时，该值比较大。相反，要生成微小轨迹时，请设定小一点的值，通常请使用初始值。

删除长度系数：基于输入的删除长度系数，设定是否做成微小轨迹。刀具截面积和等高截面线长度若满足下面的条件时，删除该等高线截面的轨迹。等高截面线长度<刀具直径×删除长度系数(刀具直径系数)。要删除微小轨迹时，该值比较大。相反，要生成微小轨迹时，请设定小一点的值，通常请使用初始值。

4) 沿着形状

沿着形状其实是属于"斜插式"下刀方式。

5) 加工参数 2

使用条件：在"加工参数 1"页面中"切削模式"设置为"环切"时，"稀疏化加工"才可用。

加工原理：用"加工参数 1"所设置的纵向进给量进行切削，先行一个切削层的加工，以去除大量毛坯，然后，采用"稀疏化加工"中的"间隔层数"和"步长"对该层的模型周围在进行分层切削加工。

加工效果：加工切削速度较快、有利于刀具的散热、有利于刀具负荷均匀。

其它软件：UGS NX/CAM 采用了这一技术。

6) 区域切削类型

在加工边界上重复刀具路径的切削类型有以下 2 种选择，如图 7-38 所示。

抬刀切削混合：在加工对象范围中没有开放形状时，在加工边界上以切削移动进行加工。有开放形状时，回避全部的段。此时的延长量如下所示。

切入量<刀具半径/2 时，延长量=刀具半径+行距。

切入量>刀具半径/2 时，延长量=刀具半径+刀具半径/2。

抬刀：刀具移动到加工边界上时，快速往上移动到安全高度，再快速移动到下一个未切削的部分(刀具往下移动位置为[延长量]远离的位置)。

仅切削：在加工边界上用切削速度进行加工。

注意：

加工边界(没有时为工件形状)和凸模形状的距离在刀具半径之内时，会产生残余量。对此，加工边界和凸模形状的距离要设定比刀具半径大一点，这样可以设定区域切削类型为抬刀切削混合以外的设定。

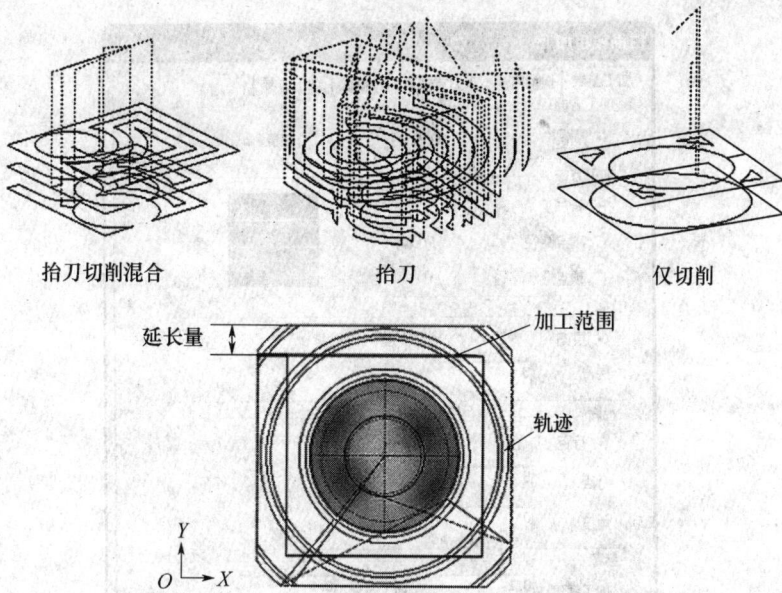

抬刀切削混合　　　　　　　抬刀　　　　　　　仅切削

图 7-38　区域切削类型

2. 特点

(1) 等高线粗加工是一种较通用的、适用于一般凸凹型的零件的加工方式，并且还可以指定加工区域。

(2) 能优化空切轨迹。

(3) 轨迹拐角可以设定圆弧或 S 形过渡，生成光滑轨迹，支持高速加工设备。

(4) 等高线粗加工 2 属于 CAXAME2006 新增功能，适用于高速加工。

3. 说明

(1) 设置单向或往复，则加工参数 2 页面不可用。

(2) 加工参数 2 可以设定步长。

7.1.5　扫描线粗加工

1. 加工参数(如图 7-39 所示)

1) 加工方法的设定

有以下 3 种选择，如图 7-40 所示。

精加工：生成沿着模型表面进给的精加工轨迹。

顶点路径：生成遇到第一个顶点则快速抬刀至安全高度的轨迹。

顶点继续路径：在已完成的轨迹中，生成含有最高顶点的轨迹，即达到顶点后继续走刀，直到上一加工层轨迹位置后快速抬刀至安全高度的轨迹。

2) 切入方式

可以选择垂直、Z 字型、斜线。

2. 特点

(1) 走刀方式为平行层切。

(2) 在未切削区域不向下走刀，避免产生过切。

145

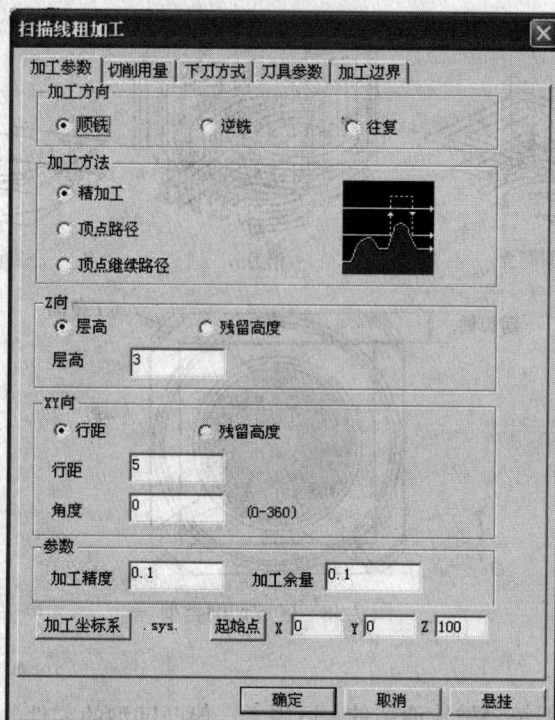

图 7-39　扫描线加工

(3) 适合使用端刀进行对称凸模粗加工。

(4) 该加工方式适用于较平坦零件的粗加工方式。

3. 说明

在参数设置相同的情况下，扫描线粗加工生成刀轨的时间要比等高线粗加工所用的时间短，这说明了扫描线粗加工策略的控制参数比较少。

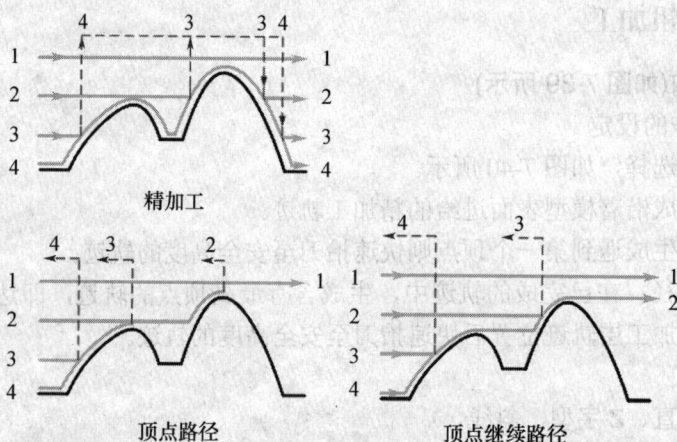

图 7-40　加工方法

注意：其它参数的设定同上面介绍的几种加工方法一样。

7.1.6 导动线粗加工

导动线粗加工方式生成导动线粗加工轨迹。导动加工是二维加工的扩展，也可以理解为平面轮廓的等截面加工，是用轮廓线沿导动线平行运动生成轨迹的方法。它相当于平行导动曲面的算法。只不过生成的不是曲面而是轨迹。其截面轮廓可以是开放的也可以是封闭的，导动线必须是开放的。其加工轨迹是二轴半轨迹，利用这一功能可以将需要 3 轴加工的曲面变成 2.5 轴加工，可以简化造型，明显提高了加工效率。

1. 加工参数

截面指定方法有以下 2 种选择。

截面形状：参照加工领域的截面形状所指定的形状。

倾斜角度：以指定的倾斜角度，做成一定倾斜的轨迹，输入范围为 0°～90°。

截面认识方法有以下 2 种选择。

向上方向：对于加工领域，指定朝上的截面形状(倾斜角度方向)，生成的轨迹如图 7-41 所示。

向下方向：对于加工领域，指定朝下的截面形状(倾斜角度方向)，生成轨迹如图 7-42 所示。

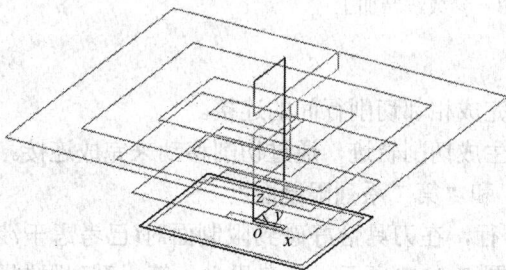

图 7-41　向上方向　　　　　图 7-42　向下方向

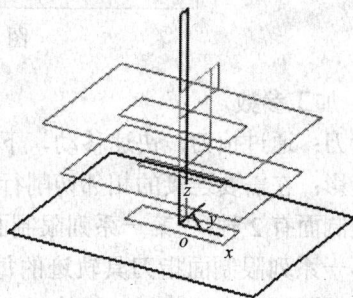

2. 特点

(1) 导动线粗、精加工属于 2.5D 的加工方式。支持线框模型造型。

(2) 可以有一定截面形状曲线。若截面形状曲线为直线(包含一定的倾斜角度)可以不用绘制。

(3) 用于加工零件的过渡圆角；也可以用于加工具有型腔结构的零件。

(4) 生成刀具轨迹的速度较快。

7.2　精　加　工

7.2.1　参数线精加工

参数线精加工是生成单个或多个曲面的按曲面参数线行进的刀具轨迹，当刀具遇到干涉面时，可以选择"抬刀"，也可以选择"投影"来避让，如图 7-43 所示。

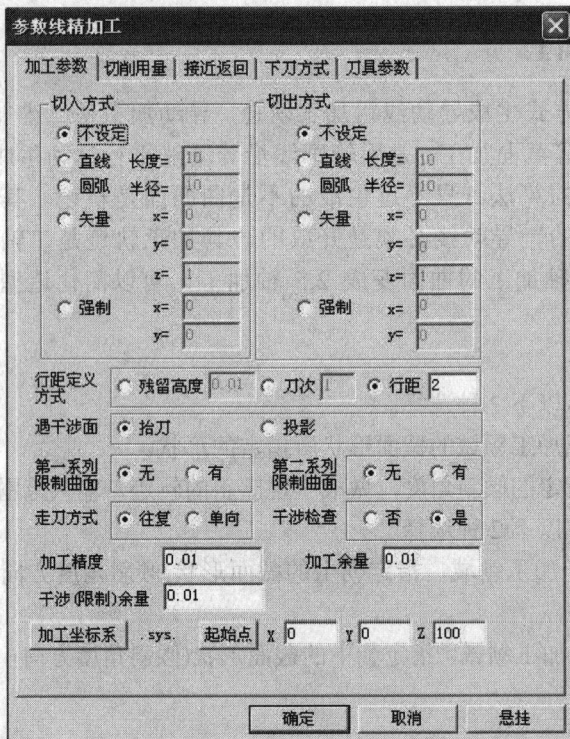

图 7-43 参数线精加工

1. 加工参数

抬刀：通过抬刀，快速移动，下刀完成相邻切削行间的连接。

投影：在需要连接的相邻切削行间生成切削轨迹，通过切削移动来完成连接。

限制面有 2 种："第一系列限制面"和"第二系列限制面"。

第一系列限制面指刀具轨迹的每一行，在刀具恰好碰到限制面时(已考虑干涉余量)停止，即限制刀具轨迹每一行的尾，如图 7-44(a)所示。顾名思义，第一系列限制面可以由多个面组成。

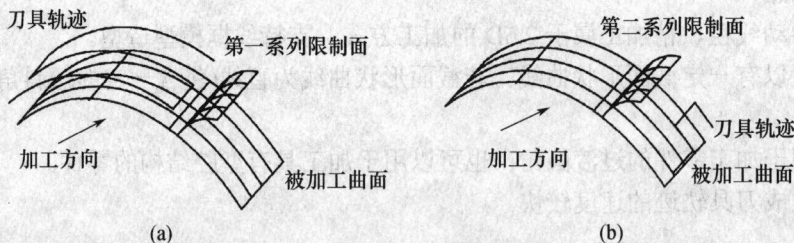

图 7-44 单系列限制面

(a) 第一系列限制面；(b) 第二系列限制面。

第二系列限制面限制刀具轨迹每一行的头，如图 7-44(b)所示。

同时用第一系列限制面和第二系列限制面可以得到刀具轨迹每行的中间段，如图 7-45 所示。

148

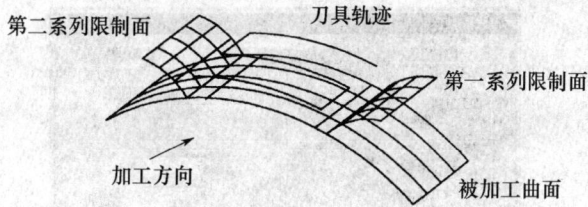

图 7-45 双系列限制面

CAM 系统对限制面与干涉面的处理不一样，碰到干涉面，刀具轨迹让刀；碰到限制面，刀具轨迹的该行就停止。在不同的场合，要灵活应用。

2. 特点

等参数线精加工适用于曲面数不太多的模型，但不管怎样，其生成刀路的时间非常快。

(1) 三维模型要想采用等参数线加工策略，如果所加工的区域原先是运用曲面进行裁减或曲面填充等造型方法获得，最好不要删除它们(通过图层的方式隐藏)，在进行等参数线精加工时，将隐藏的曲面对象显示在窗口中，在等参数线精加工的各种加工设置好以后选择加工对象时，顺次选取加工区域的曲面(选取的对象以箭头示意)，随后系统提示选取进到点，左键切换方向(刀轨的走向)，右键确定。

(2) 一般地说没有勾选干涉面时，系统计算刀轨时间会非常地快，如果需要，将其勾选的话，则系统会在每计算一个切削层时，均会检测干涉面，则刀轨计算时间会需要一定的时间。

(3) 目前，许多 NC 软件(如 UGS NX/CAM)均支持等参数线精加工策略。这种加工方法所生成的刀具轨迹能很好地符合零件的曲面外形形状。

CAXA 制造工程师只支持等参数半精加工/精加工，具有刀路空程少、边界加工质量高、加工的模型表面精度高的特点。

7.2.2 等高线精加工

1. 加工参数

1) 设定导向线

设定导向线该选项选中后在几何拾取交互过程中可选择导向线。系统根据导向线的坡度和残留高度或层高的设定来确定最后各层高数据，如图 7-46 所示。

2) 抬刀最优化

刀具快速移动过程中尽可能的接近模型表面。

3) 安全距离

刀具快速移动过程中，离模型表面最近的竖直距离。

2. 特点

(1) 可以用加工范围和高度限定进行局部等高加工。

(2) 可以自动在轨迹尖角拐角处增加圆弧过渡，保证轨迹的光滑，使生成的加工轨迹适用于高速加工。

(3) 可以通过输入角度控制对平坦区域的识别，并可以控制平坦区域的加工先后次序。

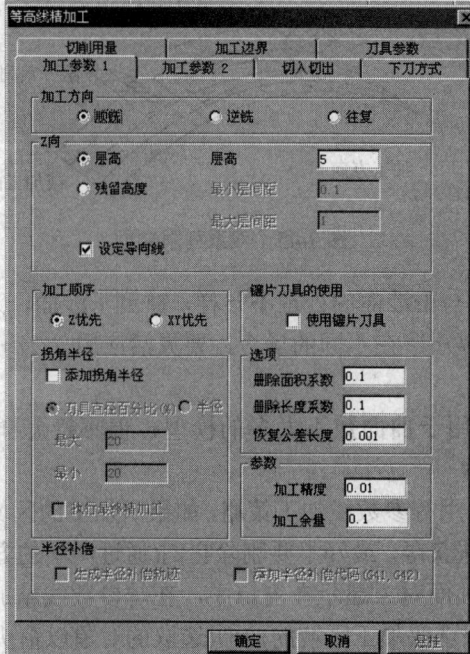

图 7-46 等高精加工设定导向线

另外，在 CAXAME 软件的精加工策略模块中，许多加工方法都或多或少具有上面所列的一些参数设置。希望在学习中进行对比，以加深理解与记忆。

7.2.3 扫描线精加工

1. 加工参数

1) 加工方法

加工方式的设定有以下 3 种选择，如图 7-47 所示。

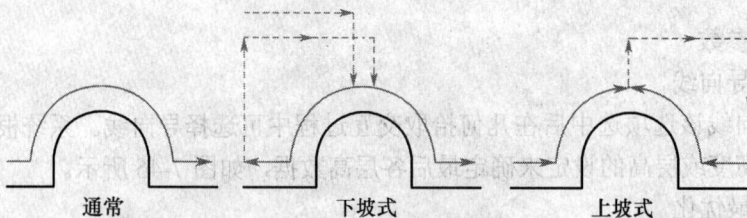

图 7-47 加工方法

通常：生成通常的扫描线精加工轨迹，刀路无空程。

下坡式：生成下坡式的扫描线精加工轨迹。

上坡式：生成上坡式的扫描线精加工轨迹。下坡式与上坡式可通过坡容许角度设置分别生成刀轨于配合使用。

2) 坡容许角度

上坡式和下坡式的容许角度，如图 7-48 所示。

150

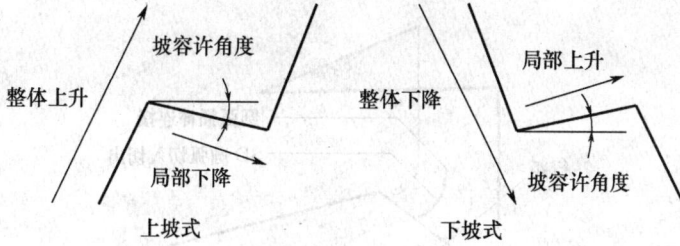

图 7-48 坡容许角度

例如，在上坡式中即使一部分轨迹向下走，但小于坡容许角度，仍被视为向上，生成上坡式轨迹。

在下坡式中即使一部分轨迹向上走，但小于坡容许角度，仍被视为向下，生成下坡式轨迹。

3) 行间连接方式

行间连接有如下 2 种方式。

抬刀：通过抬刀，快速移动，下刀完成相邻切削行间的连接。

投影：在需要连接的相邻切削行间生成切削轨迹，通过切削移动来完成连接。

最大投影距离：投影连接的最大距离，当行间连接距离(XY 向)≤最大投影距离时，采用投影方式连接，否则，采用抬刀方式连接。

4)轨迹端部延长及边界裁剪（如图 7-49 所示）

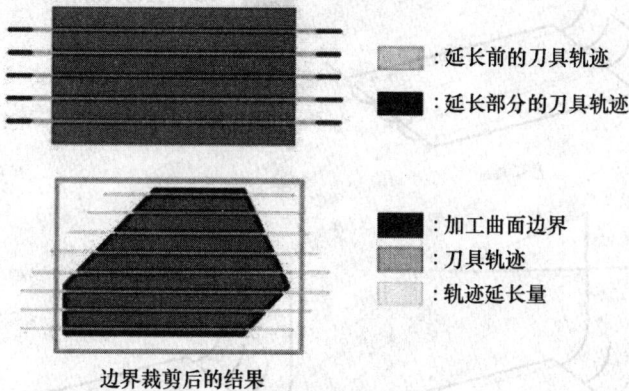

图 7-49 轨迹端部延长及裁剪

延长：设定要不要延长末端轨迹。

延长量：设定末端轨迹的延长量。

边界裁剪：加工曲面的边界外保留延长量长的轨迹，多余部分将进行裁剪处理。若把加工曲面或干涉曲面看作一个整体的话，此处的边界为该整体的边界，这个边界与加工边界是不同的，使用时请注意。

5) 切入切出

3D 圆弧：设定 3D 圆弧的切入切出，如图 7-50 所示。

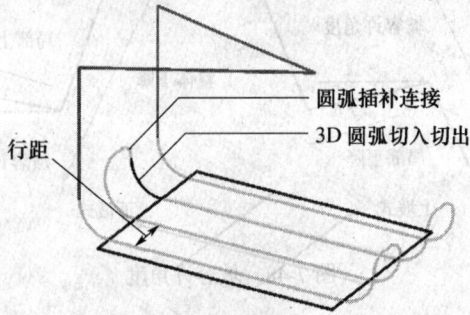

圆弧插补连接

3D 圆弧切入切出

行距

图 7-50　3D 圆弧切入切出

添加：设定是否添加 3D 圆弧切入切出连接方式。

半径：设定 3D 圆弧切入切出的半径。

插补最小半径、插补最大半径、3D 圆弧之间连接插补的参考值，如图 7-51 所示。设 $L=$ 行距/2，$L<$ 最小插补半径时，用直线插补连接。插补最小半径 $\leqslant L \leqslant$ 插补最大半径时，以 L 为半径的圆弧插补连接。$L>$ 插补最大半径时，以插补最大半径为半径插补连接。

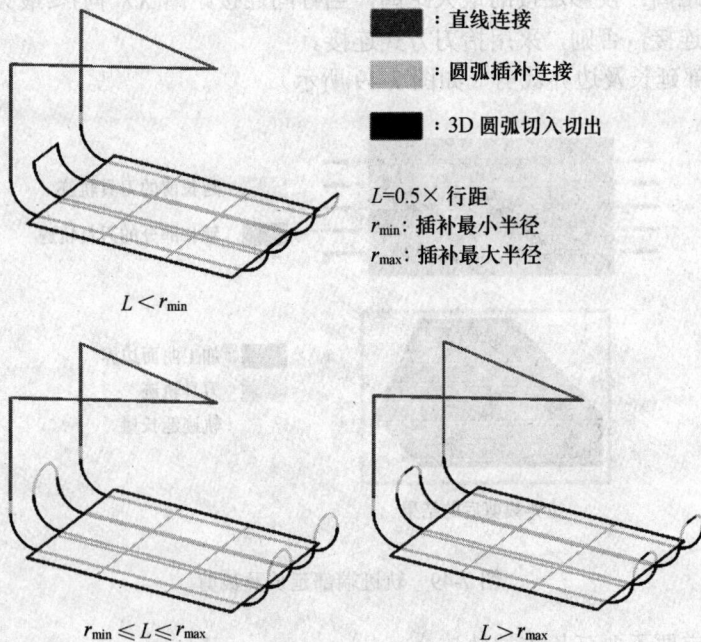

■：直线连接

▨：圆弧插补连接

■：3D 圆弧切入切出

$L=0.5 \times$ 行距
r_{min}：插补最小半径
r_{max}：插补最大半径

$L < r_{min}$

$r_{min} \leqslant L \leqslant r_{max}$

$L > r_{max}$

图 7-51　3D 圆弧之间连接插补的参考值

2. 特点

(1) 扫描线精加工是一种比较常用的精加工策略，具有良好的适应性。

(2) 通过设置干涉面，能够检查刀具对工件、夹具、机床的干涉检查。

(3) 通过设置 3D 圆弧的切入切出，能支持高速加工。

(4) 具有平坦部位的自动识别功能。

(5) 支持刀具路径加工角度的设置。

7.2.4 导动线精加工

1. 加工参数

1) 加工方法

选择轨迹的加工方法。

单向：生成单向的加工轨迹。加工方向为加工边界的箭头方向。

往复：往复加工，不进行快速抬刀。

2) 开放形状的延长量

指当加工领域设定为开放形状时，在切削断面的开始和结束位置指定切线方向的接近、离开长度，作成轨迹，如图 7-52 所示。

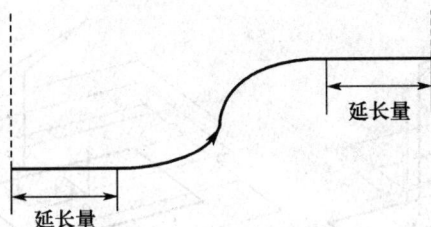

图 7-52　开放形状的延长量

3) 截面形状

截面形状：参照加工领域的截面形状所指定的形状。

倾斜角度：以指定的倾斜角度，作成一定倾斜的轨迹。输入倾斜角度，输入范围为 0°～90°。

截面的认识方法有以下 4 种选择，对于加工领域设定的箭头方向，指定截面形状及上下方向，不能参照三维截面形状。

加工领域为逆时针时，凹模、凸模(内外)关系相反。以下是各个方向时所生成的加工轨迹，左侧的图中加工领域为顺时针方向，右侧的图中加工领域为逆时针方向。

向上方向(右)，如图 7-53 所示。

加工领域为顺时针时，凸模形状作成顺铣轨迹。

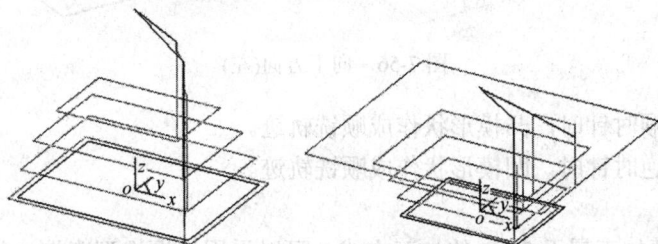

图 7-53　向上方向(右)

加工领域为逆时针时，凹模形状作成顺铣轨迹。

向上方向(左)，如图 7-54 所示。

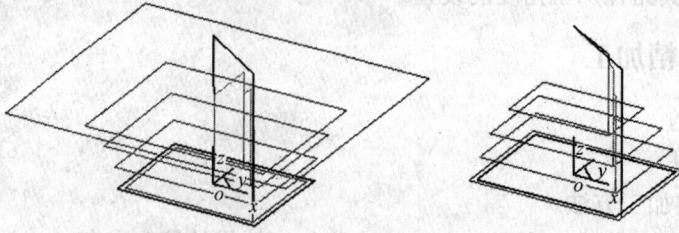

图 7-54　向上方向(左)

加工领域为顺时针时，凹模形状作成逆铣轨迹。

加工领域为逆时针时，凸模形状作成逆铣轨迹。

向下方向(右)，如图 7-55 所示。

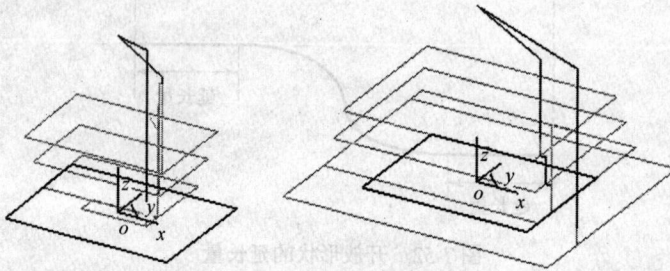

图 7-55　向下方向(右)

加工领域为顺时针时，凹模形状作成逆铣轨迹。

加工领域为逆时针时，凸模形状作成逆铣轨迹。

向下方向(左)，如图 7-56 所示。

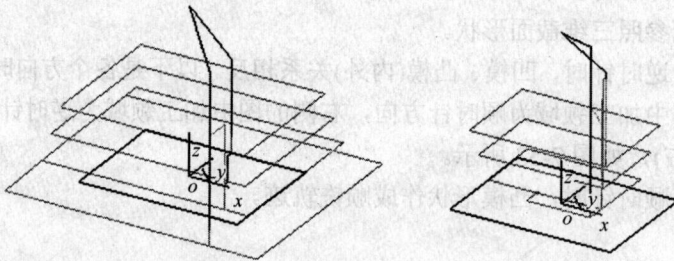

图 7-56　向下方向(左)

加工领域为顺时针时，凸模形状作成顺铣轨迹。

加工领域为逆时针时，凹模形状作成顺铣轨迹。

2. 特点

(1) 导动线精加工属于 2.5D 的加工方式，可以采用线框造型直接进行数控加工。

(2) 截面形状如果是平面(含具有一定的斜度)，可以不用绘制。

7.3 补加工

7.3.1 等高线补加工

加工参数

1) *XY*向

开放周回(快速移动)：在开放形状中，以快速移动进行抬刀。

开放周回(切削移动)：在开放形状中，生成切削移动轨迹。

封闭周回：在开放形状中，生成封闭的周回轨迹，如图 7-57 所示。

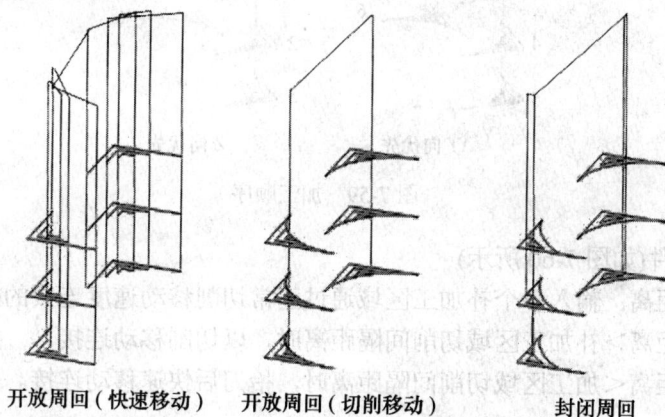

开放周回（快速移动）　　开放周回（切削移动）　　　　　封闭周回

图 7-57　周回和封闭周回

2) 执行平坦部识别

指自动识别模型的平坦区域，选择是否根据该区域所在高度生成轨迹。

再计算从平坦部分开始的等间距：设定是否根据平坦部区域所在高度重新度量 Z 向层高，生成轨迹。选择不再计算时，在 Z 向层高的路径间，插入平坦部分的轨迹，如图 7-58 所示。

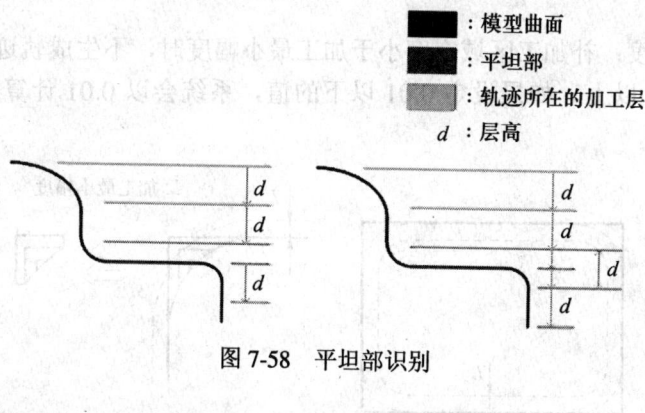

■：模型曲面

■：平坦部

■：轨迹所在的加工层

d：层高

图 7-58　平坦部识别

3) 加工顺序

设定补加工轨迹连接的优先方向，如图 7-59 所示。

*Z*向优先：在补加工轨迹中，先由上往下加工同一区域的残余量，然后再移动至下一个区域进行加工。

XY 向优先：同一高度的补加工轨迹先加工，然后再加工下一层高度的补加工轨迹。

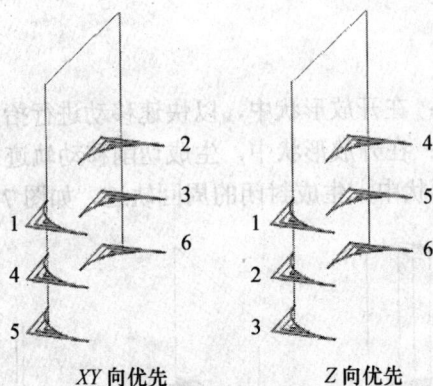

XY 向优先   Z 向优先

图 7-59 加工顺序

4) 加工条件(如图 7-60 所示)

最大连接距离：输入多个补加工区域通过正常切削移动速度连接的距离。

最大连结距离＞补加工区域切削间隔距离时，以切削移动连接。

最大连结距离＜加工区域切削间隔距离时，抬刀后快速移动连接。

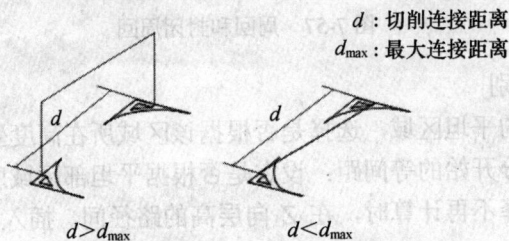

d : 切削连接距离
*d*max : 最大连接距离

$d > d_{max}$ $d < d_{max}$

图 7-60 加工条件

加工最小幅度：补加工区域宽度小于加工最小幅度时，不生成轨迹，请将加工最小幅度设定为 0.01 以上。如果设定 0.01 以下的值，系统会以 0.01 计算处理，如图 7-61 所示。

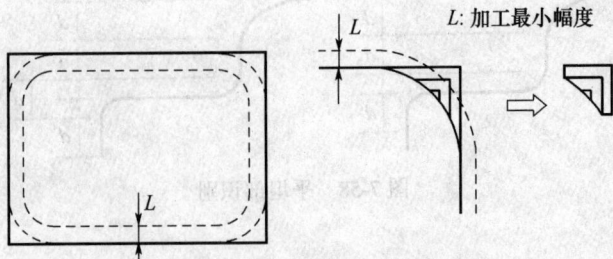

L: 加工最小幅度

图 7-61 加工最小幅度

7.3.2 区域式补加工

1. 加工参数

1) 切削方向

切削方向的设定有以下 2 种选择。

由外到里：生成从外往里，从一个单侧加工到另一个单侧的轨迹。

由里到外：生成从里往外，从一个单侧加工到另一个单侧的轨迹。

2) XY 向

行距：XY 向相邻切削行间的切削间隔。

3) 计算类型

深模型：生成适合具有深沟的模型或者极端浅沟的模型的轨迹。

浅模型：生成适合冲压用的大型模型。与深模型相比，计算时间短。

4) 参考

前刀具半径：即前一加工策略采用的刀具的直径(球刀)。

偏移量：通过加大前把刀具的半径，来扩大未加工区域的范围。偏移量即前把刀具半径的增量，如前刀具半径为 10mm，偏移量指定为 2mm 时，加工区域的范围就和前刀具 12mm 时产生的未加工区域的范围一致，如图 7-62 所示。

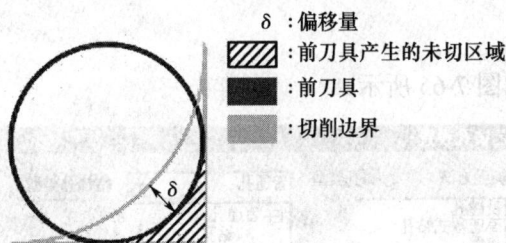

δ ：偏移量
▨ ：前刀具产生的未切区域
■ ：前刀具
▨ ：切削边界

图 7-62　偏移量

5) 选项

倾斜判定：如果采用倾斜角则根据凹棱形状分界角的数值来判断是否是垂直区域还是水平区域。如果采用倾斜模式则根据深模型和浅模型来判断垂直区域和水平区域。

面面夹角：如果面面夹角大时，不希望在这里做出补加工轨迹。所以系统计算出的面面之间的夹角小于面面夹角的凹棱线处才会做出补加工轨迹。范围为 0°≤面面夹角≤180°，如图 7-63 所示。

2. 切入切出

1) 优化

有如下 3 种优化的方式，如图 7-64 所示。

完整轨迹：不对拐角处切入的轨迹进行处理，保留完整的刀具轨迹。

最小化修圆：对拐角处切入的轨迹进行修圆处理，并且使轨迹尽可能地贴近模型表面。

最大化修圆：对拐角处切入的轨迹进行修圆处理。

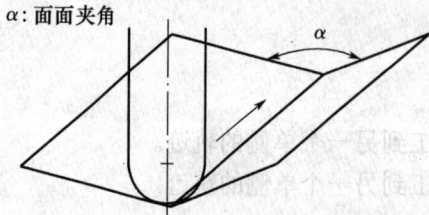

图 7-63 面面夹角

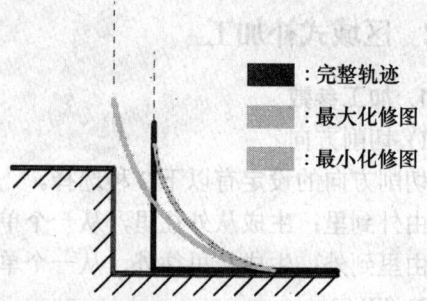

图 7-64 优化

2) 垂直方式

切入圆弧半径：设定切入圆弧半径的大小。

切出圆弧半径：设定切出圆弧半径的大小。

3) 水平方式

切入圆弧半径：设定切入圆弧半径的大小。

切出圆弧半径：设定切出圆弧半径的大小。

7.4 其它加工

1. 工艺钻孔设置

工艺钻孔设置，如图 7-65 所示。

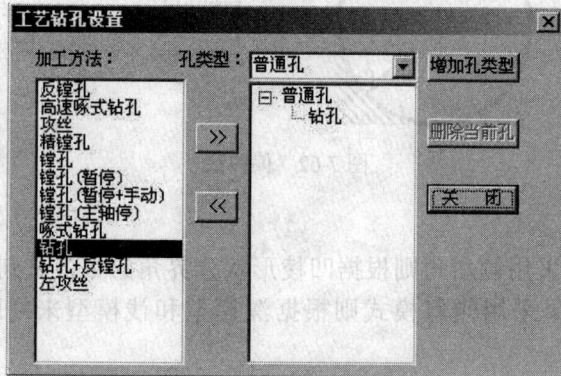

图 7-65 钻孔设置

提供以下 12 种孔加工方式：

(1) 高速啄式孔钻 G73。

(2) 左攻丝 G74。

(3) 精镗孔 G76。

(4) 钻孔 G81。

(5) 钻孔+反镗孔 G82。

(6) 啄式钻孔 G83。

(7) 逆攻丝 G84。

158

(8) 镗孔 G85。

(9) 镗孔(主轴停) G86。

(10) 反镗孔 G87。

(11) 镗孔(暂停+手动) G88。

(12) 镗孔(暂停) G89。

2. 工艺钻孔加工

1) 孔定位方式

提供 3 种孔定位方式, 如图 7-66 所示。

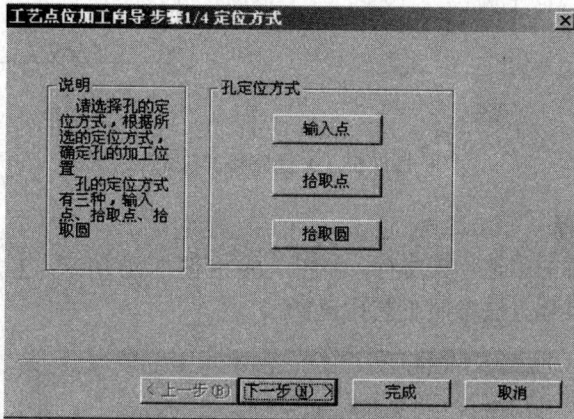

图 7-66　孔定位方式

输入点: 用户可以根据需要, 输入点的坐标, 确定孔的位置。

拾取点: 用户通过拾取屏幕上的存在点, 确定孔的位置。

拾取圆: 用户通过拾取屏幕上的圆, 确定孔的位置。

2) 路径优化(如图 7-67 所示)

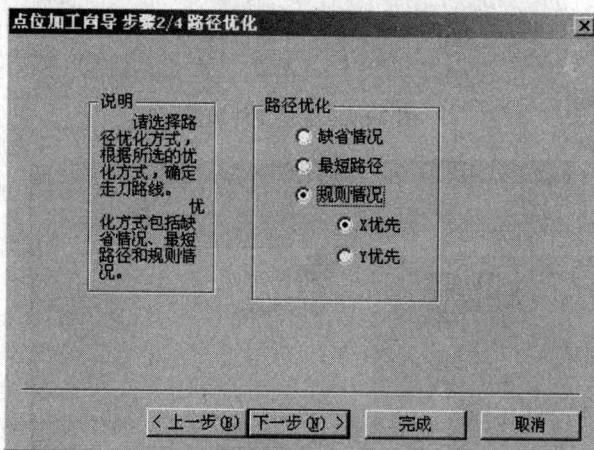

图 7-67　路径优化

缺省情况: 不进行路径优化。

最短路径: 依据拾取点间距离和的最小值进行优化。

规则情况主要用于矩形阵列情况，有 2 种方式，如图 7-68 所示。

X 优先：依据各点 X 坐标值的大小排列。

Y 优先：依据各点 Y 坐标值的大小排列。

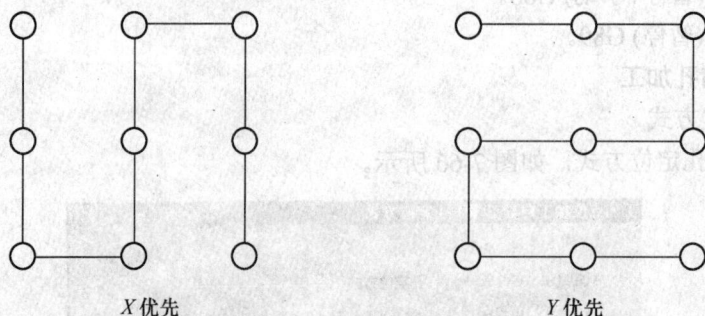

图 7-68　X 优先和 Y 优先

3) 工艺文件选择

选择已经设计好的工艺加工文件，如图 7-69 和图 7-70 所示。工艺加工文件在工艺孔设置功能中设置，具体方法参照工艺孔设置。

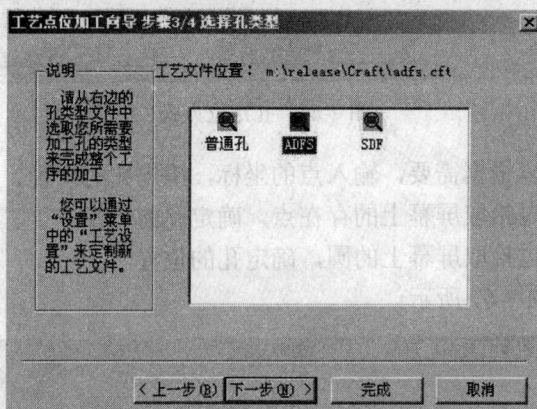

图 7-69　工艺文件选择

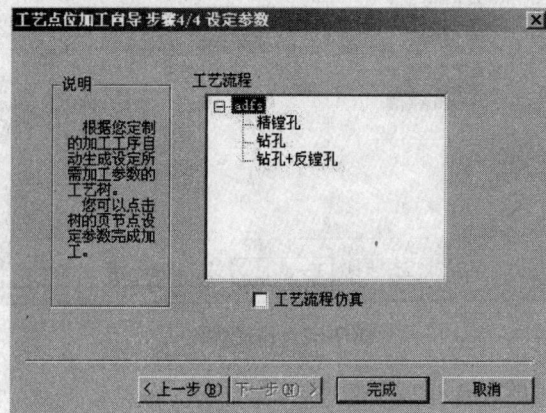

图 7-70　工艺流程选择

160

3. 孔加工参数

1) 参数

安全高度：刀具在此高度以上任何位置，均不会碰伤工件和夹具。

主轴转速：机床主轴的转速。

起止高度：刀具初始位置。

钻孔速度：钻孔刀具的进给速度。

钻孔深度：孔的加工深度。

下刀余量：钻孔时，钻头快速下刀到达的位置，即距离工件表面的距离，由这一点开始按钻孔速度进行钻孔。

暂停时间：攻丝时刀在工件底部的停留时间。

下刀增量：孔钻时每次钻孔深度的增量值。

2) 钻孔位置定义

有以下 2 种选择方式。

输入点位置：用户可以根据需要，输入点的坐标，确定孔的位置。

拾取存在点：拾取屏幕上的存在点，确定孔的位置。

3) 加工坐标系等

加工坐标系：生成轨迹所在的局部坐标系，单击加工坐标系按钮可以从工作区中拾取。

起始点：刀具的初始位置和沿某轨迹走刀结束后的停留位置，单击起始点按钮可以从工作区中拾取。

7.5 知识加工

1. 生成模板

作用是用于记录用户已经成熟或定型的加工流程，在模板文件中记录加工流程的各个工步的加工参数。

生成模板是指将选中的若干轨迹生成模板文件*.cpt。

注意：

模板文件只保存轨迹的加工参数和刀具参数，几何参数不予保存。

操作过程如图 7-71 所示。

2. 应用模板

应用模板：打开一个模板文件，系统读取文件数据并在轨迹树中生成相应的轨迹项，如图 7-72 所示。

注意：

(1) 应用模板后，系统新生成的轨迹项的几何要素默认为当前 MXE 文件的加工模型。

(2) 应用模板后，系统新生成的轨迹项没有"轨迹数据"枝，说明轨迹需要重新生成。

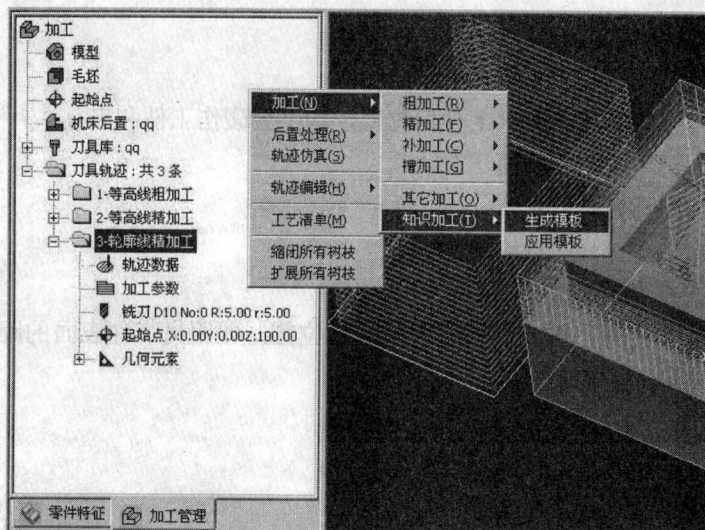

图 7-71　知识加工模板生成

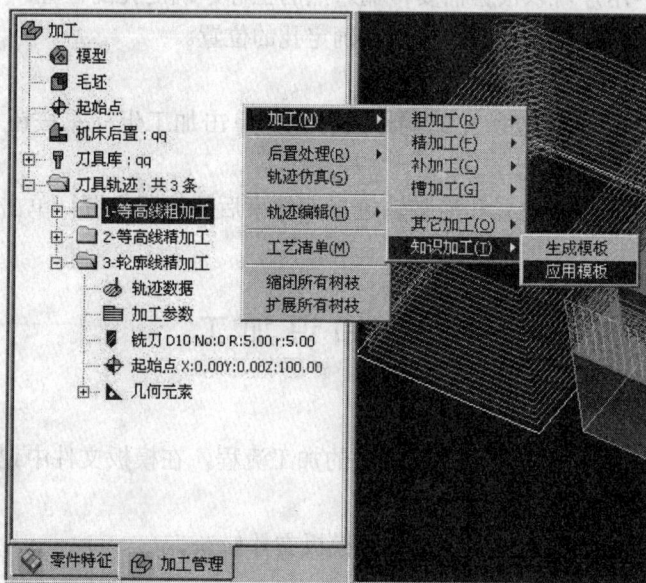

图 7-72　知识加工模板应用

7.6　轨迹仿真

仿真主窗口

1. 操作过程

选择菜单栏"工具"→"仿真"，显示仿真主窗口和仿真面板窗口，如图 7-73 所示。

2. 仿真面板

1) 基本参数的意义

向上移动：选择的刀具轨迹向上移动。

图 7-73　仿真窗口

向下移动：选择的刀具轨迹向下移动。

功能变换时，暂时停止：当功能类型变换时，停止计算。

计算后暂停：所选择刀具轨迹的计算结束后，暂停计算。

计算后继续下一计算：所选择刀具轨迹的计算结束后，继续下一计算。

全部暂停：各个刀具轨迹计算完成后，停止计算。

全部继续下一计算：各个刀具轨迹计算完成后，继续下一计算。

计算：计算所选择的刀具轨迹。

不计算：不计算所选择的刀具轨迹。

当前设定：从所选择的刀具轨迹开始计算，超出部分不进行计算。

2) 仿真加工状况显示图标

	没有计算
❚❚	等待计算。计算完成后，继续下一刀具轨迹计算
❚❚	等待计算。计算完成后，停止计算
▶	正在计算。计算完成后，继续下一刀具轨迹计算
▶	正在计算。计算完成后，停止计算
✓	计算完成。没有 G00 干涉、刀柄干涉以及无效刃切削
✓	计算完成。有 G00 干涉、刀柄干涉以及无效刃切削

3) 其它图标

(1) ▶ 播放：模拟显示每一步切削后的毛坯形状。"仿真"→"切削(仿真)"。

(2) ■ 停止：停止模拟切削。"仿真"→"停止仿真"。

(3) ◀◀ 返回到最初：返回毛坯的初始状态。"仿真"→"返回切削前"。

(4) ▶▶ 切削到最后：显示切削到最后的毛坯形状。"仿真"→"切削到最后"。

(5) Ⅰ 10 显示间隔：指定切削步数。不指定或从数值指定(1，10，50，100，500，1000)中选择。

(6) Ｂ 不停止 显示停止位置：设定切削停止的步数。不停止或从数值指定(1，10，50，100，500，1000)速度变换时，下一快速移动部以及高度变换时中选择。

(7) C 不进行干涉检查 指定干涉检查：设定干涉检查。从不进行干涉检查、仅算出报告、仅在 G00 干涉时、无效刃切削时夹具强行切削中选择。

(8) 毛坯显示模式。

渲染显示	毛坯渲染显示。"仿真"→"毛坯"→"渲染显示"
半透明显示	毛坯半透明显示。"仿真"→"毛坯"→"半透明显示"

(9) 选择刀具显示模式。

渲染显示	刀具渲染显示。"仿真"→"刀具"→"渲染显示"
半透明显示	刀具半透明显示。"仿真"→"刀具"→"半透明显示"
隐藏	隐藏刀具。"仿真"→"刀具"→"隐藏"
线框显示	刀具线框显示。"仿真"→"刀具"→"线框显示"

(10) 选择是否显示夹具：切换夹具的显示/隐藏。

(11) 选择用颜色区分显示进给速度：切换进给速度分色显示模式。

(12) 选择刀具轨迹显示模式。

全部显示切削后的刀具轨迹	显示到当前刀具位置的所有刀具轨迹要素。"仿真"→"刀具轨迹"→"全部显示切削后的刀具轨迹"
显示间隔部分刀具轨迹	仅显示在显示间隔设定部分的切削刀具轨迹要素。"仿真"→"刀具轨迹"→"显示间隔部分刀具轨迹"
隐藏刀具轨迹	隐藏刀具轨迹要素。"仿真"→"刀具轨迹"→"隐藏刀具轨迹"

(13) 毛坯设定：更改毛坯设定。"仿真"→"毛坯设定"。

(14) 清除切削颜色：清除切削颜色。"仿真"→"清除切削颜色"。

(15) 和产品形状比较显示：产品形状和切削后的毛坯形状分颜色比较显示。"仿真"→"和产品形状比较显示"。

(16) ¹ 基准值：设定为实现产品形状分颜色显示的基准值。

(17) 《 》信息输出范围的开关：开关信息输出范围。不能调整信息输出区域的大小。

7.7 轨迹编辑

轨迹裁剪

1. 轨迹裁剪

用曲线(称为剪刀曲线)对刀具轨迹进行裁剪，截取其中一部分轨迹。共有 3 个选项，裁剪边界、裁剪平面和裁剪精度，如图 7-74 所示。

图 7-74　轨迹裁剪

1) 裁剪边界

轨迹裁剪边界形式有 3 种：在曲线上、不过曲线、超过曲线。点击立即菜单可以选择任意一种，如图 7-75 所示。

(1) 在曲线上：轨迹裁剪后，临界刀位点在剪刀曲线上。

(2) 不过曲线：轨迹裁剪后，临界刀位点未到剪刀曲线，投影距离为一个刀具半径。

(3) 超过曲线：轨迹裁剪后，临界刀位点超过裁剪线，投影距离为一个刀具半径。

以上 3 种裁剪边界方式，如图 7-75 所示，图 7-75(a)为裁剪前的刀具轨迹，图 7-75(b)、(c)、(d)为裁剪后的刀具轨迹。

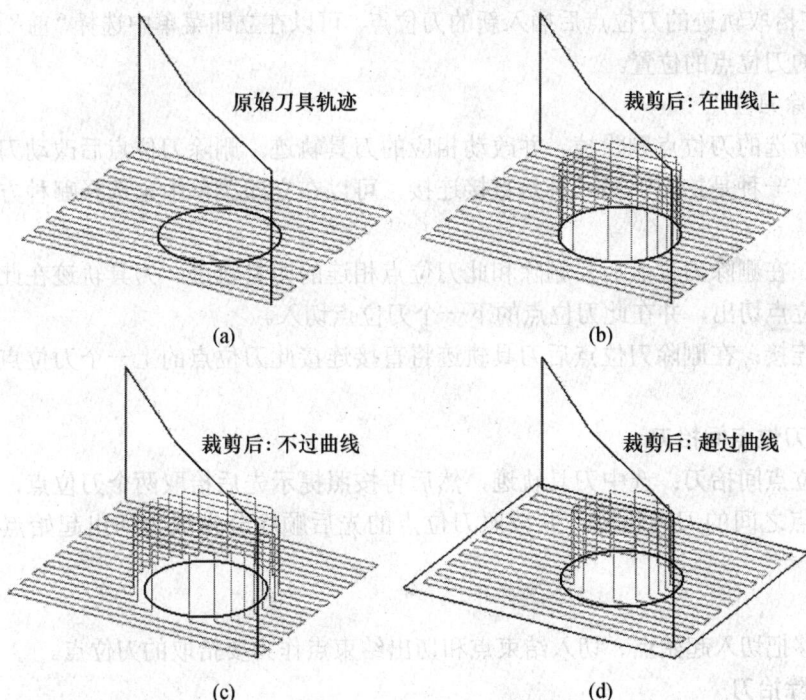

图 7-75　裁剪边界

2) 裁剪平面

在指定坐标面内当前坐标系的 *XY*、*YZ*、*ZX* 面。点击立即菜单可以选择在哪个面上裁剪。

3) 裁剪精度

裁剪精度由立即菜单给出(如图 7-74 所示)，表示当剪刀曲线为圆弧和样条时用此裁剪精度离散该剪刀曲线。

2. 轨迹反向

对刀具轨迹进行反向。按照提示拾取刀具轨迹后，刀具轨迹的方向为原来刀具轨迹的反方向，如图 7-76 所示。

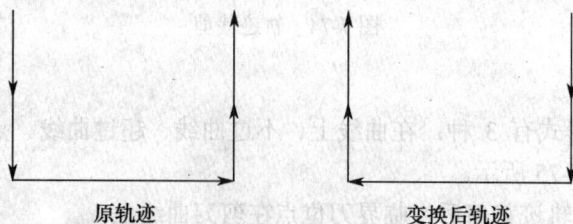

原轨迹　　　　　　变换后轨迹

图 7-76　轨迹反向

3. 插入刀位点

在刀具轨迹上插入一个刀位点，使轨迹发生变化。其有 2 种方式：

(1) 在拾取轨迹的刀位点前插入新的刀位点。

(2) 在拾取轨迹的刀位点后插入新的刀位点。可以在立即菜单中选择"前"还是"后"来决定新的刀位点的位置。

4. 删除刀位点

即把所选的刀位点删除掉，并改动相应的刀具轨迹。删除刀位点后改动刀具轨迹有两种选择，一种是抬刀，另一种是直接连接。可以在立即菜单中来选择哪种方式来删除刀位。

抬刀：在删除刀位点后，删除和此刀位点相连的刀具轨迹，刀具轨迹在此刀位点的上一个刀位点切出，并在此刀位点的下一个刀位点切入。

直接连接：在删除刀位点后刀具轨迹将直接连接此刀位点的上一个刀位点和下一个刀位点。

5. 两刀位点间抬刀

两刀位点间抬刀：选中刀具轨迹，然后再按照提示先后拾取两个刀位点，则删除这两个刀位点之间的刀具轨迹，并按照刀位点的先后顺序分别成为切出起始点和切入结束点。

注意：

不能够把切入起始点、切入结束点和切出结束点作为要拾取的刀位点。

6. 清除抬刀

全部删除：当选择此命令时，再根据提示选择刀具轨迹，则所有的快速移动线被删除，切入起始点和上一条刀具轨迹线直接相连。

指定删除：当选择此命令时，再根据提示选择刀具轨迹，然后在拾取轨迹的刀位点，则经过此刀位点的快速移动线被删除，经过此点的下一条刀具轨迹线将直接和下一个刀位点相连。

注意：

当选择指定删除时，不能拾取切入结束点作为要抬刀的刀位点。

166

7. 轨迹打断、轨迹连接

轨迹打断：在被拾取的刀位点处把刀具轨迹分为 2 个部分。首先拾取刀具轨迹，然后再拾取轨迹要被打断的刀位点。

轨迹连接：就是把两条不相干的刀具轨迹连接成一条刀具轨迹。按照提示要拾取刀具轨迹。轨迹连接的方式有 2 种选择。

(1) 抬刀连接：第一条刀具轨迹结束后，首先抬刀，然后再和第二条刀具轨迹的接近轨迹连接。其余的刀具轨迹不发生变化。

(2) 直接连接：第一条刀具轨迹结束后，不抬刀就和第二条刀具轨迹的接近轨迹连接。其余的刀具轨迹不发生变化。这种情况由于不抬刀，很容易发生过切。

7.8 后 置 处 理

1. 机床信息

1) 增加机床

增加机床就是针对不同的机床，不同的数控系统，设置特定的数控代码、数控程序格式及参数，并生成配置文件。生成数控程序时，系统根据该配置文件的定义生成用户所需要的特定代码格式的加工指令。点击增加机床，可以输入新的机床名称，进行信息配置。

2) 机床参数配置

设置相应机床的各种指令地址及数控程序代码的规格设置，还包括设置要生成的 G 代码程序格式。

3) 速度设置

该项设置的速度及加速度值主要用于输出工艺清单上的加工时间所用。

快速移动速度(mm/min)：X、Y、Z 轴快进速度。必须符合具体的机床规格，不确定时参照切削进刀的最大速度。

最大移动速度(mm/ min)：X、Y、Z 轴可指定的最大切削速度。必须符合具体的机床规格。

快速进刀时的加速度(G)：X、Y、Z 轴快速进刀时的加速度。设定快速进刀的加速度一般为一个比较合理的相对切削进刀加速度低的值，必须符合具体的机床规格。

切削进刀加速度(G)：X 轴、Y 轴、Z 轴、切削进刀时的最大加速度。

4) 程序格式设置

程序格式设置就是对 G 代码各程序段格式进行设置。用户可以对程序段进行格式设置：程序起始符号、程序结束符号、程序说明、程序头、程序尾换刀段。

2. 后置设置

1) 输出文件最大长度

输出文件长度可以对数控程序的大小进行控制，文件大小控制以 K 为单位。当输出的代码文件长度大于规定长度时系统自动分割文件。例如，当输出的 G 代码文件 post.cut 超过规定的长度时，就会自动分割为 post0001.cut、post0002.cut 等。

2) 行号设置

对输出代码中控制行号的一些参数设置。行号是否填满是指行号不足规定的行号位数时是否用 0 填充。对于行号增量，建议用户选取比较适中的递增数值，这样有利于程序的管理。

3) 坐标输出格式设置

决定数控程序中数值的格式：小数输出还是整数输出；机床分辨率就是机床的加工精度，如果机床精度为 0.001mm，则分辨率设置为 1000，以此类推；输出小数位数可以控制加工精度。但不能超过机床精度，否则是没有实际意义的。优化坐标值指输出的 G 代码中，若坐标值的某分量与上一次相同，则此分量在 G 代码中不出现。

4) 圆弧控制设置

主要设置控制圆弧的编程方式。即是采用圆心编程方式还是采用半径编程方式。当采用圆心编程方式时，圆心坐标(I，J，K)有 4 种含义：

(1) 绝对坐标：采用绝对编程方式，圆心坐标(I，J，K)的坐标值为相对于工件零点绝对坐标系的绝对值。

(2) 圆心对起点：I、J、K 的含义为圆心坐标为相对于圆弧起点的增量值。

(3) 起点对圆心：I、J、K 的含义为圆弧起点坐标相对于圆心坐标的增量值。

(4) 圆心对终点：I、J、K 的含义为圆心坐标相对于圆弧终点坐标的增量值。

按圆心坐标编程时，圆心坐标的各种含义是针对不同的数控机床而言。不同机床之间其圆心坐标编程的含义不同，但对于特定的机床其含义只有其中一种。当采用半径编程时，采用半径正负区别的方法来控制圆弧是劣圆弧还是优圆弧。圆弧半径 R 的含义即表现为以下 2 种，即优圆弧：圆弧大于 180°，R 为负值；劣圆弧：圆弧小于 180°，R 为正值。

这里要特别注意的是：用 R 来编程时，不能输出整圆，因为过一点可以做无数个圆，圆心的位置无法确定。所以在用 R 编程时，一定要在整圆输出角度限制中设为小于 360°。

"整圆输出角度限制"是整圆的输出选项，有的机床对整圆不认识，此时需要将整圆打散成几段，若整圆输出角度限制为 90°，则将整圆打散成 4 段；若为 360°，则对整圆没有限制。绝大多数机床没有限制，所以默认值是 360°。

"圆弧输出为直线"选项指将圆弧按精度离散成直线段输出。有的机床不认圆弧，需要将圆弧离散成直线段。精度由用户输入。

5) 扩展名控制和后置设置编号

后置文件扩展名是控制所生成的数控程序文件名的扩展名。有些机床对数控程序要求有扩展名，有些机床没有这个要求，应视不同的机床而定。后置程序号是记录后置设置的程序号，不同的机床其后置设置不同，所以采用程序号来记录这些设置。以便于用户日后使用。

3. 生产 G 代码、校核 G 代码

生成 G 代码就是按照当前机床类型的配置要求，把已经生成的刀具轨迹转化生成 G 代码数据文件，即 CNC 数控程序，后置生成的数控程序是三维造型的最终结果，有了数控程序就可以直接输入机床进行数控加工。

校核 G 代码就是把生成的 G 代码文件反读进来，生成刀具轨迹，以检查 G 代码的正确性。

168

7.9　工艺清单

1. 指定目标文件的文件夹
设定生成工艺清单文件的位置。

2. 明细表参数
零件名称、零件图图号、零件编号、设计、工艺 校核、明细表参数。

3. 使用模板
系统提供了 8 个模板供用户选择。

sample01：关键字一览表提供了几乎所有生成加工轨迹相关的参数的关键字，包括明细表参数、模型、机床、刀具起始点、毛坯、加工策略参数、刀具、加工轨迹、NC 数据等。

sample02：NC 数据检查表几乎与关键字一览表同，只是少了关键字说明。

sample03～sample08：系统默认的用户模板区，用户可以自行制定自己的模板，制定方法见后。

4. 生成清单
注意到 explorer 导航区中有选中的轨迹(√)，单击生成清单按钮后，系统会自动计算，生成工艺清单。

5. 拾取轨迹
单击拾取轨迹按钮后可以从工作区或 explorer 导航区选取相关的若干条加工轨迹，拾取后右键确认会重新弹出工艺清单的主对话框。

7.10　综合实例

实例 1：加工如图 7-77 所示的五角星。

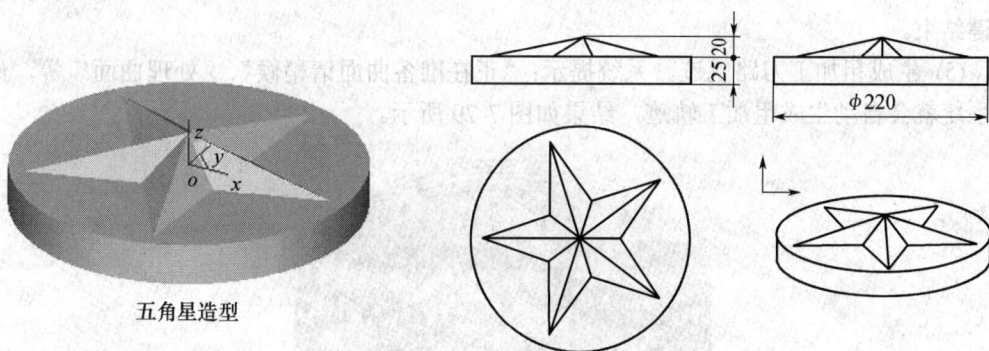

图 7-77　五角星的二维图

1. 加工思路
粗加工采用等高粗加工，精加工采用曲面区域精加工及浅平面精加工(切入方式采用螺旋刀具轨迹)。

1) 等高粗加工

(1) 设置"粗加工参数"。单击"应用"→"轨迹生成"→"等高粗加工"，在弹出的"粗加工参数表"中设置"粗加工参数"，如图 7-78(a)所示。设置粗加工"铣刀参数"如图 7-78(b)所示。

(2) 设置粗加工"切削用量"参数。

主轴转速：1000　　　接近速度：60　　　切削速度：800

退刀：200　　　　　行间连接：100　　　起至、安全、慢速相对高度分别为 60、50、15

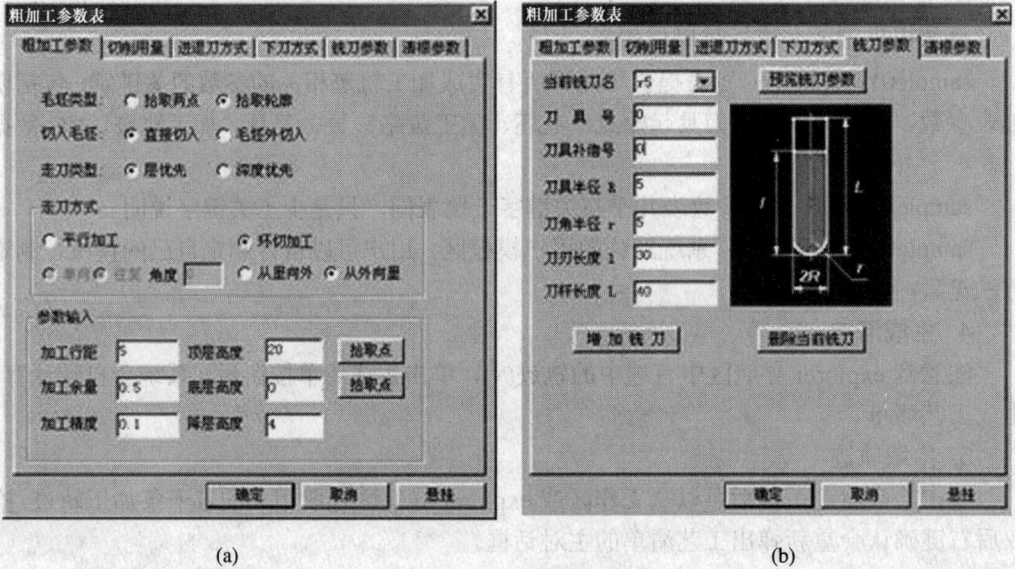

(a)

(b)

图 7-78　参数设定

(3) 确认"进退刀方式"、"下刀方式"、"清根方式"系统默认值。

(4) 按系统提示拾取加工轮廓。拾取设定加工范围的矩形后单击链搜索箭头；按系统提示"拾取加工曲面"，选中整个实体表面，系统将拾取到的所有曲面变红，然后按鼠标右键结束。

(5) 生成粗加工刀路轨迹。系统提示："正在准备曲面请稍候"、"处理曲面"等，然后系统就会自动生成粗加工轨迹，结果如图 7-79 所示。

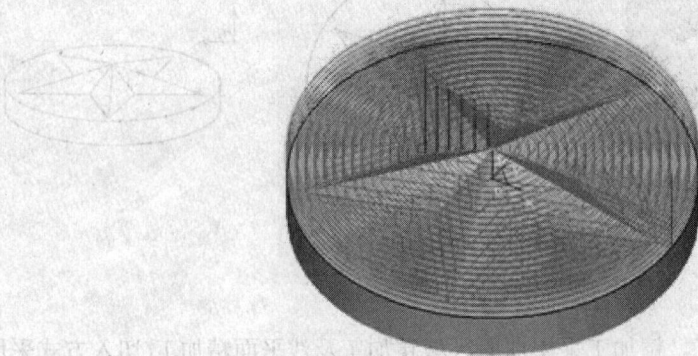

图 7-79　粗加工轨迹

170

(6) 隐藏生成的粗加工轨迹。拾取轨迹，单击鼠标右键在弹出菜单中选择"隐藏"命令，隐藏生成的粗加工轨迹，以便于下步操作。

2) 曲面区域加工

(1) 设置曲面区域加工参数。单击"应用"→"轨迹生成"→"曲面区域加工"，在弹出的"曲面区域加工参数表"中设置"曲面区域加工"精加工参数，如图 7-80(a)所示。设置精加工"铣刀参数"，如图 7-80(b)所示。

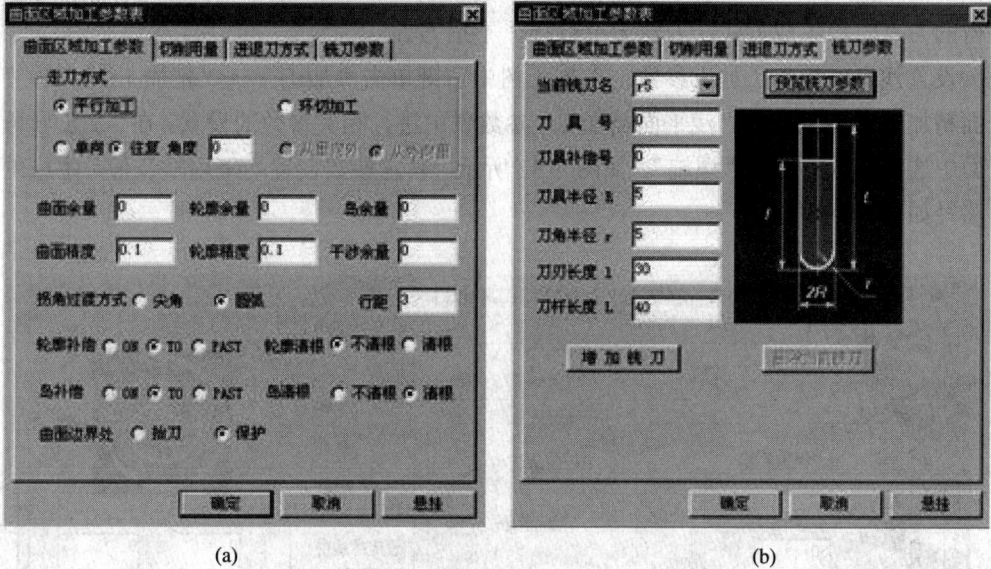

(a)   (b)

图 7-80　参数设定

(2) 设置精加工"切削用量"参数。

主轴转速：1000　　接近速度：60　　切削速度：600

退刀：200　　　　行间连接：100　　起至、安全、慢速相对高度分别为 60、50、15

(3) 确认"进退刀方式"系统默认值。按"确定"完成并退出精加工参数设置。

(4) 按系统提示拾取整个零件表面为加工曲面，按右键确定。系统提示"拾取干涉面"，如果零件不存在干涉面，按右键确定跳过。系统会继续提示"拾取轮廓"，用鼠标直接拾取零件外轮廓，单击右键确认，然后选择并确定链搜索方向。系统最后提示"拾取岛屿"，由于零件不存在岛屿，可以单击右键确定跳过。

(5) 生成精加工轨迹，如图 7-81 所示。

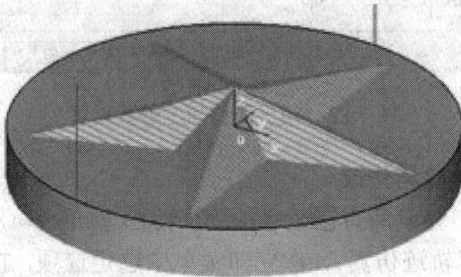

图 7-81　精加工轨迹

注意：

精加工的加工余量=0。

3) 浅平面精加工

浅平面精加工是以垂直于主轴投影面的方式生成刀路。针对模型中平坦的区域能自动识别并生成精加工刀具轨迹，从而提高了零件平坦部分的精加工效率。在加工表面能够生成环行、平行、螺旋的刀具轨迹。特别是螺旋状的刀轨，在 CAXAME 中是一种不可多得的刀具轨迹生成方式。刀轨无空行程、不抬刀。

设置浅平面精加工加工参数。在加工树中右键单击"加工"→"精加工(F)"→"浅平面精加工"，在弹出的"浅平面精加工"参数表中进行相关参数的设置。在"加工参数"，页面中选择切入方式为"螺旋"，如图 7-82 所示。其它参数设置均采用默认值，生成的刀具路径如图 7-83 所示。

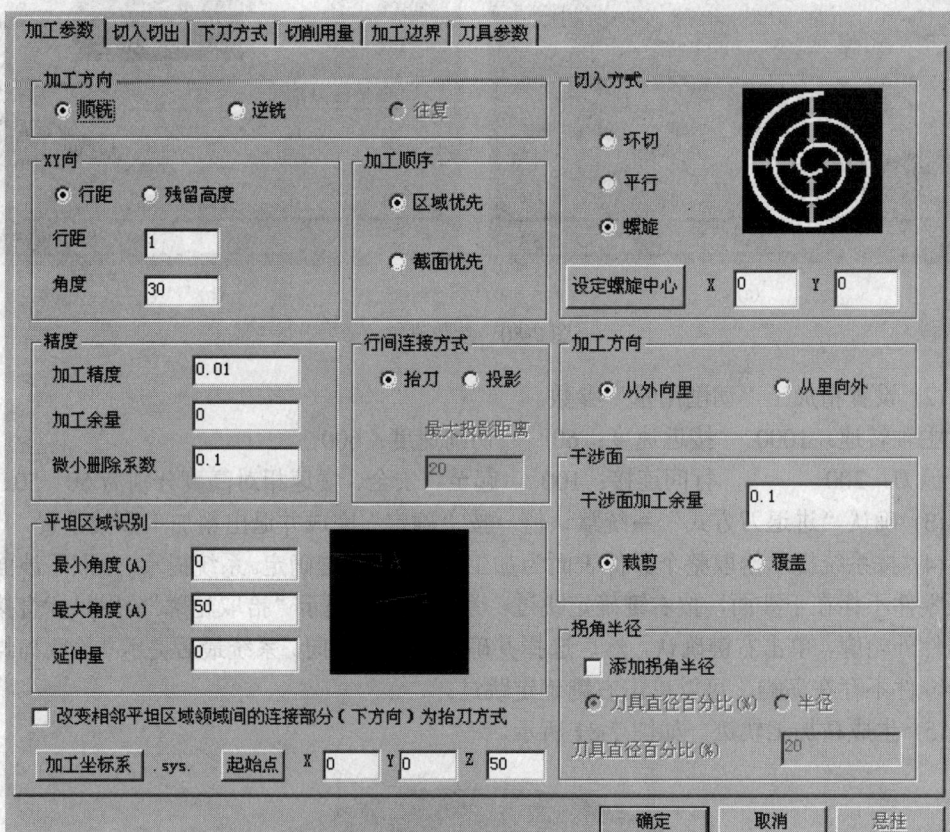

图 7-82 浅平面精加工参数设置

2. 加工仿真、刀路检验与修改

1) 按"可见"铵扭，显示所有已生成的粗/精加工轨迹。

2) 单击"应用"→"轨迹仿真"，在立即菜单中选定选项，按系统提示同时拾取粗加工刀具轨迹与精加工轨迹，按右键，系统将进行仿真加工，如图 7-84 所示。

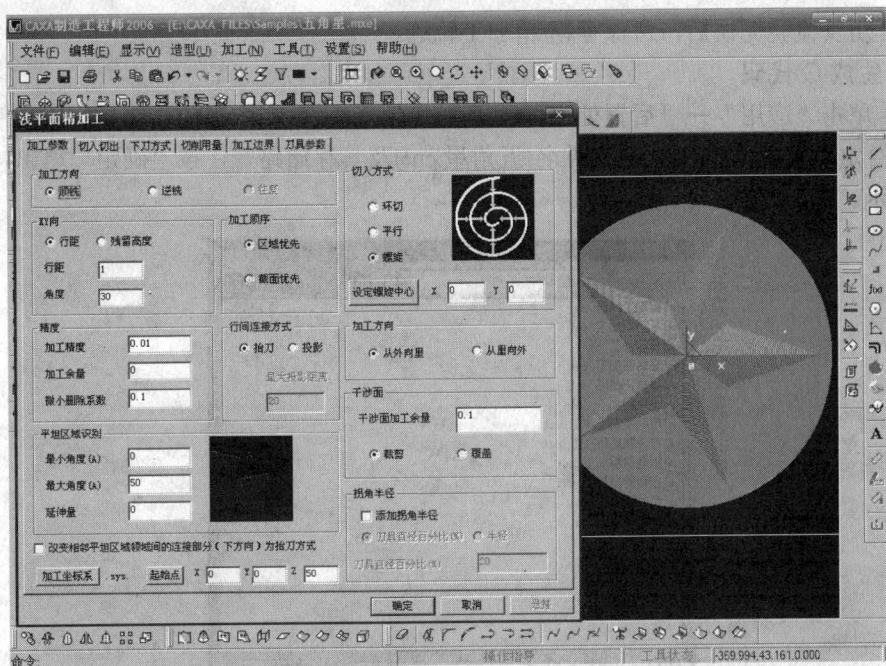

图 7-83　浅平面精加工刀具路径

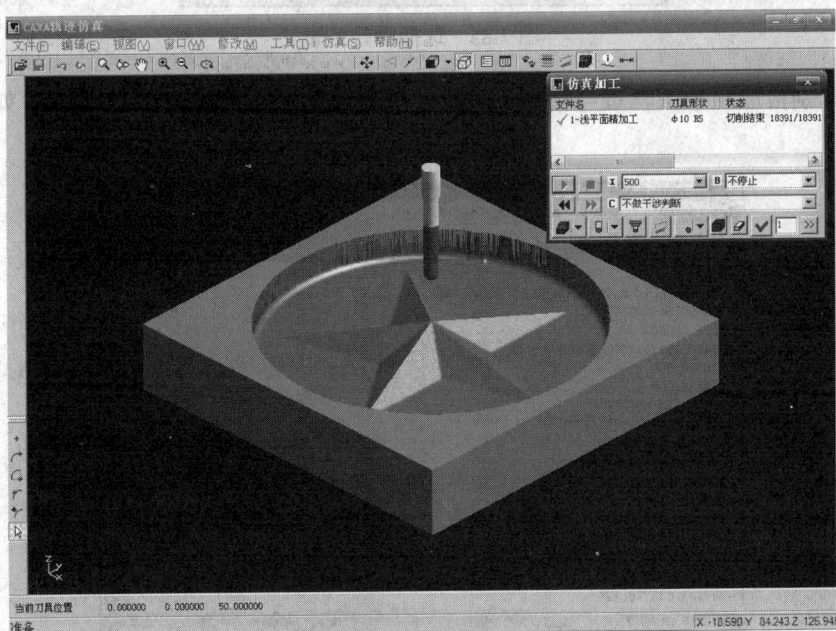

图 7-84　仿真加工

(3) 在仿真过程中，系统显示走刀方式。仿真结束后，拾取点观察截面，如图 7-84 所示。按右键存储仿真结果(文件路径…)。

(4) 单击"应用"→"轨迹编辑"，弹出"轨迹编辑"表，按提示拾取相应加工轨迹或相应轨迹点，修改相应参数，进行局部轨迹修改。若修改过大，应该重新生成加工轨迹。

(5) 仿真检验无误后，可保存粗/精加工轨迹。

3. 生成 G 代码

(1) 单击"应用"→"后置处理"→"生成 G 代码"，在弹出的"选择后置文件"对话框中给定要生成的 NC 代码文件名(五角星.cut)及其存储路径，按"确定"退出，如图 7-85 所示。

图 7-85　选择后置文件

(2) 分别拾取粗加工轨迹与精加工轨迹，按右键确定，生成加工 G 代码，如图 7-86 所示。

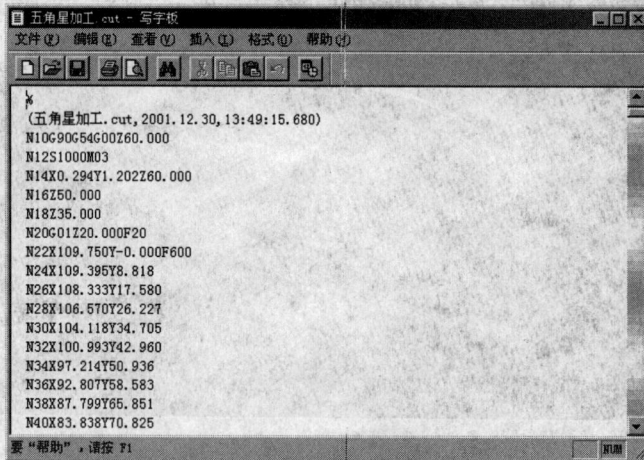

图 7-86　G 代码

4. 生成加工工艺单

(1) 选择"应用"→"后置处理"→"生成工序单"命令，弹出选择 HTML 文件名对话框，输入文件名后按确定，如图 7-87 所示。

(2) 屏幕左下边提示拾取加工轨迹，用鼠标选取或用窗口选取或按"W"键，选中全部刀具轨迹，单击右键确认，立即生成加工工艺单，生成和结果如表 7-1 所列。

174

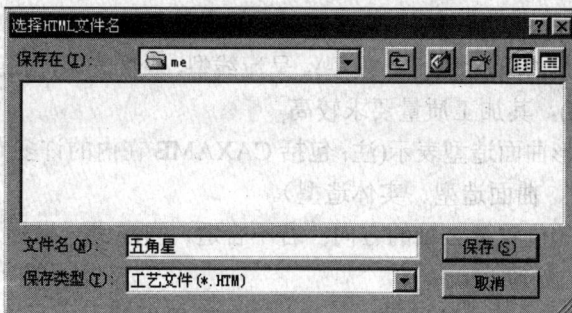

图 7-87 工艺清单

表 7-1 加工明细表

加工轨迹明细单						
序号	代码名称	刀具号	刀 具 参 数	切削速度/(mm/min)	加工方式	加工时间/min
1	五角星粗加工.cut	0	刀具直径=10.00 刀具半径=5.00 刀刃长度=30.000	600	粗加工	191
2	五角星精加工.cut	0	刀具直径=10.00 刀角半径=5.00 刀刃长度=30.000	600	曲面区域	21

(3) 加工工艺单可以用 IE 浏览器来看，也可以用 Word 来看，并且可以用 Word 来进行修改和添加。

至此五角星的造型、生成加工轨迹、加工轨迹仿真检查、生成 G 代码程序，生成加工工艺单的工作已经全部做完，可以把加工工艺单和 G 代码程序通过工厂的局域网送到车间。车间在加工之前还可以通过 CAXA 制造工程师中的校核 G 代码功能，再看一下加工代码的轨迹形状，做到加工之前心中有数。把工件打表找正，按加工工艺单的要求找好工件零点，再按工序单中的要求装好刀具找好刀具的 Z 轴零点，就可以开始加工了。

实例 2：实例文件：X:\CAXA\CAXAME\Samples\吊钩.mxe(X 为 CAXA 制造工程师安装根目录)，如图 7-88 所示。

图 7-88 浅平面精加工参数设置

1. 零件分析

(1) 吊钩为一复杂曲面造型(上半模型)，呈流线型，表面光滑(由旋转曲面、扫描曲面、网格曲面等缝合而成)，其加工质量要求较高。

(2) 模板用一矩形曲面造型表示(注：包括 CAXAME 在内的许多专业 NC 软件的数控编程均支持线框造型、曲面造型、实体造型)。

(3) 注意坐标系的位置及 Z 轴的方向；若不合适，自定义一坐标系。

2. 岛屿轮廓线的处理

在吊钩的尾端处有一细小的间隙(1mm)未完全缝合，经测量执行"两点_半径"命令进行连接(圆弧半径为 12)，以使岛屿轮廓线完全闭合。

3. 加工策略

(1) 矩形轮廓与吊钩外形采用平面区域加工。

(2) 吊钩造型采用参数线精加工。

(3) 整体加工也可先采用等高线加工或扫描线加工，然后再采用参数线加工方式加工吊钩主体部分。

4. 操作步骤

(1) 创建毛坯：双击窗口左侧的加工树中毛坯图标，弹出"定义毛坯"对话框。点选"参照模型"单选按钮，再击活"参照模型"按键，将右边的高度值由 59.164 改为 65。单击确定，按键"定义毛坯"对话框关闭。随即在模型上会出现一透明显示的毛坯线框图，如图 7-89 所示。

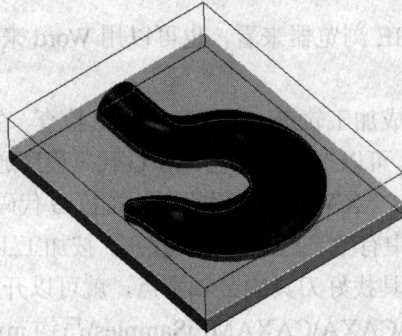

图 7-89　定义毛坯

(2) 定义机床系统：检查机床设置。双击机床后置图标打开"机床后置"对话框，对"机床信息"、"后置设置"两页面中的内容参照"机床使用手册"进行相应地设置。

(3) 刀具设置：双击刀具库图标打开"刀具库管理"对话框，在其中可以编辑或增减刀具。单击"铣刀 D10"的端铣刀，其高亮显示后，点击确定按键关闭"刀具库管理"对话框，如图 7-90 所示。

(4) 定义粗加工策略：单击菜单"加工"→"粗加工"→"平面区域粗加工"，或右键加工树空白处，选"加工"、"粗加工"、"平面区域粗加工"。参数设置如图 7-91 所示。下刀方式、切削用量等页面参数采用系统默认值即可。

176

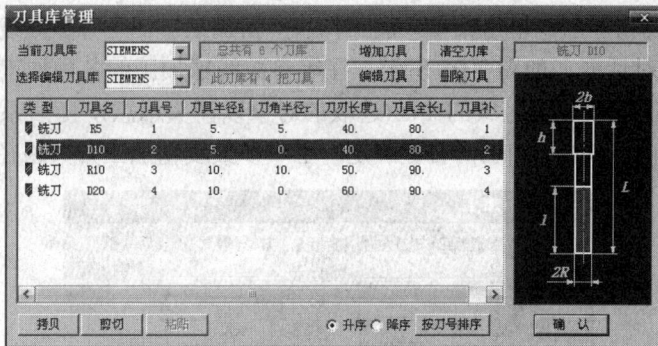

图 7-90　定义刀具

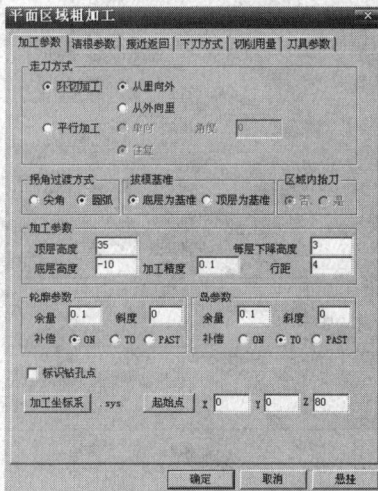

图 7-91　定义加工参数

(5) 平面区域粗加工轨迹生成如图 7-92 所示。然后在"平面区域粗加工"的加工树文件夹上右键"隐藏"，以便后续加工操作中方便对象的选择操作。

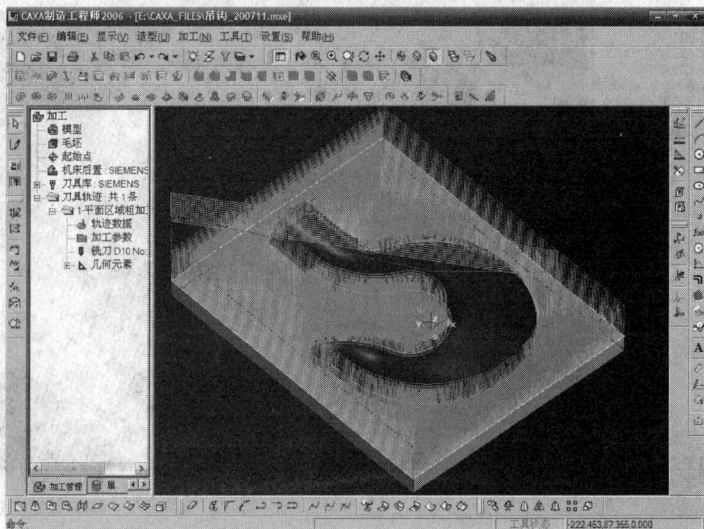

图 7-92　刀具轨迹生成

(6) 等参数线精加工：单击菜单"加工"→"精加工"→"等参数线精加工"系统弹出参数线精加工对话框，如图 7-93 所示。在等参数线精加工的各种加工设置好以后选择加工对象时，顺次选取加工区域的曲面(选取的对象以箭头示意)，随后系统提示选取进到点，左键切换方向(刀轨的走向)，右键确定。生成参数线精加工刀具路径如图 7-94 所示。

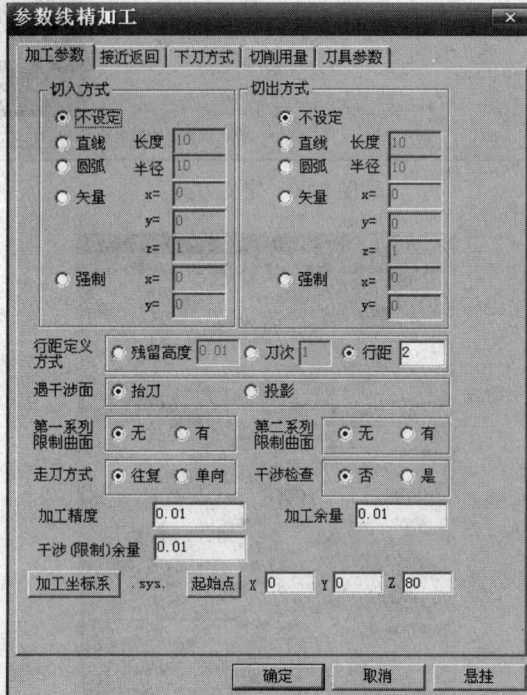

图 7-93　定义参数线加工参数

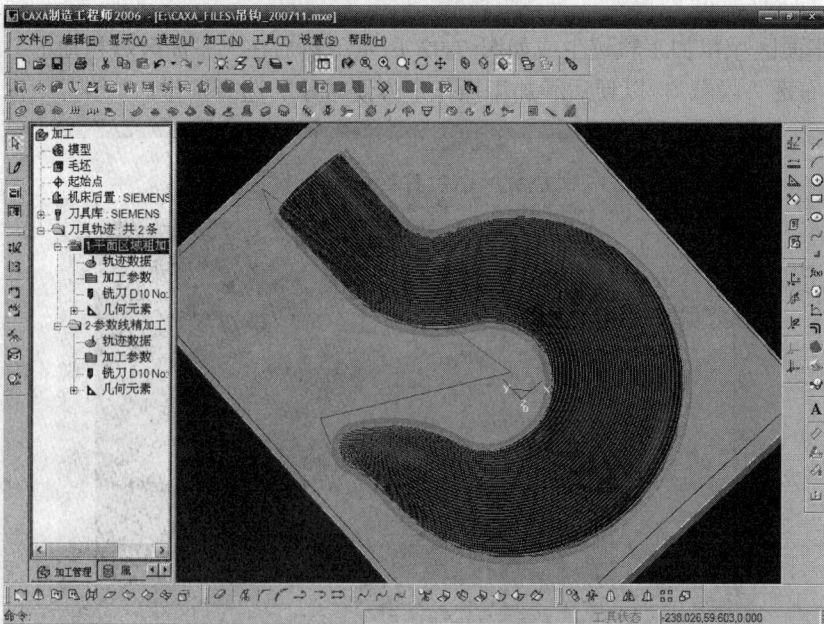

图 7-94　参数线精加工刀具路径

本章小结

CAXA 制造工程师适合于 2 轴~5 轴数控铣床与加工中心,系统提供了比较丰富的加工方法,具有良好工艺性能的铣削、钻削数控加工编程软件,为数控加工行业提供了从造型设计到加工代码生成、校验一体化的解决方案,对于从事于数控编程与操作人员有较强的岗位应用。

平面区域粗加工:不必有三维模型,只要给出零件外轮廓和岛屿,就可以生成加工轨迹。主要应用于铣平面和铣槽。可进行斜度的设定,自动标记钻孔点。

区域粗加工:不必有三维模型,只要给出零件的外轮廓和岛屿,就可以生成加工轨迹。并且可以在轨迹尖角处自动增加圆弧,保证轨迹光滑,以符合高速加工的要求。主要用于铣平面和铣槽。可选择多轮廓、多岛屿进行加工。

等高线粗加工 1:较普通的粗加工方式,适合范围广。可进行稀疏化加工、指定加工区域,优化空切轨迹。轨迹拐角可以设定圆弧或 S 形过渡,生成光滑轨迹,支持高速加工设备。

等高线粗加工 2:适合高速加工,生成轨迹时可以参考上道工序生成的轨迹留下的残留毛坯,支持二次粗加工。支持抬刀自动优化。

扫描线粗加工:用于平行层切的方法进行粗加工,保证在未切削区域不向下走刀,适合使用端刀进行对成凸模粗加工。

摆线式粗加工:使刀具在负荷一定情况下,进行区域加工的加工方式。可提高模具型腔部粗加工效率和延长刀具使用寿命,适合高速加工。

插铣式粗加工:适合于大中型模具的深腔加工,采用端铣刀的直捣式加工,可生成高效的粗加工路径,适合于深腔模具加工。

导动线粗加工:不需要三维造型,只要二维轮廓线和导动线就可以加工做出三维的加工轨迹,而且比加工三维造型的加工时间要短,精度更高,提高效率。

平面轮廓精加工:适合 2/2.5 轴精加工不必有三维模型,只要给出零件的外轮廓和岛屿,就可以生成加工轨迹。支持具有一定拔模斜度的轮廓轨迹生成,可以为每次的轨迹定义不同的余量,生成轨迹速度较快。

参数线精加工:主要针对面(曲面、实体面)的一种加工方式,可以设定限制面,进行干涉检查等,也可以实现径向走刀方式。

等高线精加工 1:可以用加工范围和高度限定进行局部等高加工;可以自动在轨迹尖角拐角处增加圆弧过渡,保证轨迹的光滑,使生成的加工轨迹适合于高速加工;可以通过输入角度控制对平坦区域的识别,并可以控制平坦区域的加工先后次序。

等高线精加工 2:可以对层高进行调整,保证在加工小坡度的面时,层高、精度与竖直面一致,支持高速加工,支持抬刀自动优化。

扫描线精加工:增加了自动识别竖直面并惊醒补加工的功能,提高了加工效果和效率。同时可以在轨迹尖角处增加圆弧过渡,保证生成的轨迹光滑,适用于高速加工机床。

曲面区域精加工:主要用于曲面的局部加工,大大提高了曲面局部加工精度,也可以用于曲面上的铣槽、文字等。

浅平面精加工:能自动识别零件模型中平坦的区域,针对这些区域生成精加工刀具的轨迹，大大提高了零件平坦部分的精加工精度和效率。

限制线精加工：可以通过设定两根限制线来控制零件加工的区域(仅加工限制线限定的区域)或提高一根限制线控制刀具走刀轨迹，以提高零件局部加工精度和符合工艺要求。

轮廓线精加工：主要用于加工内、外轮廓或加工槽类。不需要三维模型，只要根据给出的二维轮廓线即可对单个或多个轮廓进行加工；可进行轨迹偏移和进、退刀方式设定(圆弧、直线等)以及自定进行半径补偿和生成补偿代码等。

导动线精加工：同样是不用三维造型，通过二维的导动线和截面线就能做出三维加工轨迹。

轮廓导动精加工：利用二维轮廓线和截面即可生成轨迹，生成轨迹方式简单快捷，加工代码较短，加工时间短、精度高，支持残留高度模式。可用于加工规则的圆弧、倒角或凹球类零件，生成速度快，代码短，加工时间短，精度较高。

三维偏置精加工：能够由里向外或由外向里生成三维等间距加工轨迹。可以保证加工效果有相同的残留高度，提高加工质量和效果，同时也使刀具在切削过程中保持符合恒定，特别适用于高速机床加工。

深腔侧壁精加工：不需要三维模型，只要给出二维轮廓线即可加工。可灵活设定加工深度，主要用于深腔模型侧壁的精加工。

思考与练习题

1. 完成如图 7-95 所示的零件造型，并用平面区域加工方法完成两个凹槽的加工，用平面轮廓的加工方法完成 $140 \times 110 \times 5$ 凸台和 $\phi 40$ 圆凸台的精加工轨迹，并生成程序清单，仿真加工过程。

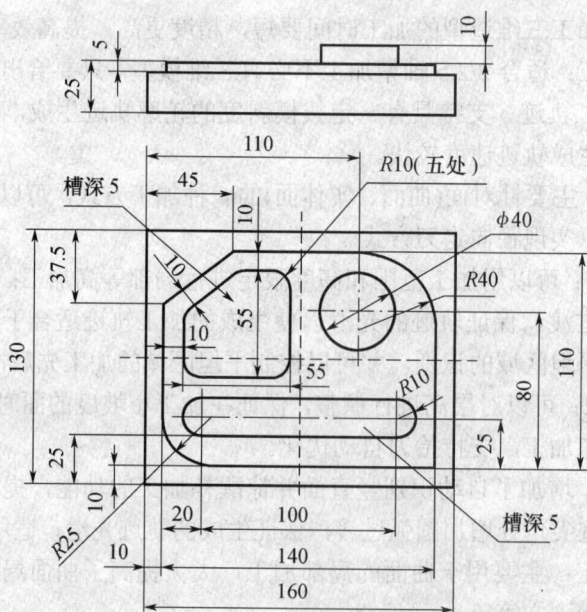

图 7-95　练习1

2. 完成如图 7-96 所示连杆的加工过程，并生成加工程序清单。要求主体用等高粗加工、等高精加工。对于凹坑的部分应用曲面区域加工方式进行局部加工。

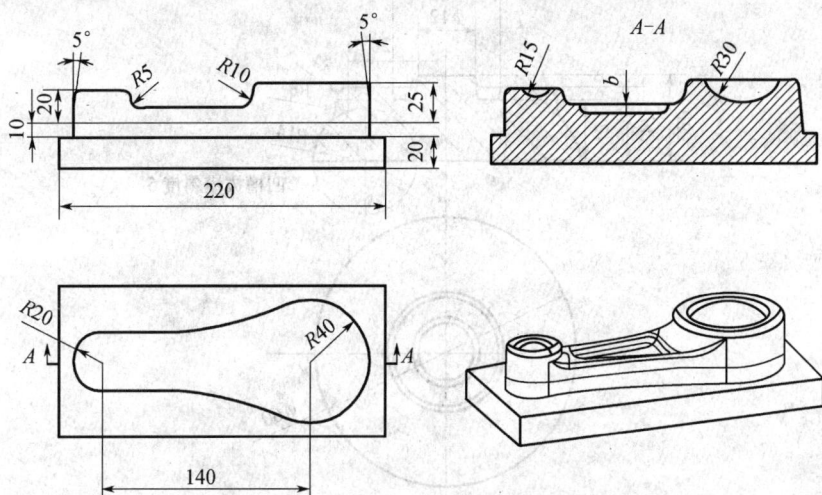

图 7-96 练习 2

3. 完成如图 7-97 所示鼠标的加工过程，并生成加工程序清单。要求主体用等高粗加工、等高精加工。

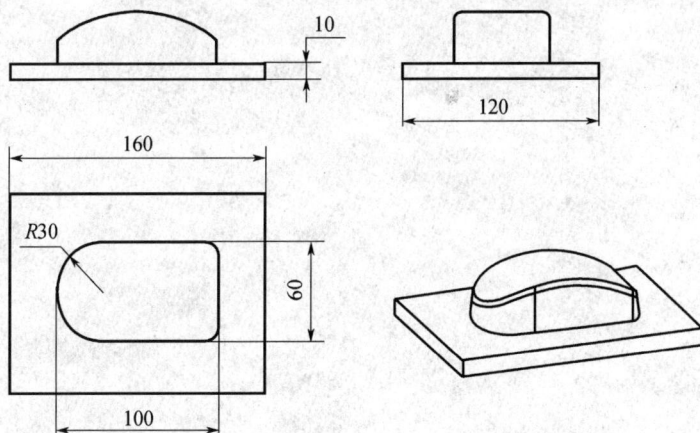

图 7-97 练习 3

4. 根据如图 7-98 所示的尺寸生成零件的实体造型和加工轨迹，加工方法要求是平面区域和导动加工(不分粗精加工)，并仿真加工过程生成程序清单。

5. 用等高粗加工、参数线精加工和等高线补加工加工第 4 章实例可乐瓶底，并仿真加工过程生成程序清单。

6. 用等高线粗加工、扫描线精加工和补区域式加工第 5 章摩擦楔块锻造模具，并仿真加工过程生成程序清单。

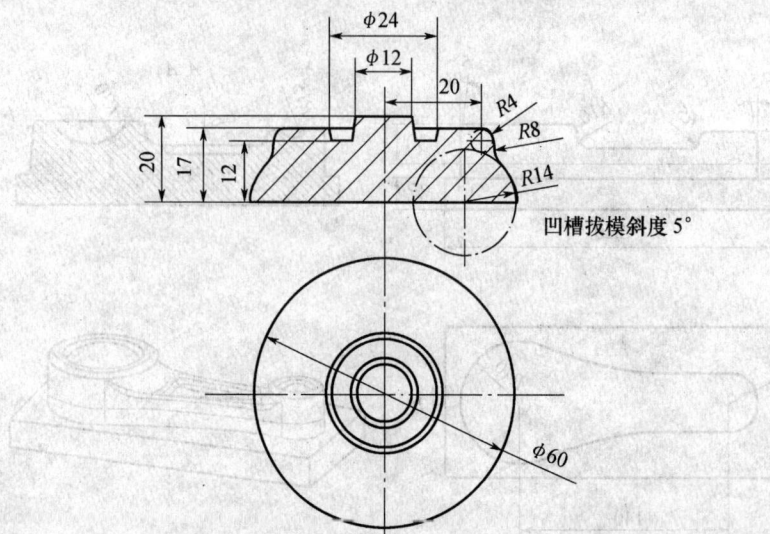

图 7-98　练习 4

第8章 CAXA数控车的造型与加工

8.1 数控车造型

8.1.1 CAXA数控车XP系统概述

CAXA数控车具有CAD软件的强大绘图功能和完善的外部数据接口，可以绘制任意复杂的图形，可通过DXF、IGES等数据接口与其它系统交换数据。CAXA数控车具有功能强大，使用简单的轨迹生成及通用后置处理功能。该软件提供了功能强大、使用简洁的轨迹生成手段，可按加工要求生成各种复杂图形的加工轨迹。通用的后置处理模块使CAXA数控车可以满足各种机床的代码格式，可输出G代码，并可对生成的代码进行校验及加工仿真。CAXA数控车为二维绘图及数控车加工工作提供了一个很好的解决方案，将CAXA数控车同CAXA专业设计软件与CAXA专业制造软件结合起来将会全面地满足任何CAD/CAM需求。

1. 数控车功能特点

具有如图8-1所示友好的用户界面体现在以下方面：全中文Windows界面；形象化的图标菜单；全面的鼠标拖动功能；灵活方便的立即菜单参数调整功能；智能化的动态

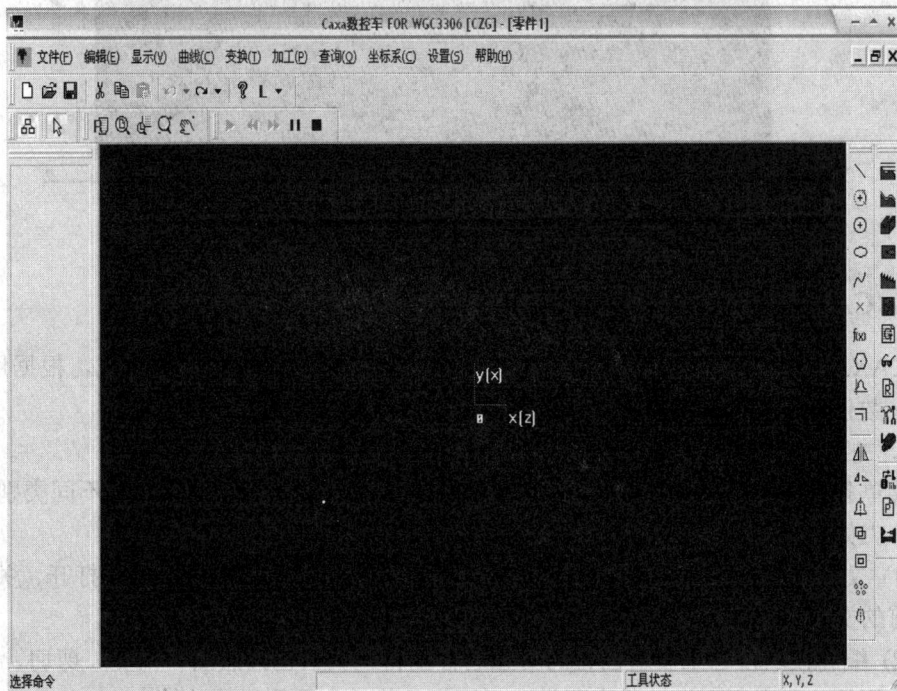

图8-1 数控车界面

导航捕捉功能；多方位的信息提示等。最低电脑配置为 Windows95/98/NT；光盘软件、软件狗加密；基本配置：32M 内存，P166。

2. 图形编辑功能

CAXA 数控车中优秀的图形编辑功能，其操作速度是手工编程无可比的。曲线分成点、直线、圆弧、样条、组合曲线等类型。工作坐标系可任意定义，并在多坐标系间随意切换；图层、颜色、拾取过滤工具应有尽有，系统完善。

3. 加工仿真功能

CAXA 数控车可以完成内外轮廓及端面的粗、精车削，切槽、钻孔、车螺纹功能齐全；任意样条曲线的车削示例如图 8-2 所示；自定义公式曲线车削；加工轨迹自动干涉排除功能，避免人为因素的判断失误；支持不具有循环指令的老机床编程，解决这类机床手工编程的繁琐工作；支持小内存机床系统加工大程序，自动将大程序分段输出功能；开放的通用后置功能，允许根据特种机床自定义加工代码；刀具库定义支持车加工中心；代码反读功能可以随时察看编程输出后的代码图形；仿真功能提供加工前程序的最后检验；DXF、IGES 数据接口通行无阻，可接受任意其它软件的数据。

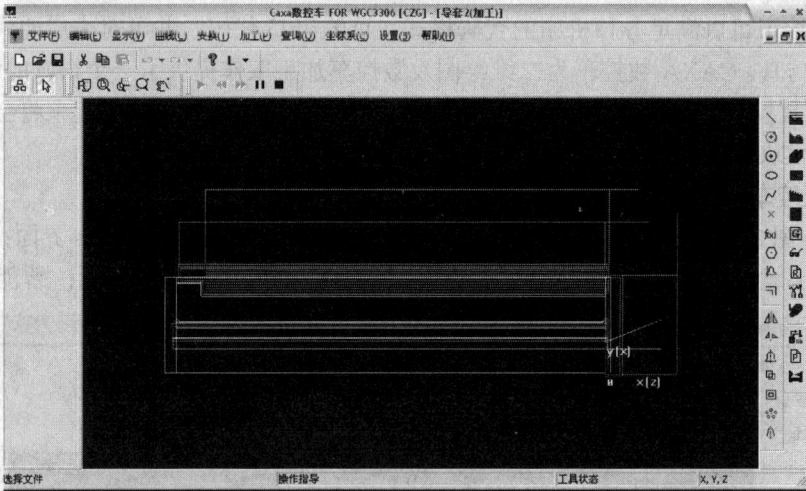

图 8-2　加工仿真

8.1.2　CAXA 数控车 XP 功能驱动方式

CAXA 数控车采用菜单驱动、工具条驱动和热键驱动相结合的方式，根据用户对 CAXA 数控车运用的熟练程度，以选择不同的命令驱动方式。

1. 主菜单命令

菜单条包含系统所有功能项，为方便使用，CAXA 数控车把菜单项按不同类别分类，基本分类如下：

(1) 文件模块：它主要对系统的文件进行管理。文件管理包括新建、打开、关闭(关闭当前的文件)、保存、另存为、数据输入、数据输出和退出等。

(2) 编辑模块：它主要对已有的对象进行编辑。编辑包括撤泊、恢复、剪切、复制、粘贴、删除、元素不可见、元素可见、元素颜色修改和元素层修改等。

(3) 应用模块：它是最重要的模块，CAXA 数控车各种曲线生成、线面编辑、后置处理、轨迹生成和几何变换等功能项都在其中。

曲线生成：包括直线、圆、圆弧、样条、点 t 公式曲线、多边形、二次曲线、椭圆和等距线等。

轨迹生成：包括工具库管理、平面轮廓加工、平面区域加工、参数线加工、限制线加工、曲面轮廓加工、曲面区域加工、投影加工、曲线加工、粗加工、钻孔、等高线加工和轨迹生成批处理等。

后置处理：包括后置设置、生成 G 代码和校核 G 代码。

线面编辑：包括曲线裁剪、曲线过渡、曲线打断、曲线组合和曲线拉伸等。

几何变换：包括平移、平面旋转、旋转、平面镜像、镜像、阵列和缩放等。

(4) 设置模块：设置模块用来设置当前工作状态、拾取状态和用户界面的布局。模块包括：当前颜色、层设置、拾取过滤设置、系统设置、绘制草图、曲面真实感、特征窗口和自定义。

(5) 工具模块：包括坐标系、显示工具和查询。

坐标系 t：包括创建坐标系、激活坐标系、删除坐标系、隐藏坐标系和显示所有坐标系。

显示工具：包括旋转、平移、放大、全局、远近、视向定位和全屏显示。

查询：包括坐标、距离、角度和元素属性。

2. 弹出菜单

CAXA 数控车通过空格键弹出的菜单是用来作为当前命令状态下的子命令。不同的命令执行状态可能有不同的子命令组，主要分为点工具组、矢量工具组、选择集拾取工具组、轮廓拾取工具组和岛拾取工具组。如果子命令是用来设置某种子状态，CAXA 数控车会在状态条中显示用户。

(1) 点工具组：包括默认点、屏幕点、端点、中点、交点、圆心、垂足点、切点、最近点、控制点、刀位点和存在点等。

(2) 矢量工具组：包括直线方向、X 轴正方向、X 轴负方向、Y 轴正方向、Y 轴负方向、Z 轴正方向、Z 轴负方向和端点切矢量。

(3) 选择集拾取工具组：包括拾取添加、拾取所有、拾取取消、取消尾项和取消所有等。

(4) 轮廓拾取工具组：包括单个拾取、链拾取和限制链拾取等。

(5) 岛拾取工具组：包括单个拾取、链拾取和限制链拾取等。

3. 工具条驱动

CAXA 数控车与其它 Windows 应用程序一样，为比较熟练的用户提供了工具条命令驱动方式。它把用户经常使用的功能分类组成工具组，放在显眼的地方以备使用。

CAXA 数控车为用户提供有标准栏、草图绘制栏、显示栏、曲线栏、特征栏、曲面栏和线面编辑栏。同时，CAXA 数控车为用户提供了自定义功能，而用户可以把自己经常使用的功能编辑成组，放在最适当的地方。工具条驱动如图 8-3 所示。

4. 鼠标、键盘和热键

(1) 鼠标键：鼠标左键可以用来激活菜单，确定位置点、拾取元素等。

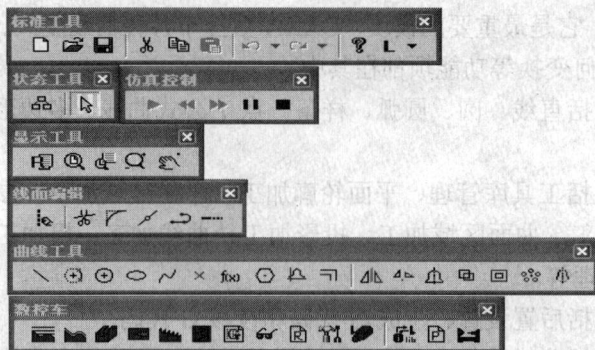

图 8-3 工具条驱动

例如，要运行画直线功能，要先把鼠标光标移动到"直线"图标上，然后单击，激活画直线功能。这时，在命令提示区出现下一步操作的提示"输入起点"。把鼠标光标移动到绘图区内，单击，输入一个位置点，再根据提示输入第二个位置点，就生成了一条直线。鼠标右键用来确认拾取、结束操作和终止命令。

又如，在生成样条曲线的功能中，当顺序输入一系列点充中后，单击鼠标右键就可以结束输入点的操作。因此，该样条曲线就生成了。

(2) 回车键和数值键：在 CAXA 数控车中，在系统要求输入点时，回车键(Enter)和数值键可以激活一个坐标输入条，在输入条中可以输入坐标值。如果坐标值以@开始，表示一个相对于前一个输入点的相对坐标，在某些情况也可以输入字符串。

(3) 空格键：在系统要求输入点时、按空格键可以弹出点的工具菜单。

(4) 热键：CAXA 数控车为用户提供热键操作，对于一个熟练的 CAXA 数控车用户将极大地提高了工作效率，用户还可以自定义想要的热键。

在 CAXA 数控车中设置了以下几种功能热键：

F5 键：将当前面切换至 *XOY* 面，同时将显示平面置为 *XOY* 面，将图形投影到 *XOY* 面内进行显示。

F6 键；将当前面切换至 *YOZ* 面，同时将显示平面置为 *YOZ* 面，将图形投影到 *YOZ* 面内进行显示。

F7 键：将当前面切换至 *XOZ* 面，同时将显示平面置为 *XOZ* 面，将图形投影到 *XOZ* 面内进行显示。

F8 键：显示轴测图，按轴测图方式显示图形。

F9 键：切换当前面，将当前面在 *XOY*、*YOZ*、*XOZ* 之间进行切换。但不改变显示平面。

方向键(↑、↓、←、→)：显示旋转。

Ctrl+方向键(↑、↓、←、→)：显示平移。

Shift+↑：显示放大。

Shift+↓：显示缩小。

5. 定义自己的工作方式

考虑到不同的人有不同使用习惯、不同的熟练程度，CAXA 数控提供了自定义操作。可以根据不同的喜好定制不同的菜单、热键和工具条，也可以为特殊的按钮更换自己喜欢的图标。如果打算定制自己的菜单、热键或工具条，可以通过"设置"主菜单单击"自定义"子菜单，CAXA 数控车会弹出如图 8-4 所示对话框。

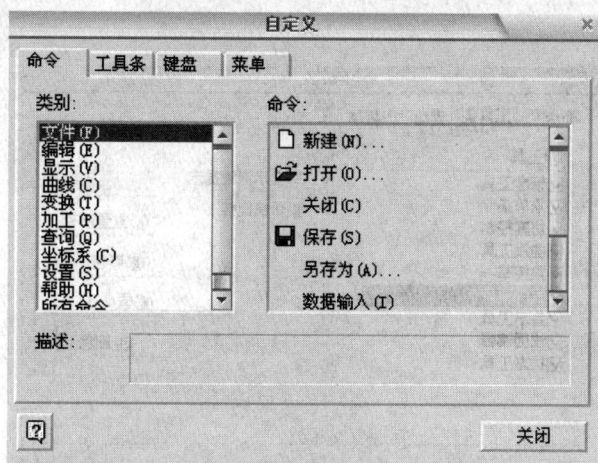

图 8-4 "自定义"对话框

定制新的菜单工具条：选中"自定义"对话框中的工具条属性页，弹出如图 8-5 所示页面。

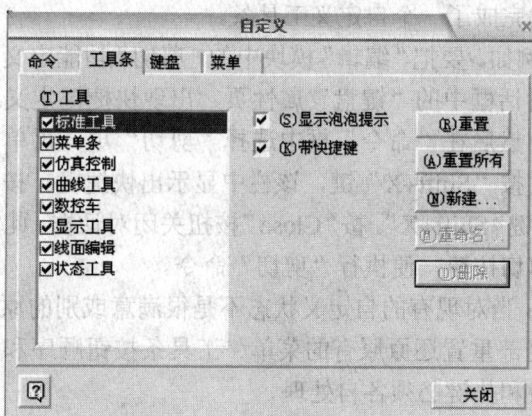

图 8-5 自定制新的菜单工具条

从工具条页面中单击"新建"按钮，弹出"工具条命名"对话框。在"工具条名称"的一栏中输入"我的工具"，然后按"OK"按扭，就会增加一个工具条"我的工具"，并出现一个空的工具条，如图 8-6 和图 8-7 所示。

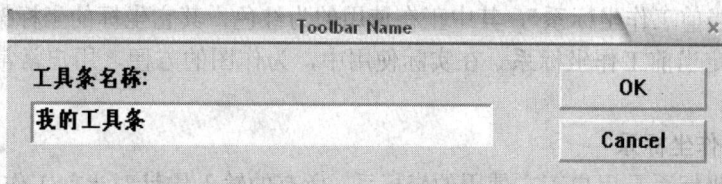

图 8-6 "工具条命名"对话框

单击"命令"属性页面，选取"类别"中的"编辑"，在"命令"栏中显示出功能列表。把"删除"功能拖到空的工具条中，如果从工具条中拖动，同时按住 Ctrl 键拖动，表示复制一个按钮。然后，重复上述操作，把"应用"中的"直线"、"圆弧"和"拉伸"功能拖到工具条中。

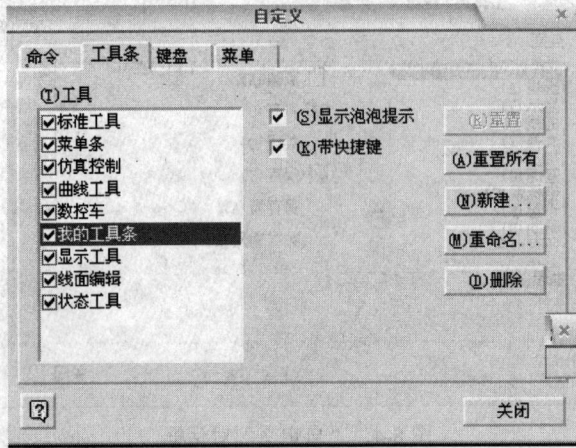

图 8-7　创建自定义工具条

如果希望以菜单的形式出现，可以在按钮上右击，在弹出菜单上选择图标，会出现拉伸菜单项，这样，就完成了一个自定义工具条。

(1) 自定义热键：例如，要把"编辑"模块中的"剪切"功能定义为快捷键"Shift+X"，则应单击"自定义"对话框中的"键盘"属性页，出现快捷键定义对话框。在"类"框中选择"编辑"一项，然后在"命令"框中选择"剪切"项。再单击"按下新加速键"下的一栏输入条。这时按"Shift+X"键，该栏中显示出快捷键。按"指定"按钮确定把"剪切"功能定义快捷键"Shift+X"。按"Close"按扭关闭对话框。此时，如果按"Shift+X"键，等于单击了一下剪切按钮，便执行"剪切"命令。

(2) 重置原有状态：当对现有的自定义状态不是很满意或别的原因希望还原为原有状态时，可以通过执行全部重置还原原有的菜单、工具条按钮顺序和原有热键。在这里必须注意：菜单、工具条和热键必须各自处理。

8.1.3　CAXA 数控车 XP 系统的交互系统

1. 工作坐标系

工作坐标系是用户建立模型时的参考坐标系。系统默认的坐标系叫做"绝对坐标系"，用户定义的坐标系叫做"工作坐标系"。系统允许同时存在多个坐标系。其中正在使用的坐标系叫做"当前工作坐标系"，其中正在使用的为红色，其它坐标的坐标架为白色。用户可以任意设定当前工作坐标系。在实际使用中，为作图的方便，用户常常需在特定的坐标系下操作。

2. 当前工作坐标系

当前工作坐标系是用户正在使用的坐标系，所有的输入均针对当前工作坐标系而言。区别于其它坐标系，当前工作坐标系以红色表示。用户可以通过激活坐标系命令在各坐标系间切换。

3. 当前颜色

当前颜色是系统目前使用的颜色，生成的曲线或曲面的颜色取当前颜色。

当前颜色显示在屏幕顶部的状态显示区。

当前颜色可设定为当前层的颜色，只需简单地单击标记有 "L" 的颜色块。

对不同的因素选用不同的颜色，也是造型中常用的手法，这样可比较容易看清楚不同图素之间的关系。

刀具轨迹的颜色不随当前颜色的改变而改变。

4. 当前层

当前层是指系统目前使用的图层，生成的图素均属于当前层。

当前层名称显示在屏幕顶部的状态显示区。

当前层的设定在图层管理功能里进行。

以图层对图形进行管理即对图形进行分层次的管理，这是一种重要的图形管理方式。将图形按指定的方式分层归属，并按层给定属性，可以实现复杂图形的分层次处理，需要时又可以组合在一起进行处理。

图层有其状态和属性，每一个图层有一个惟一的图名，图层有其颜色属性，可将因层的颜色指定为当前颜色。图层的状态有可见性和操作锁定设置。通过图层可见性的设置可以实现整个图层上的因素的不可见(置于 "隐藏" 状态)；如果图层处于 "锁定" 状态，则对该图层上的所有图素均不能进行操作及无法拾取，因此，"锁定" 状态可用来对图素进行保护不被修改。

5. 当前文件

当前文件是系统目前使用的图形文件。

当前文件名称显示在屏幕顶部的状态显示区。

系统初始没有文件名，只在用 "打开文件"、"存储文件" 或 "存文件为……" 等功能进行操作后才赋予了文件名。与其它计算机系统类似，本系统也采用文件形式存储信息，系统生成的图形文件以 "mxe"。作为后级，这是本系统特定的文件格式。

6. 可见性

对生成的因素指定其是否在屏幕上显示出来，如指定某图素为不可见，即隐藏法因素。使某些元素在屏幕上不可见，是进行复杂零件造型时常用的手段之一，这样可以使屏幕上可见的图素减少，可集中注意力于特定图素，比较容易看清楚图素之间的关系，拾取也比较方便，显示速度也加快。不可见的图素只是在屏幕上不出现，如果需要可用 "可见" 功能使其重新显示在屏幕上。

7. 接口

CAXA 数控车的接口是指与其它 CAD / CAM 文档和规范的衔接能力。CAXA 数控车充分考虑数据的冗余度，不同数据的轻重缓急，优化成特有的 MXE 文件，同时，对 CAXA——ME1.0、2.0、2.1 版无限兼容。

CAXA 数控车接口能力非常出色，不仅可以直接打开 X_T 和 X_B 文件(PARASOLID 的实体数据文件)，而且可以输入 DXF 数据文件(一种标准数据接口格式文件)、IGES 数据文件(一种标准数据接入格式文件)、DAT 数据文件(自定义数据文本文栏格式)为 CAXA 数控车使用，也可以输出 DXF、IGES、X_T、X_B、SAT、WRL、EXB 为其它应用软件所使用，为 Internet 的浏览和数据传输服务。

8.1.4 CAXA 数控车 XP 的基本绘制操作

CAXA 数控车中，点、直线、圆弧、样条、组合曲线的曲线绘制或编辑的功能意义相同，操作方式也一样。但由于不同种类的曲线组合目的不一样，不同状态的曲线功能组合也不尽相同。下面分别介绍如何生成和编辑这些几何元素。

1. 点

单击图标 ⊠，切换到"曲线生成"模块，并在模块子菜单中单击"点"菜单，即可激活点生成功能。通过切换立即菜单，可以用下面各种方式生成点。

1) 单个点

(1) 工具点：利用点工具菜单生成单个点。此时不能利用切点和垂足点生成单个点。

(2) 曲面上投影点：对于一个给定位置的点，通过矢量工具菜单给定一个投影方向，可以在一张曲面上得到一个投影点。

(3) 曲线曲面交点：可以求一条曲线和一张曲面的交点。

2) 批量点

(1) 等分点：生成曲线上按照弧长等分点。

(2) 等距点：生成曲线上间隔为给定弧长距离的点。

(3) 等角度点：生成圆弧上等圆心角间隔的点。

例题：生成等距点。将立即菜单设置成如图 8-8 所示方式。即在一条曲线上从一个指定点开始生成弧长间隔为 20 的 4 个点，步骤如下：

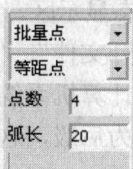

图 8-8　批量点参数设置

(1) 根据提示拾取一条曲线。

(2) 根据提示在曲线上定义一个起始点，例如，选择一个"最近点"。

(3) 输入起始点后系统提示指定等距方向，此时在屏幕上起始点的位置处出现一对箭头表示方向。

(4) 选取其中所需要的一个方向即可生成等距点。生成的点不包括指定的起点。

图 8-9 所示就是生成等距点的结果。

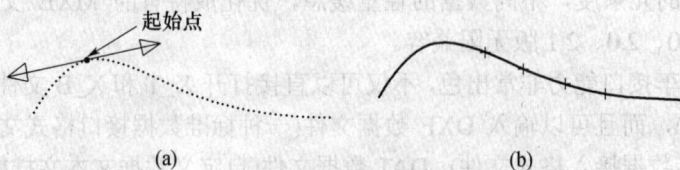

图 8-9　等距点生成

2. 直线

单击图标 \ ，切换到"曲线生成"模块，并在模块子菜单中单击"直线"菜单，即可激活直线生成功能。通过切换立即菜单，可以用下面各种方式生成直线。

(1) 两点线：通过定义两个点生成一条直线。

生成直线时可以通过切换"立即菜单"采用连续方式或非连续方式画线，也可以利用正交方式生成平行于当前平面坐标轴的直线，还可以利用点工具菜单中的"切点"或"垂足点"生成切线或垂线。

(2) 平行线：生成与已知直线平行的直线。通过设置"立即菜单"可以选择给定位置点或给定距离的方式生成平行线。

(3) 角度线：生成与坐标轴或一条直线成一定夹角的直线。

(4) 曲线切线/法线：生成与直线、圆弧、样条曲线在给定位置相切或垂直的直线。

(5) 角等分线：生成两直线的角等分线。

(6) 水平/铅垂线：生成平行或垂直于当前平面坐标轴的结定长度的直线。

下面举例说明如何利用直线功能画切线、垂线。

例题： 生成如图 8-10 所示的两个图形的切线。

生成方法如下：

(1) 单击"直线"菜单，激活直线生成功能。

(2) 把生成直线的立即菜单设置成如图 8-11 所示界面。

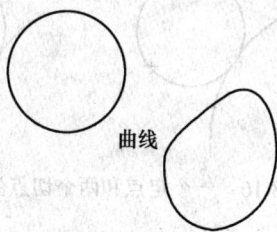

图 8-10　已有的两条曲线　　　　　图 8-11　两点线立即菜单

(3) 按空格键，激活点菜单，并用鼠标选择"切点"选项，则把点状态切换成"切点"。

(4) 选择圆弧。

(5) 选择曲线。

图 8-12 所示为生成切线的结果。由于选择切点的位置不同，可以生成不同的切线。

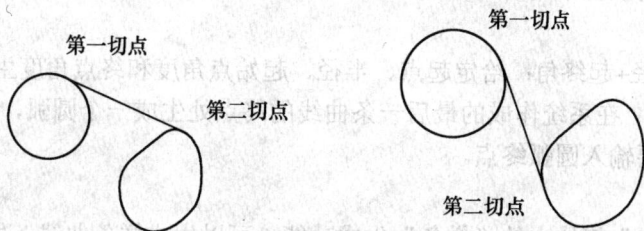

图 8-12　由于选择切点位置不同得到了不同的切线

3. 圆弧

在"曲线生成"模块中，有两项功能是生成圆弧的。一个是"圆(弧)"，另一个是"弧"。在"圆(弧)"中的功能可以生成整圆，也可以生成一段圆弧。

(1) 圆心+半径：指定圆心和半径生成一个"圆弧"。生成的圆弧所在的平面平行于当前面。

确定圆心后，可以输入一个半径定义一个圆弧；也可以通过给定圆上一点来定义圆弧。如果给定的点是一个切点，就可以生成一个几个的切圆。

(2) 二点圆弧：按顺序给定三个点来定义一个圆弧。通过给定不同的切点可以生成不同的切圆(弧)。图 8-13～图 8-16 所示为生成于点圆(弧)的例子。

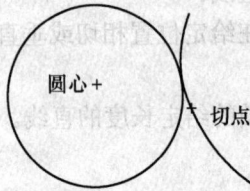

图 8-13　利用"圆心+半径"功能生成切圆　　　图 8-14　顺序三点生成一个圆(弧)

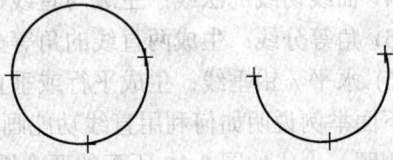

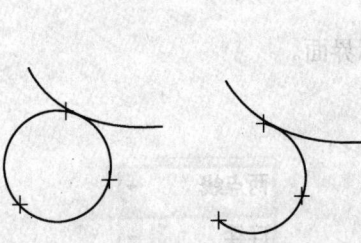

图 8-15　两定点和一个切点成切圆(弧)　　　图 8-16　一个定点和两个切点生成切圆(弧)

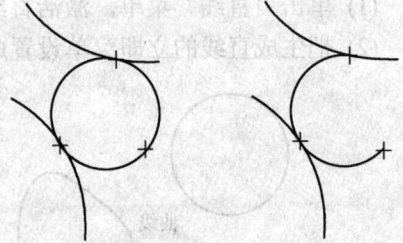

(3) 两点+半径：给定两点和半径生成圆弧，生成的圆弧所在的平面平行于当前面。一般来讲，给定两点和一个半径可以个成四段圆弧。

(4) 圆心+两点：给定圆心点、起点和终点生成圆弧。

(5) 圆心+起点+弦长：给定圆心点、起点和弦长生成圆弧。用鼠标左键切换显示所有可能的圆弧段显示出来后，按鼠标右键确认圆弧。

(6) 起点+终点+方向：给定起点、终点和起点处的切线方向生成圆弧。

(7) 起点+终点+圆心角：给定起点、终点和圆心角生成圆弧。

用鼠标左键切换显示所有可能的圆弧，当所需要的圆弧段显示出来后，按鼠标右键确认圆弧。

(8) 起点+半径+起终角：给定起点、半径、起始点角度和终点角度生成圆弧。

(9) 相切圆弧：在系统作成的最后一条曲线的终点处生成一个圆弧，该圆弧与曲线相切。这时，只需要输入圆弧终点。

4. 样条曲线

在"曲线生成"模块中的"样条"生成功能，可以生成样条曲线，生成样条有 2 种方式。

192

1) 插值方式

按顺序输入一系列的点，顺序通过这些点生成一条光滑的 *R* 样条曲线。通过设置立即菜单，可以控制生成的样条的端点切矢，使其满足一定的相切条件。也可以生成一条封闭的 *B* 样条曲线。图 8-17～图 8-19 所示为生成的各种样条曲线的结果。

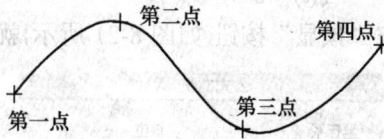

图 8-17　顺序给定 4 个插值点生成 *B* 样条曲线

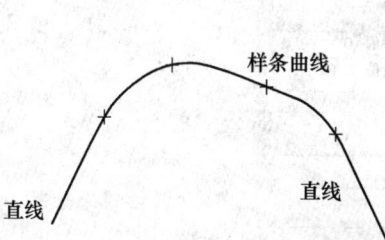

图 8-18　给定端点切矢生成样条

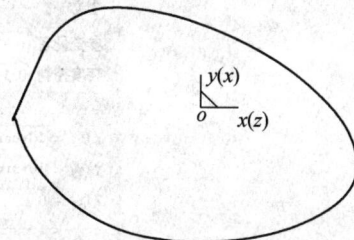

图 8-19　生成封闭样条

2) 逼近方式

顺序输入一系列点，根据给定的精度生成拟合这些点的光滑 *B* 样条曲线，如图 8-20 所示。用逼近方式拟合一批点生成的 *B* 样条曲线的控制顶点比较少，曲线品质较好，适用于数据点较多的情况。

除了样条生成功能可以生成样条曲线外，还可以用文本文件的方式生成样条曲线。这样生成的样条曲线是用插值方式生成的。详细的方法参见文件管理中的"读入数据"功能。在"曲线生成"模块中，有"二次曲线"生成功能，可以生成抛物线、双曲线和椭圆。生成的曲线是用样条曲线来表示的。在"曲线生成"模块中的"等距线"生成功能生成的等距线也是用样条曲线表示的。

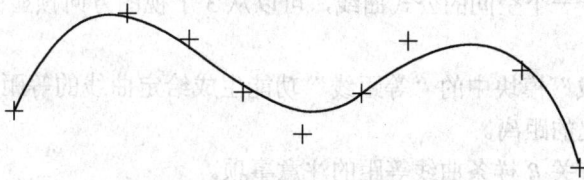

图 8-20　用逼近方式生成的 *B* 样条曲线

5. 公式曲线

当需要生成的曲线是用数学公式表示时，可以利用"曲线生成"模块的"公式曲线"生成功能来得到所需要的曲线。曲线是用 *B* 样条曲线来表示的。

曲线的表达公式要用参数方式表达出来，例如，圆 $x^2+y^2=R^2$ 要表示成：

$$x=R\cos(t), \qquad y=R\sin(t)$$

如果要写到下面的"公式曲线"对话框中，就要确定 R 的实际值(例如，取 $R=10$)，那么就要在对话框中填写下面 3 个参数表达式：

$$x(t)=10* \cos(t)$$
$$y(t)=10*\sin(t)$$
$$z(t)=0$$

并确定 t 的取值范围。按"预显"按钮(如图 8-21 所示)就会显示出曲线的形状。

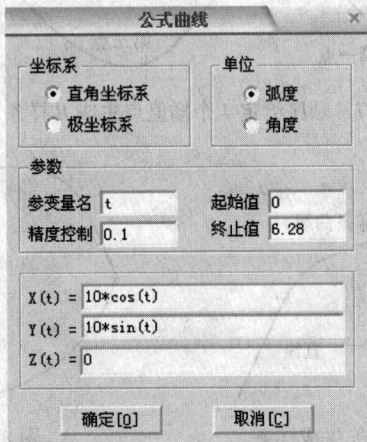

图 8-21　"公式曲线"对话框

在"公式曲线"对话框中可以进行以下设置：

坐标系：参数表达式是直角坐标形式的还是极坐标形式的。如果是直角坐标形式的，就需要填写 $x(t)$、$y(t)$、$z(t)$。如果是极坐标形式的就需要填写 $p(t)$、$z(t)$。

精度：给定公式的曲线的最后结果是用 B 样条来表示的。精度就是用 B 样条拟合公式曲线所要达到的精确程度。

起始参数、终止参数：参数表达式中 t 的最小值和最大值。

参数单位：当表达式中有三角函数时，设定三角函数的变量是用角度表示还是用弧度表示。

预显平面：对于一个空间的公式曲线，可以从 3 个视图方向预显曲线的形状。

6. 公式曲线

利用"曲线生成"模块中的"等距线"功能生成给定曲线的等距线。这里的等距是广义的，可以是变化的距离。

下面主要介绍有关 B 样条曲线等距的注意事项。

对于平面样条而言，生成的等距线也在样条所在的平面内；对于空间样条而言，生成的等距线要依赖于当前面。也就是说，样条和等距线在当前面的投影看起来是成等距线的。系统还可以生成线性变等距曲线，即给定曲线起始点等距距离和终点等距距离，中间的点的等距距离按照线性变化，生成一条曲线。这样的曲线叫做变等距曲线。

7. 组合曲线

组合曲线是由首尾相连的多条直线、圆弧和样条组成的一条曲线。

在"图形编辑"模块中，有"组合线"生成功能。该功能可以把拾取到的多条曲线组合成条曲线。

把多条曲线用一条样条曲线表示，这种表示要求首尾相连的曲线是光滑的首尾相连的曲线有尖点，系统会自动生成一条光顺的样条曲线，如图 8-22 所示。

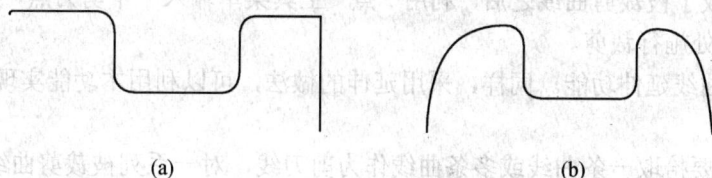

(a)　　　　　　　　　　　　　　　　(b)

图 8-22　　生成组合曲线

(a) 生成组合线前的图形；(b) 生成的组合线结果。

8.1.5　CAXA 数控车 XP 的曲线编辑操作

在"图形编辑"模块中，有 3 个曲线编辑功能：曲线裁剪、曲线过渡和曲线打断。

1. 曲线裁剪

使用曲线做剪刀，裁掉曲线上不需要的部分。即利用一个或多个几何元素(曲线或点，称为剪刀)对给定曲线(称为被裁剪线)进行修整，删除不需要的部分，得到新的曲线。系统提供 4 种曲线裁剪方式：快速裁剪、线裁剪、点裁剪和修剪。

1) 快速裁剪

该功能为"快速裁剪"，是指系统对曲线修剪具有"指哪裁哪"的快速反应。

注意：

当系统中的复杂曲线极多的时候，建议不用"快速裁剪"。因为在大量重复过程中，系统计算速度较慢，从而将影响用户的工作效率。

2) 线裁剪

功能：以一条曲线作为剪刀，对其它曲线进行裁剪。

说明：

(1) 曲线延伸功能。如果剪刀线和被裁剪曲线之间没有实际交点，系统在依次自动延长被裁剪线和剪刀线后进行求交，在得到的交点处进行裁剪。延伸的规则是：直线和样条线按端点切线方向延伸，圆弧按整圆处理。出于采用延伸的做法，可以利用该功能实现对曲线的延伸。

(2) 在拾取了剪刀线之后，可拾取多条被裁剪曲线。系统约定拾取的段是裁剪后保留的段，因而可实现多根曲线在剪刀线处齐边的效果。

(3) 系统还提供"正常方式"和"投影方式"进行裁剪。"正常方式"只对曲线本身和延伸后的曲线进行求交处理；"投影方式"则对曲线在当前平面上施行投影后进行求交处理，因此可实现不共面曲线的裁剪。

(4) 不仅拾取被裁剪曲线的位置确定了裁剪后保留的曲线段，而且有时拾取剪刀线的位置也会对裁剪结果产生影响，在剪刀线与被裁剪线有两个以上的交点时，系统约定取离剪刀。

3) 点裁剪

功能：利用点(通常是屏幕点)作为剪刀，对曲线进行裁剪。

说明：

(1) 在拾取了被裁剪曲线之后，利用"点"工具菜单输入一个剪刀点，系统对曲线在离剪刀点最近处施行裁剪。

(2) 具有曲线延伸功能。同样，采用延伸的做法，可以利用本功能实现曲线的延伸。

4) 修剪

功能：需要拾取一条曲线或多条曲线作为剪刀线，对一系列被裁剪曲线进行裁剪。

说明：

(1) 在"线裁剪"和"点裁剪"不同，本功能中系统将裁剪掉所拾取的曲线段，而保留在剪刀线另一侧的曲线段。

(2) 不同之处还在于，这里不采用延伸的做法，只在有实际交点处进行裁剪。

(3) 本功能中，剪刀线同时也可作为被裁剪线。

2. 曲线的过渡及打断

1) 曲线过渡

对指定的两条曲线进行圆弧过渡、尖角过渡或对两条直线进行过渡。对尖角、倒角及圆弧过渡中需裁剪的情形，拾取的曲线段均是需保留的曲线段。通过立即菜单选择以下方式。

(1) 圆弧过渡：用于在两条曲线之间进行给定半径的圆弧光滑过渡。圆弧在两曲线的哪个侧边生成取决于两条曲线上的拾取位置。可利用立即菜单控制是否对两条曲线进行裁剪，此处裁剪是用生成的圆弧对曲线进行裁剪。系统约定只生成劣弧(圆心角小于180°的圆弧)。

(2) 尖角过渡：用于在给定的两条曲线之间进行过渡，过渡后在两条曲线的交点处呈尖角。尖角过渡后，一条曲线被另一条曲线裁剪。

(3) 倒角过渡：用于在给定的两条直线之间进行过渡，过渡后在两条直线之间倒成一条直线。倒角过渡后，两条直线分别被倒角线裁剪。

2) 曲线打断

把拾取到的一条曲线在指定点处打断，形成两条曲线。

3) 曲线组合

由首尾相连的多条直线、圆弧和样条曲线组成的一条曲线。

在"线面编辑"模块中，有"曲线组合"生成功能。该功能可以把拾取到的多条曲线组合成一条曲线。

这种表示要求首尾相连的曲线是光滑的。如果首尾相连的曲线有尖角，系统会自动生成一条光顺的样条曲线。在前面的内容中已提及过示例。

3. 曲线的几何变换

曲线的几何变换方式包括：平移、镜像、平面镜像、旋转、平面旋转、缩放和阵列。

(1) 平移：对拾取的曲线相对于原址进行平移和拷贝，如图8-23所示。在原图中选择一点作为原始点，用鼠标或键盘输入目标点，就可将现有曲线相对于原址进行平移和拷贝。

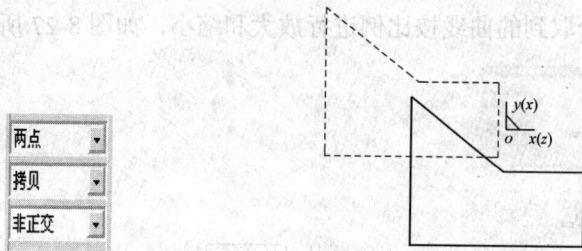

图 8-23　对拾取的曲线进行平移

（2）镜像：对拾取到的曲线以空间平面为对称轴进行对称镜像或镜像拷贝，此功能在画车削零件的轮廓线时较少用到。

（3）平面镜像：对拾取到的曲线以某一条直线为对称轴进行对称镜像或对称拷贝，如图 8-24 所示。

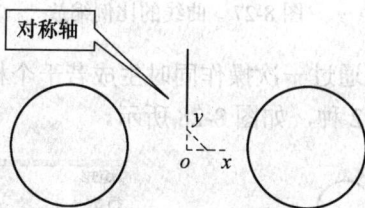

图 8-24　曲线的平面镜像

（4）旋转：对拾取到的曲线以空间直线为对称轴进行旋转移动和旋转拷贝，如图 8-25 所示。

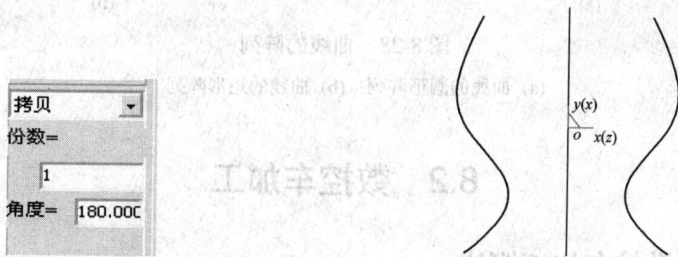

图 8-25　曲线的旋转

（5）平面旋转：对拾取到的曲线以平面中某一点进行旋转和旋转拷贝，如图 8-26 所示。

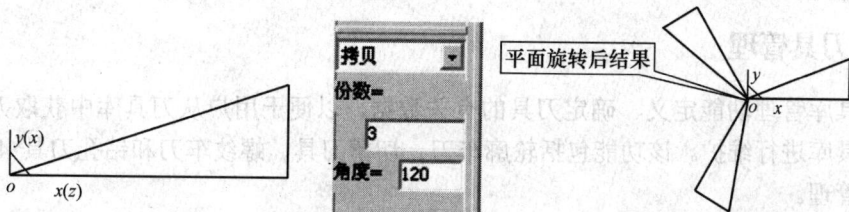

图 8-26　平面旋转

197

(6) 缩放：对拾取到的曲线按比例进行放大和缩小，如图 8-27 所示。

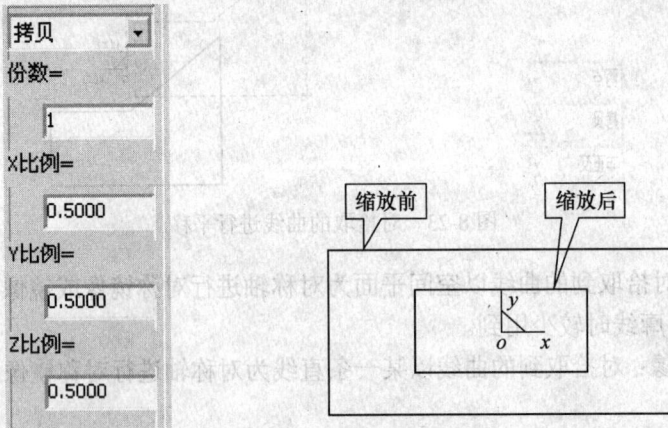

图 8-27　曲线的比例缩放

(7) 阵列：阵列的目的是通过一次操作同时生成若干个相同的图形，以提高作图速度，它分为圆形阵列和矩形阵列 2 种，如图 8-28 所示。

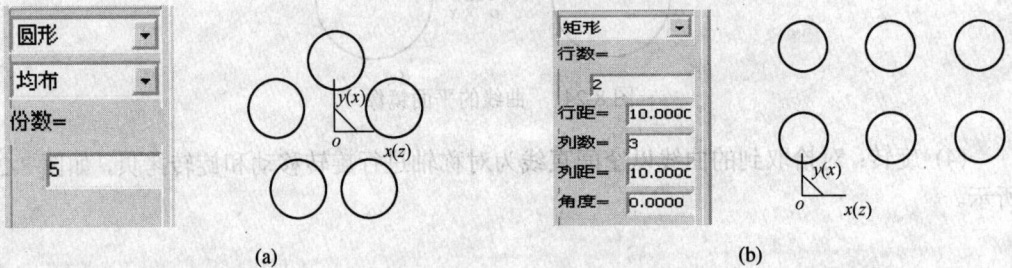

(a)　　　　　　　　　　　　　(b)

图 8-28　曲线的阵列

(a) 曲线的圆形阵列；(b) 曲线的矩形阵列。

8.2　数控车加工

8.2.1　CAXA 数控车加工概述

用 CAXA 数控车实现加工的过程首先必须配置好机床，因为这是正确输出代码的关键。并要看懂图纸，分析零件，用曲线正确地表达工件。再根据工件的形状，选择合适的加工方式，生成刀具加工轨迹。最后生成 G 代码，传给机床。

8.2.2　刀具管理

刀具库管理功能定义、确定刀具的有关数据，以便于用户从刀具库中获取刀具信息和对刀具库进行维护。该功能包括轮廓车刀、切槽刀具、螺纹车刀和钻孔刀具 4 种刀具类型的管理。

操作方法：

在"加工"菜单区中选取"刀具管理"菜单项，系统便弹出"刀具库管理"对话框，

198

如图 8-29 所示。也可按如图 8-30 所示打开刀具库管理。可按自己的需要添加新的刀具，对已有刀具的参数进行修改，更换使用的当前刀具等。

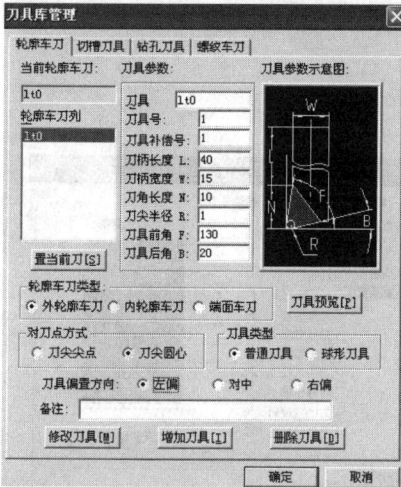

图 8-29　刀具库管理菜单

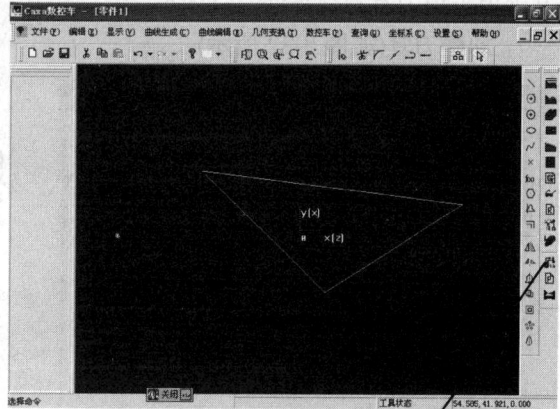

图 8-30　刀具库管理菜单打开的另一方法

当需要定义新的刀具时，按"增加刀具"按钮可弹出"添加刀具"对话框。在刀具列表中选择要删除的刀具名。按"删除刀具"按钮可从刀具库中删除所选择的刀具，应注意的是，不能删除当前刀具。

在刀具列表中选择要使用当前的刀具名，按"置当前刀"可将选择的刀具设为当前刀具，也可在刀具列表中双击所选的刀具。

改变参数后，按"修改刀具"按钮即可对刀具参数进行修改。

需要指出的是，刀具库中的各种刀具只是同类刀具的抽象描述，并非符合国标或其它标准的详细刀具库。所以刀具库只列出了对轨迹生成有影响的部分参数，其它与具体加工工艺相关的刀具参数并未列出。例如，将各种外轮廓内轮廓，端面粗精车刀均归为轮廓车刀，对轨迹生成没有影响，其它补充信息可在"备注"栏中输入。

下面将对各种刀具参数做详细说明。

刀具分为轮廓车刀、切槽刀具、钻孔刀具、螺纹车刀。

1) 轮廓车刀(如图 8-31 所示)

刀具名：用于刀具的标识和列表。

刀具号：用于后置的自动换刀指令。对应机床的刀库的刀号。

刀具补偿号：刀具补偿值的序列号，其值对应于机床的数据库。

刀柄长度：刀具可夹持段的长度。

刀柄宽度：刀具可夹持段的宽度。

刀角长度：刀具可切削段的长度。

刀尖半径：刀尖部分用于切削的圆弧的半径。

刀具前角：刀具前刃与工件旋转轴的夹角。

当前轮廓车刀：显示当前使用刀具的刀具名。当前刀具就是在加工中要使用的刀具，在加工轨迹的生成中要使用当前刀具的刀具参数。

轮廓车刀列表：表示刀具库中所有同类型刀具的名称，可通过鼠标或键盘的上、下键选择不同的刀具名。刀具参数表中将显示所选刀具的参数。双击所选的刀具还能将其置为当前刀具。

　　2) 切槽刀具(如图 8-32 所示)

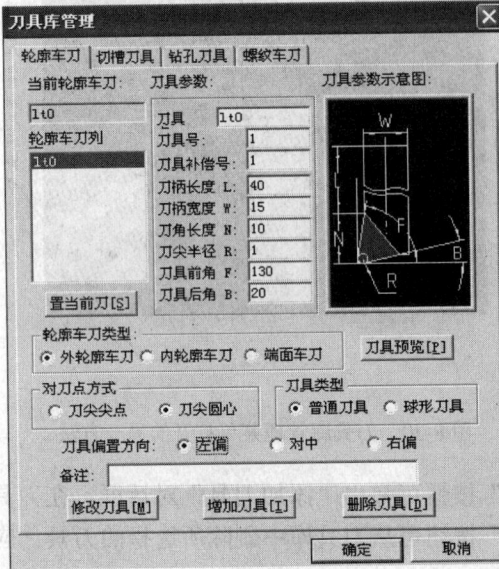

图 8-31　轮廓车刀

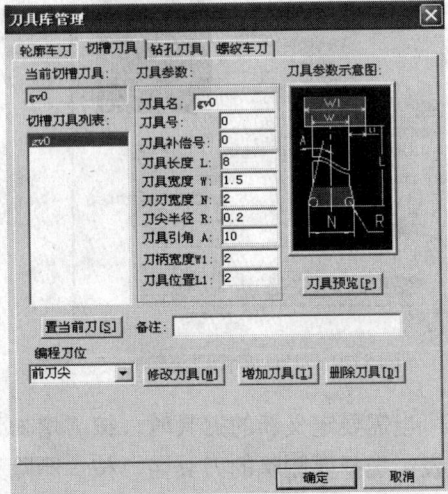

图 8-32　切槽刀具

　　刀具名：用于刀具的标识和列表。

　　刀具号：用于后置的自动换刀指令。对应机床的刀库的刀号。

　　刀具补偿号：刀具补偿值的序列号，其值对应于机床的数据库。

　　刀具长度：刀具的总体长度。

　　刀柄宽度：刀具切削刃的宽度。

　　刀尖半径：　刀具切削刃两端圆弧的半径。

　　刀具引角：刀具切削段两侧边与垂直于切削方向的夹角。

　　当前切槽刀具：显示当前使用刀具的刀具名。当前刀具就是在加工中要使用的刀具在加工轨迹的生成。中要使用当前刀具的刀具参数。

　　切槽刀具列表：显示刀具库中所选同类型刀具的名称，可通过鼠标或键盘的上、下键选择不同的刀具名，刀具参数表中将显示所选刀具的参数。双击所选的刀具还能将其置为当前刀具。

　　3) 钻孔刀具(如图 8-33 所示)

　　刀具名：用于刀具的标识和列表。

　　刀具号：用于后置的自动换刀指令。对应机床的刀库的刀号。

　　刀具补偿号：刀具补偿值的序列号，其值对应于机床的数据库。

　　刀具半径：刀具的半径。

　　刀尖角度：钻头前段尖部的角度。

　　刀刃长度：刀具的刀杆可用于切削部分的长度。

200

刀杆长度：刀尖到刀柄之间的距离。

当前钻孔刀具：显示当前使用刀具的刀具名。当前刀具就是在加工中要使用的刀具，在加工轨迹的生成中要使用当前刀具的刀具参数。

钻孔刀具列表：显示刀具库中所有同类型刀具助名称，可通过鼠标或键盘的上、下键选择不同的刀具名，刀具参数表中将显示所选刀具的参数。双击所选的刀具还能将其置为当前刀具。

4) 螺纹车刀(如图 8-34 所示)

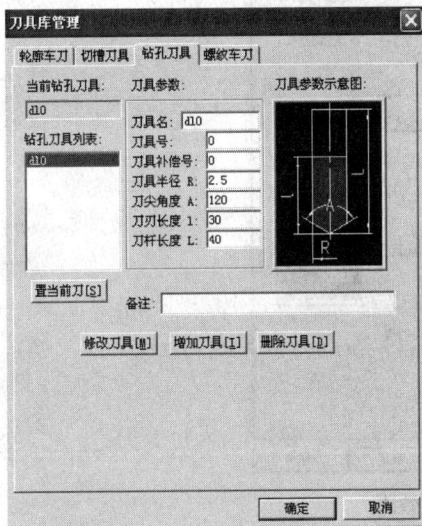

图 8-33　钻孔刀具

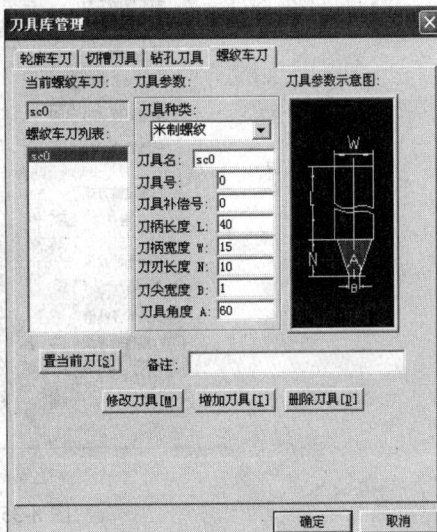

图 8-34　螺纹车刀

刀具名：用于刀具的标识和列表。

刀具号：用于后置的自动换刀指令。对应机床的刀库的刀号。

刀具补偿号：刀具补偿值的序列号，其值对应于机床的数据库。

刀柄长度：刀具可夹持段的长度。

刀柄宽度：刀具可夹持段的宽度。

刃长度：刀具切削刃顶部的宽度。对于三角螺纹车刀，刀刃宽度等于 0。

刀具角度：刀具切削段两侧边与垂直于切削方向的夹角，该角度决定了车削出的螺纹的螺纹角。

刀尖宽度：螺纹齿底宽度。

当前螺纹车刀：显示当前使用刀具的刀具名。当前刀具就是在加工中要使用的刀具，在加工轨迹的生成中要使用当前刀具的刀具参数。

螺纹车刀列表：显示刀具库中所有同类型刀具的名称，可通过鼠标或键盘的上、下键选择不同的刀具名，刀具参数表中将显示所选刀具的参数。双击所选的刀具还能将其置为当前刀具。

8.2.3　轮廓粗车

用于实现对工件外轮廓表面、内轮廓表面和端面的粗车加工，快速清除毛坯的多余部分。操作时要注意确定被加工轮廓和毛坯轮廓，被加工轮廓和毛坯轮廓两端点相连，两轮廓共同构成一个封闭的加工区域。此区域的材料将被加工去除。

1. 操作步骤

(1) 在"数控车"菜单的子菜单选取"轮廓粗车"，或在工具条中单击▬图标，系统弹出加工参数表如图 8-35 所示。

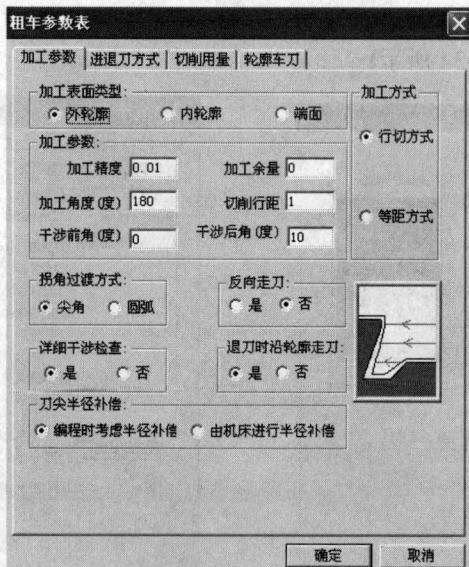

图 8-35　粗车参数表

(2) 在参数表中首先确定被加工的是外轮廓，还是内轮廓或端面，接着按加工要求确定其它各加工参数。

(3) 拾取被加工的轮廓和毛坯轮廓，拾取方法大多为"限制链拾取"，此外还有"链拾取"，"单个拾取"。拾取箭头方向与实际加工方向无关。

(4) 确定进退刀点，生成轨迹。

(5) 生成 G 代码。单击工具条中的▣图标，再拾取相应的刀具轨迹。

2. 参数说明

1) 加工参数

(1) 加工表面类型。

外轮廓：采用外轮廓车刀，默认加工方向角度为 180°（与 X 轴正方向为 0°）。

内轮廓：采用内轮廓车刀，默认加工方向角度为 180°（与 X 轴正方向为 0°）。

车端面：采用外端面车刀，默认加工方向角度为-90°或 270°（与 X 轴正方向为 0°）。

加工精度：对于直线和圆弧，机床可以精确地加工，机床将按给定的加工精度把样条转化成直线段处理。

加工角度：刀具切削方向与机床 Z 轴正方向的夹角。

干涉前角：做前角干涉检查时，确定干涉检查的角度。

干涉后角：做后角干涉检查时，确定干涉检查的角度。

加工余量：加工结束后，加工表面与最终加工结果相比的剩余量。

(2) 拐角过渡方式。

圆弧：在切削过程中遇到拐角时刀具从轮廓的一边到另一边的过程中，以圆弧方式过渡。

尖角：在切削过程中遇到拐角时刀具从轮廓的一边到另一边的过程中，以尖角方式过渡。

(3) 反向走刀。

否：刀具按默认方向走刀，即刀具从机床 Z 轴正向向 Z 轴负向移动。

是：刀具按默认方向相反的方向走刀。

(4) 详细干涉检查。

否：假定刀具前后干涉角均为 0°，对凹槽部分不做加工。

是：加工凹槽时，用定义的干涉角度检查加工中是否有刀具前角及底切干涉，并按定义的干涉角度生成无干涉的切削轨迹。

(5) 退刀时沿轮廓走刀。

否：刀位行首末直接进退刀，不加工行与行之间的轮廓。

是：两刀位行之间如果有一段轮廓，在后一刀位行之前、之后增加对行之间轮廓的加工。

(6) 刀尖半径补偿。

编程时考虑半径补偿：所生成代码即为已考虑半径补偿的代码，无需机床再进行刀尖半径补偿。

由机床进行半径补偿：在生成加工轨迹时，假设刀尖半径为 0，按轮廓编程，不进行刀尖半径计算。所生成代码在用于实际加工时应根据实际刀尖半径由机床指定补偿值。

3. 进退刀方式(如图 8-36 所示)

(1) 进刀方式。

与加工表面成定角：指在每一切削行前加一段与轨迹切削方向夹角成一定角度的进刀段，刀具垂直进刀到该进刀段的起点，再沿该进刀段进刀至切削行。角度定义该进刀段与轨迹切削方向的夹角，长度定义该进刀段的长度。

垂直进刀：指刀具直接进刀到每一切削行的起始点。

矢量进刀:指在每一切削行前加入一段与系统 X 轴(机床 Z 轴)正方向成一定夹角的进刀段。

(2) 退刀方式。

与加工表面成定角：指在每一切削行后加一段与轨迹切削方向夹角成一定角度的退刀段，刀具先沿该退刀段退刀，再从该退刀段的末点开始垂直退刀。角度定义该退刀段与轨迹切削方向的夹角，长度定义该退刀段的长度。

垂直退刀：指刀具直接退刀到每一切削行的终止点。

矢量退刀:指在每一切削行后加入一段与系统 X 轴(机床 Z 轴)正方向成一定夹角的退刀段。

4. 切削用量(如图 8-37 所示)

(1) 速度设定。

根据加工的实际情况选择进退刀是否快速走刀。

进刀量可以选择 mm/min、mm/r。

(2) 主轴转速。

机床主轴旋转的速度。

恒转速：切削过程中按指定的主轴转速保持主轴转速恒定，直到下个指令改变该转速。

恒线转速：切削过程中按指定的线速度值保持线速度恒定。

(3) 样条拟合方式。

直线：对加工轮廓中的样条线根据给定的加工精度用直线段进行拟合。

圆弧：对加工轮廓中的样条线根据给定的加工精度用圆弧段进行拟合。

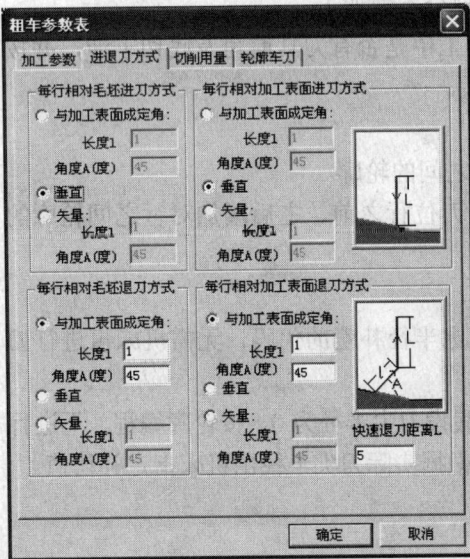

图 8-36 进退刀方式　　　　　　　　图 8-37 切削用量表

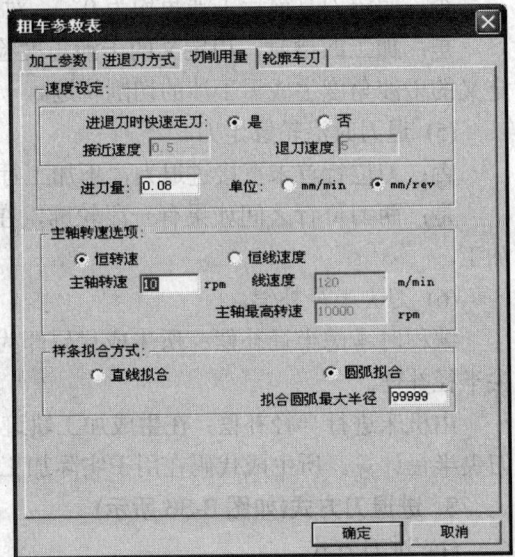

5. 轮廓车刀

对加工中所用的刀具参数进行设置。具体参数说明请参考"刀具管理"中的说明。

8.2.4 轮廓精车

用于实现对工件外轮廓表面、内轮廓表面和端面的精车加工。做轮廓精车时要确定被加工轮廓，被加工轮廓就是加工结束后的工件表面轮廓，被加工轮廓不能闭合或自相交。

1. 操作步骤

(1) 在"数控车"菜单的子菜单选取"轮廓精车"，或在工具条中单击▀图标，系统弹出加工参数表如图 8-38 所示，在参数表中首先确定被加工的是外轮廓，还是内轮廓或端面，接着按加工要求确定其它各加工参数。

(2) 拾取被加工的轮廓，拾取方法大多为"限制链拾取"，此外还有"链拾取"，"单个拾取"。拾取箭头方向与实际加工方向无关。

(3) 确定进退刀点。生成轨迹。生成 G 代码。单击工具条中的 图标，再拾取相应的刀具轨迹，即可生成加工指令。

2. 参数说明

1) 加工参数

(1) 加工表面类型。

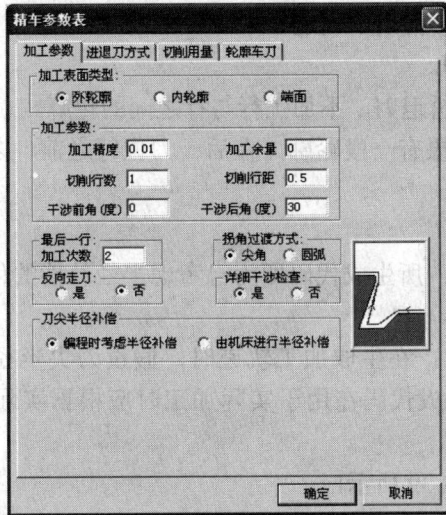

图 8-38　"精车参数表"对话框

外轮廓：采用外轮廓车刀，默认加工方向角度为 180°（与 X 轴正方向为 0°）。

内轮廓：采用内轮廓车刀，默认加工方向角度为 180°（与 X 轴正方向为 0°）。

车端面：采用外端面车刀，默认加工方向角度为 -90° 或 270°（与 X 轴正方向为 0°）。

(2) 加工参数。

加工精度：对于直线和圆弧，机床可以精确地加工，机床将按给定的加工精度把样条转化成直线段处理。

切削行数：刀具轨迹的加工行数，不包括最后一行的重复次数。

干涉前角：做前角干涉检查时，确定干涉检查的角度。避免前刀面与工件干涉。

干涉后角：做后角干涉检查时，确定干涉检查的角度。避免后刀面与工件干涉。

加工余量：加工结束后，加工表面与最终加工结果相比的剩余量。

切削行距：行与行之间的距离。沿加工轮廓走刀一次称为一行。

(3) 最后一行加工次数。

精车时，为提高车削的表面质量，最后一行常常在相同进给量的情况进行多次车削。

(4) 拐角过渡方式。

圆弧：在切削过程中遇到拐角时刀具从轮廓的一边到另一边的过程中，以圆弧方式过渡。

尖角：在切削过程中遇到拐角时刀具从轮廓的一边到另一边的过程中，以尖角方式过渡。

① 反向走刀：

否：刀具按默认方向走刀，即刀具从机床 Z 轴正向向 Z 轴负向移动。

205

是：刀具按默认方向相反的方向走刀。

② 详细干涉检查。

否：假定刀具前后干涉角均为 0°，对凹槽部分不做加工。

是：加工凹槽时，用定义的干涉角度检查加工中是否有刀具前角及底切干涉，并按定义的干涉角度生成无干涉的切削轨迹。

③ 退刀时沿轮廓走刀。

否：刀位行首末直接进退刀，不加工行与行之间的轮廓。

是：两刀位行之间如果有一段轮廓，在后一刀位行之前、之后增加对行之间轮廓的加工。

④ 刀尖半径补偿。

编程时考虑半径补偿：所生成代码即为已考虑半径补偿的代码，无需机床再进行刀尖半径补偿。

由机床进行半径补偿：在生成加工轨迹时，假设刀尖半径为 0，按轮廓编程，不进行刀尖半径计算。所生成代码在用于实际加工时应根据实际刀尖半径由机床指定补偿值。

2) 进退刀方式(如图 8-39 所示)

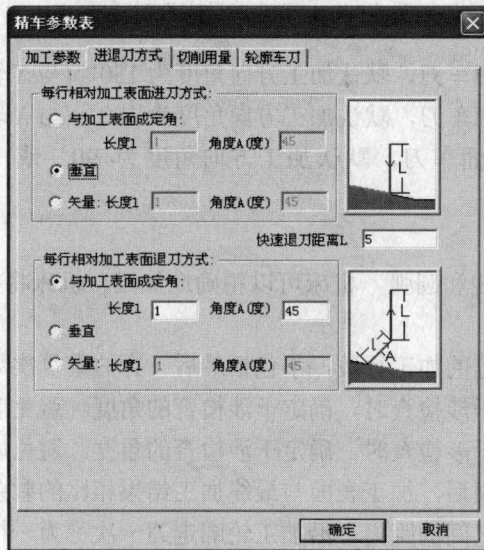

图 8-39 精车"进退刀方式"对话框

(1) 进刀方式。

与加工表面成定角：指在每一切削行前加一段与轨迹切削方向夹角成一定角度的进刀段，刀具垂直进刀到该进刀段的起点，再沿该进刀段进刀至切削行。

角度定义该进刀段与轨迹切削方向的夹角，长度定义该进刀段的长度。

垂直进刀：指刀具直接进刀到每一切削行的起始点。

矢量进刀:指在每一切削行前加入一段与系统 X 轴(机床 Z 轴)正方向成一定夹角的进刀段。

(2) 退刀方式。

与加工表面成定角：指在每一切削行后加一段与轨迹切削方向夹角成一定角度的退刀段，刀具先沿该退刀段退刀，再从该退刀段的末点开始垂直退刀。角度定义该退刀段与轨迹切削方向的夹角，长度定义该退刀段的长度。

垂直退刀：指刀具直接退刀到每一切削行的终止点。

矢量退刀：指在每一切削行后加入一段与系统 X 轴(机床 Z 轴)正方向成一定夹角的退刀段。

3) 切削用量：参数表的说明见轮廓粗车的说明。

4) 轮廓车刀：见刀库管理说明。

8.2.5 车槽

用于工件外轮廓表面、内轮廓表面和端面切槽。切槽时要确定被加工轮廓，被加工轮廓就是加工结束后的工件表面轮廓。被加工轮廓不能闭合或自相交。

1. 操作步骤

(1) 在"数控车"菜单的子菜单选取"切槽"，或在工具条中单击 ▦ 图标，系统弹出加工参数表如图 8-40 所示。

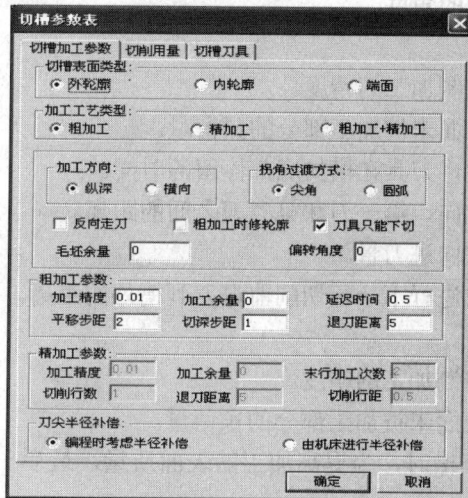

图 8-40 "切槽"对话框

(2) 在参数表中首先确定被加工的是外轮廓，还是内轮廓或端面，接着按加工要求确定其它各加工参数。

(3) 拾取被加工的轮廓，拾取方法大多为"限制链拾取"，此外还有"链拾取"、"单个拾取"。

(4) 确定进退刀点。生成轨迹。

(5) 生成 G 代码。单击工具条中的 ▦ 图标，再拾取相应的刀具轨迹，即可生成加工指令。

2. 参数说明

(1) 切槽加工参数。

切槽表面类型：在参数表中首先确定被加工的是外轮廓，还是内轮廓或端面。

加工工艺类型有以下 3 种：

粗加工：对槽只进行粗加工。

精加工：对槽只进行精加工。

粗加工+精加工：对槽进行粗加工之后接着做精加工。

(2) 加工方向。

纵深：顺着槽深的方向加工。

横向：垂直于槽深的方向加工。

(3) 拐角过渡方式。

圆弧：在切削过程中遇到拐角时刀具从轮廓的一边到另一边的过程中，以圆弧方式过渡。

尖角：在切削过程中遇到拐角时刀具从轮廓的一边到另一边的过程中，以尖角方式过渡。

反向走刀：修改切槽平移步距的方向。

粗加工时修轮廓：粗加工时增加对轮廓的修理。刀具只能下切。

毛坯余量：参照最终轮廓留的余量。

偏转角度：刀具偏转的角度。

(4) 粗加工参数。

加工精度：按需要控制加工的精度。

加工余量：被加工表面未被加工部分的预留量。

延迟时间：粗车槽时，刀具在槽的底部停留的时间。

平移步距：沿槽宽方向，第一刀和第二刀之间的距离。

切深步距：沿槽深方向进刀量。

退刀距离：粗车槽中进行下一行切削前退刀到槽外的距离。

(5) 精加工参数。

加工精度：按需要控制加工的精度。

加工余量：被加工表面未被加工部分的预留量。

末行加工次数：精车槽时，为提高加工的表面质量，最后一行常常在相同进给量的情况进行多次车削。

切削行数：精加工刀位轨迹的加工行数，不包括最后一行的重复次数。

退刀距离：精加工中切削完一行之后，进行下一行切削前退刀的距离。

切削行距：精加工行与行之间的距离。

切削用量：参数表的说明见轮廓粗车的说明。

切槽刀具：见刀库管理说明。

8.2.6 钻中心孔

钻中心孔功能用于在工件的旋转中心钻中心孔。该功能提供了多种钻孔方式，包括高速啄式深孔钻、左攻丝、精镗孔、钻孔、镗孔和反镗孔等。因为车加工中的钻孔位置只能是工件的旋转中心，所以，最终所有的加工轨迹都在工件的旋转轴上，也就是系统的 X 轴(机床的 Z 轴)上。

1. 操作步骤

(1) 在"数控车"菜单的子菜单选取"钻中心孔",或在工具条中单击 ■ 图标,系统弹出加工参数表如图 8-41 所示。

(2) 确定各加工参数后,拾取钻孔的起始点,因为轨迹只能在系统的 X 轴上(机床的 Z 轴),所以把输入的点向系统的 X 轴投影,得到的投影点作为钻孔的起始点,然后生成

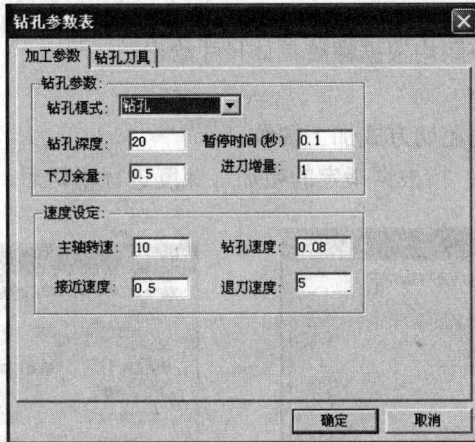

图 8-41 钻孔参数表

钻孔加工轨迹。

2. 参数说明

(1) 加工参数。

钻孔模式:钻孔方式。

钻孔深度:指要钻孔的深度。

暂停时间:攻丝时刀在工件底部的停留时间。

下刀余量:钻下一个孔时,刀具从前一个孔顶端的抬起量。

进刀增量:深孔钻时每次进刀量或镗孔时每次侧进量。

接近速度:刀具接近工件时的进给速度。

钻孔速度:钻孔时的进给速度。

主轴转速:主轴旋转的速度。

退刀速度:刀具离开工件的速度。

(2) 钻孔车刀:参看刀具管理说明。

8.2.7 车螺纹

车螺纹为非固定循环方式加工螺纹,可对螺纹加工中的各种工艺条件、加工方式进行更为灵活的控制。

1. 操作步骤

(1) 在"数控车"菜单的子菜单选取"车螺纹",或在工具条中单击 ▧ 图标,依次拾取螺纹的起点和终点。系统弹出加工参数表如图 8-42 所示。

(2) 参数填写完毕，选择确认按钮，即生成螺纹车削刀具轨迹。

(3) 生成 G 代码。单击工具条中 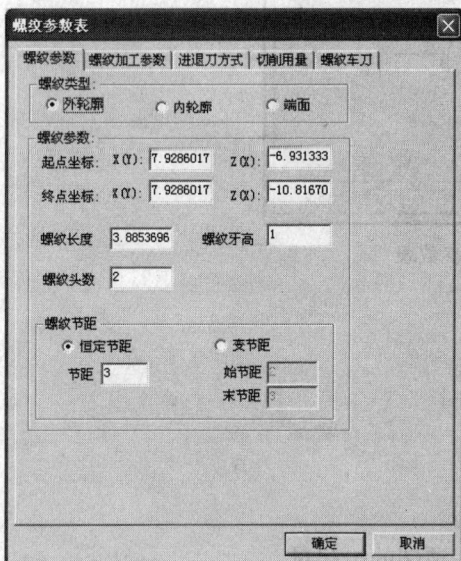 图标，再拾取相应的刀具轨迹，即可生成加工指令。

2. 参数说明

在参数表中首先确定被加工的是外轮廓，还是内轮廓或端面，螺纹参数中的起点、终点坐标由图 8-43 所示中拾取。在此进行螺纹长度的修改，以达到从螺纹外进退刀。

螺纹牙高、头数、节距均根据螺纹具体尺寸给出。

(1) 加工工艺。

粗加工：指直接采用粗切方式加工螺纹。

粗加工+精加工方式：指根据指定的粗加工深度进行粗切后，再采用精切方式。

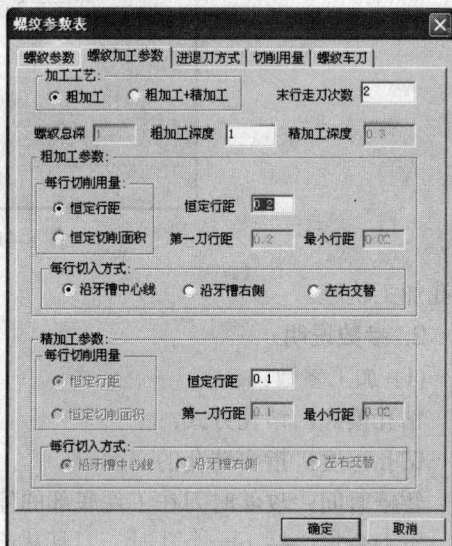

图 8-42　螺纹参数表

图 8-43　螺纹加工参数表

精加工深度：螺纹精加工的切深量。

粗加工深度：螺纹粗加工的切深量。

(2) 每行切削用量。

恒定行距：每一切削行的间距保持恒定。

恒定切削面积：为保证每次切削的切削面积恒定，各次切削将逐步减少，直至等于最少行距。用户需指定第一刀行距及最小行距。吃刀深度规定如下：第 n 刀的吃刀深度为第一刀的吃刀深度的 $\sqrt{n}$ 倍。

末行走刀次数：为提高加工质量，最后一个切削行有时需要重复走刀多次，此时需要指定重复走刀次数。

每行切入方式：指刀具在螺纹始端切入时的切入方式。刀具在螺纹末端的退出方式与切入方式相同。

其它参数的设定依照前面的解释。

8.2.8　生成代码

生成代码就是按照当前机床类型的配置要求，把已经生成的加工轨迹转化生成 G 代码数据文件，即 CNC 数控程序，有了数控程序就可以直接输入机床进行数控加工。

生成代码的操作步骤：

(1) 在"数控车"子菜单区中选取"生成代码"功能项，则弹出一个需要用户输入文件名的对话框，要求用户填写后置程序文件名，如图 8-44 所示。此外系统还在信息提示区给出当前生成的数控程序所适用的数控系统和机床系统信息，它表明目前所调用的机床配置和后置设置情况。

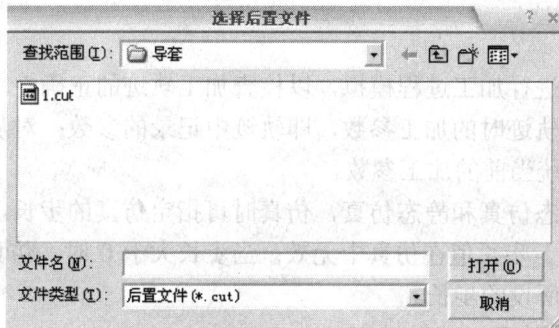

图 8-44　"选择后置文件" 对话框

(2) 输入文件名后选择"保存"按钮，系统提示拾取加工轨迹。当拾取到加工轨迹后，该加工轨迹变为被拾取颜色。右击结束拾取，系统即生成数控程序。拾取时可使用系统提供的拾取工具，可以同时拾取多个加工轨迹，被拾取轨迹的代码将生成在一个文件当中，生成的先后顺序与拾取的先后顺序相同。

8.2.9　查看代码

查看代码功能是查看、编辑生成代码的内容，其方法如下：

在"数控车"子菜单区中选取"查看代码"菜单项，则弹出一个需要用户选取数控程序的对话框。选择一个程序后，系统即用 Windows 提供的"记事本"显示代码的内容，当代码文件较大时，则要用"写字板"打开，用户可在其中对代码进行修改。

8.2.10　参数修改

对生成的轨迹不满意时可以用参数修改功能对轨迹的各种多数进行修改，以生成新的加工轨迹。

1. 操作步骤

在"数控车"子菜单区中选取"参数修改"菜单项，则提示用户拾取要进行参数修改的加工轨迹。拾取轨迹后将弹出该轨迹的参数表供用户修改。参数修改完毕选取"确定"按钮，即依据新的参数重新生成该轨迹。

2. 轮廓拾取工具

由于在生成轨迹时经常需要拾取轮廓，在此对轮廓拾取方式作专门介绍。轮廓拾取工具提供 3 种拾取方式：单个拾取、链拾取和限制链拾取。

"单个拾取"需用户依次拾取需批量处理的各条曲线。它适合于曲线条数不多且不适合于"链拾取"的情形。

"链拾取"需用户指定起始曲线及链搜索方向，系统按起始曲线及按搜索方向自动寻找所有首尾搭接的曲线。它适合于需批量处理的曲线数目较大且无两根以上曲线搭接在一起的情形。

"限制链拾取"需用户指定起始曲线、搜索方向和限制曲线，系统按起始曲线及搜索方向自动寻找首尾搭接的曲线至指定的限制曲线。它适用于避开有两根以上曲线搭接在一起的情形，以正确地拾取所需要的曲线。

8.2.11　轨迹仿真

已有的加工轨迹进行加工过程模拟，以检查加工轨迹的正确性。对系统生成的加工轨迹，仿真时用生成轨迹时的加工参数，即轨迹中记录的参数；对从外部反读进来的刀位轨迹，仿真时用系统当前的加工参数。

轨迹仿真分为动态仿真和静态仿真，仿真时可指定仿真的步长，用来控制仿真的速度。当步长设为 0 时，步长值在仿真中无效；当步长大于 0 时，仿真中每一个切削位置之间的间隔距离即为所设的步长。

轨迹仿真操作步骤如下：

(1) 在"数控车"于菜单区中选取"轨迹仿真"功能项，同时可指定仿真的步长。

(2) 拾取要仿真的加工轨迹。此时可使用系统提供的选择拾取工具。在结束拾取前仍可修改仿真的类型或仿真的步长。

(3) 右击结束拾取，系统即开始仿真。仿真过程中可按键盘左上角的 Esc 键终止仿真。

8.2.12　代码反读(校核 G 代码)

代码反读就是把生成的 G 代码文件反读进来，生成刀具轨迹，以检查生成的 G 代码的正确性。如果反读的刀位文件中包含圆弧插补，需用户指定相应的圆弧插补格式，否则可能得到错误的结果。若后置文件中的坐标输出格式为整数，且机床分辨率不为 1 时，反读的结果是不对的，亦即系统不能读取坐标格式为整数且分辨率为非 1 的情况。

在"数控车"子菜单区中选取"代码反读"功能项，则弹出一个需要用户选取数控程序的对话框。系统要求用户选取需要校对的 G 代码程序。拾取到要校对的数控程序后，系统根据程序 G 代码立即生成刀具轨迹。

注意：

(1) 刀位校核只用来进行对 G 代码的正确性进行检验，由于精度等方面的原因应避免将反读出的刀位重新输出，因为系统无法保证其精度。

(2) 校对刀具轨迹时，如果存在圆弧插朴，则系统要求选择圆心的坐标编程方式，其含义可参考后置设置中的说明。要正确选择对应的形式，否则会导致错误。

8.2.13 机床设置

机床设置就是针对不同的机床，不同的数控系统，设置特定的数控代码、数控程序格式及参数，并生成配置文件。生成数控程序时，系统根据该配置文件的定义生成用户所需要的特定代码格式的加工指令。

机床配置给用户提供了一种灵活方便的设置系统配置的方法。对不同的机床进行适当的配置，具有重要的实际意义。通过设置系统配置参数，后置处理所生成的数控程序可以直接输入数控机床或加工中心进行加工，而无需进行修改。如果已有的机床类型中没有所需的机床，可增加新的机床类型以满足使用需求，并可对新增的机床进行设置。机床配置的各参数如图 8-45 所示。

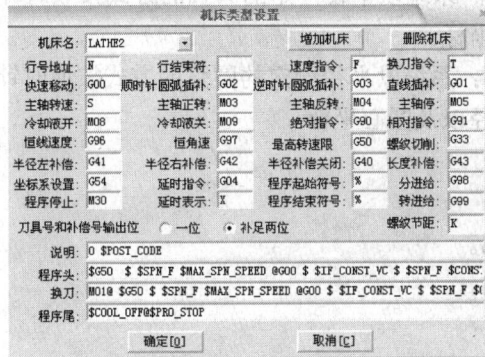

图 8-45 "机床类型设置" 对话框

8.2.14 机床参数设置

在"数控车"于菜单区中选取"机床设置"功能项，系统弹出机床配置参数表，用户可按自己的需求增加新的机床或更改已有的机床设置。按"确定"按钮可将用户的更改保存"取消"则放弃已做的更改。

机床参数配置包括主轴控制、数值插补方法、补偿方式、冷却控制、程序启停以及程序首尾控制符等。现以某系统参数配置为例，具体配置方法如下。

1. 机床参数设置

在"机床名"一栏内用鼠标点取，可选择一个已存在的机床并进行修改。按"增加机床"按钮可增加系统没有的机床，按"删除机床"按钮可删除当前的机床。可对机床的各种指令地址进行设置。可以对以下选项进行配置。

1) 行号地址，<N××××>

一个完整的数控程序由多个的程序段组成，每一个程序段前有一个程序段号，即行号地址。系统可以根据行号识别程序段。

2) 行结束符<; >

在数控程序中，一行数控代码就是一个程序段。数控程序一般以特定的符号，而不是以回车键作为程序段结束标志，它是一段程序段不可缺少的组成部分。有些系统以分号符";"作为程序段结束符。系统不同，程序段结束符一般不同，如有的系统结束符是

213

"X"，有的是"钲"等不尽相同。一个完整的程序段亦包括行号、数控代码和程序段结束符。

3) 插补方式控制

一般地，插补就是把空间曲线分解为 X、Y、Z 各个方向的很小的曲线段，然后以微元化的直线段去逼近空间曲线。数控系统都提供直线插补和圆弧插补，其中圆弧插补又可分为顺圆插补和逆圆插补。

插补指令都是模代码。所谓模代码就是只要指定一次功能，以后就不用指定，系统会以最近的功能模式确认本程序段的功能。除非重新指定同类型功能代码，否则以后的程序段仍然可以默认该功能代码。

(1) 内线插补<G01>：系统以白线段的方式逼近该点。需给出终点坐标。

(2) 顺圆插补<G02>：系统以半径一定的圆弧的方式按顺时针的方向逼近该点终点坐标、圆弧半径以及圆心坐标。

(3) 逆圆插补<G03>：系统以半径给定的圆弧的方式按逆时针的方向逼近该点，要求给出终点坐标、圆弧半径以及圆心坐标。

4) 主轴控制指令

(1) 主轴转数：S。

(2) 主轴正转：M03。

(3) 主轴反转：M04。

(4) 主轴停：M05。

5) 冷却液开关控制指令

(1) 冷却液开<M07>：M07 指令打开冷却液阀门开关，开始开放冷却液。

(2) 冷却液关<M09>：M09 指令关掉冷却液阀门开关，停止开放冷却液。

6) 坐标设定

用户可以根据需要设置坐标系，系统根据用户设置的参照系确定坐标值是绝对的还是相对的。

(1) 坐标系设置<G54>：G54 的是程序坐标系设置指令。一般地，以零件原点作为程序的坐标原点。程序零点坐标存储该机床的控制参数区。程序中不设置此坐标系，而是通过 G54 指令调用。

(2) 绝对指令<G90>：把系统设置为绝对编程模式。以绝对模式编程的指令，坐标值都以 G54 所确定的工件零点为参考点。绝对指令 G90 也是模代码，除非被同类型代码 G91 所代替，否则系统一直默认。

(3) 相对指令<G91>：把系统设置为相对编程模式，以相对模式编程的指令，坐标值都以该点的前一点为参考点、指令值以递增的方式编程。同样 G91 也是模式代码指令。

(4) 设置当前点坐标<G92>：把随后的 X、Y 值作为当前点的坐标值。

7) 补偿

补偿包括定补偿、右补偿及补偿关闭。有了补偿后，编程时可以直接根据曲线轮廓编程。

(1) 半径左补偿<G41>：指加工轨迹以进给的方向为正方向，沿轮廓线左边让出一个刀具半径。

(2) 半径补偿关闭<G40>：补偿的关闭是通过代码 G40 来实现的。左右补偿指令代码都是模式代码，所以，也可以通过开启一个补偿指令代码来关闭另一个补偿指令代码。

8) 延时控制

(1) 延时指令<G04>：程序执行延时指令时，刀具将在当前位置停留给定的延时时间。

(2) 延时表示<X>：其后跟随的数值为延时的时间。

9) 程序停止<M02>

程序结束指令 M02 将结束整个程序的运行，所有的功能 G 代码和与程序有关的一些机床运行开关，如冷却液开关、机械手开关等都将关闭处于原始禁止状态。机床处于当前位置，如果要使机床停在机床零点位置，则必须用机床回零指令使之回零。

10) 恒线速度<G96>

切削过程中按指定的线速度使保持线速度恒定。

11) 恒角速度<G97>

切削过程中按指定的主轴转速保持主轴转速恒定，直到下一指令改变该指令为止。

12) 最高转速<G50>

限制机床主轴的最高转速，常与恒线速度<G96>同用匹配。

2. 程序格式设置

程序格式设置就是对 G 代码各程序段格式进行设置。"程序段"含义见只代码程序，可以对以下程序段进行格式设置：

程序起始符号、程序结束符号、程序说明、程序头和程序层换刀段。

1) 设置方式

字符中或发指令@字符串或宏指令。

其中宏指令为：$ +宏指令串，系统提供的宏指令串有：

(1) 当前后置文件名：POST_NAME。

(2) 当的日期：POST_DATE。

(3) 当前时间：POST_TIME。

(4) 当前 X 坐标值：COORD_Y。

(5) 当前 Z 坐标值：COORD_X。

(6) 当前程序号：POST_CODE。

2) 程序说明

说明部分是对程序的名称，与此程序对应的零件名称编号、编制日期和时间等有关信息的记录。程序说明部分是为了管理的需要而设置的。有了这个功能项目，可以很方便地进行管理。例如要加工某个零件时，只需要从管理程序中找到对应的程序编号即可，而不需要从复杂的程序中去一个一个地寻找需要的程序。

N126_6023l，$POST_NAME，$POST_DATE 和$POST_TIME，在生成的后置程序中的程序说明部分输出如下说明：

N126_60231，01261，1996，9.2，15：30：30

3) 程序头

针对待定的数控机床来说，程序开头部分都是相对固定的机床信息，如机床回零、工件零点设置以及冷却液开启等。

例如：直线插补指令内容为 G01，那么，$Gl 的输出结果为 G01，同样，$COOL_ON 的输出结果为 M7，$PRO_STOP 为 M02，依次类推。

例如：$COOL_ON @ $ SPN_CW @ $ G90 $ $GO $ COORD_Y $ COORD_X @ G41 在后置文件中的输出内容为：

M07；

M03；

G90 G00X10. 000Z20.0000；

G41。

8.2.15 后置处理设置

后置处理设置就是针对特定的机床，结合已经设置好的机床配置，对后置输出的数控程序的格式，如程序段行号、程序大小、数据格式、编程方式、圆弧控制方式等进行设置。本功能可以设置默认机床及 G 代码输出选项。机床名选择已存在的机床名作为默认机床。

后置参数设置包括程序段行音、程序大小、数据格式、编程方式和圆弧控制方式等。

在"数控车"子菜单区中选取"后置设贯"功能项。系统弹出后置处理设置参数表，如图 8-44 所示。可按自己的需要更改已有机床的后置设置。按"确定"按钮可将更改保存"取消"则放弃已做的更改。

后置处理设置各选项含义如下。

1) 机床系统

首先，数控程序必须有特定的数控机床。特定的配置菜单才具有加工的实际意义，所以后置设置必须先调用机床配置。在图 8-46 中，用鼠标拾取机床名一栏，就可以很方便地从配置文件中调出机床的相关配置。图中调用的是为 LATHE 2 数控系统的相关配置。

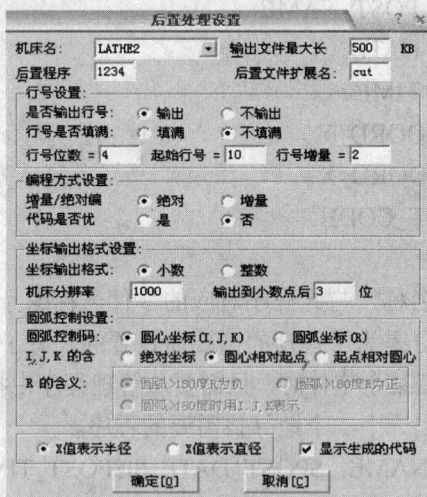

图 8-46   "后置处理设置"对话框

2) 输出文件最大长度

输出文件长度可以对数控程序的大小进行控制，文件大小控制以 KB(字节)为单位。

216

当输出的代码文件长度大于规定长度时系统自动分割文件。例如：当输出的 G 代码文件 post.ISO 超过规定的长度时，就会自动分割为 post0001.ISO、post0002.ISO、post0003.ISO、post0004.ISO 等。

3) 行号设置

程序段行号设置包括行号的位数、行号是否输出、行号是否填满、起始行号以及行号递增数值等。

(1) 是否输出行号：选中行号输小则在数控程序中的每一个程序段前面输出行号，反之亦然。

(2) 行号是否填满：指行号不足规定的行号位数时是否用 0 填充。行号填满就是不足所要求的行号位数的前画补零，如 N0028；反之亦然，如 N28。行号递增数值就是程序段行号之间的间隔。如 N0020 与 N00 25 之间的间隔为 5，建议选取比较适中的递增数值，这样有利于程序的管理。

4) 编程方式设置

有绝对编程 G90 和相对编程 G91 2 种方式。

5) 坐标输出格式设置

决定数控程序中数值的格式是小数输出还是整数输出；机床分辨率就是机床的加工精度，如果机床精度为 0.001mm，则分辨率设置为 1000，以此类推；输出小数位数可以按照加工精度，但不能超过机床精度，否则是没有实际意义的。

"优化坐标值"指输出的 G 代码中，若坐标值的某分量与上次相同，则此分量在 G 代码中不出现。

6) 圆弧控制设置

主要设置控制圆弧的编程方式，即采用圆心编程方式还是采用半径编程方式。当采用圆心编程方式时，圆心坐标(I，J，K)有以下 3 种含义。

绝对坐标：采用绝对编程方式，圆心坐标(I，J，K)的坐标值为相对于起点的绝对值。

相对起点：圆心坐标以圆弧起点为参考点。

起点相对圆心：圆弧起点坐标以圆心坐标为参考点取位。工件零点绝对坐标系。

按圆心坐标编程时，圆心坐标的各种含义是针对不同的数控机床而言。不同机床之间圆心坐标编程的含义就不同，但对于特定购机床其含义只有其中一种。当采用半径编程时，用半径正负区别的方法来控制圆弧是劣弧还是优弧。圆弧半径 R 的含义即表现为以下 2 种：

优圆弧：圆弧大于 $180°$，R 为负值。

劣圆弧；圆弧小于 $180°$，R 为正值。

7) X 值表示直径

软件系统采用直径编程。

8) X 值表示半径

软件系统采用半径编程。

9) 显示生成的代码

选中时系统调用 Windows 记事本显示生成的代码，如代码太长，则提示用写字板打开。

10) 扩展文件名控制和后置程序号

后置文件扩展名是控制所生成的数控程序文件名的扩展名。有些机床对数控程序要求有扩展名，有些机床没有这个要求，应视不同的机床而定。后置程序号是记录后置设置的程序号，不同的机床其后置设置不同，所以采用程序号来记录这些设置，以便于日后使用。

8.3 综合实例

实例： 加工如图 8-47 所示的导套零件。

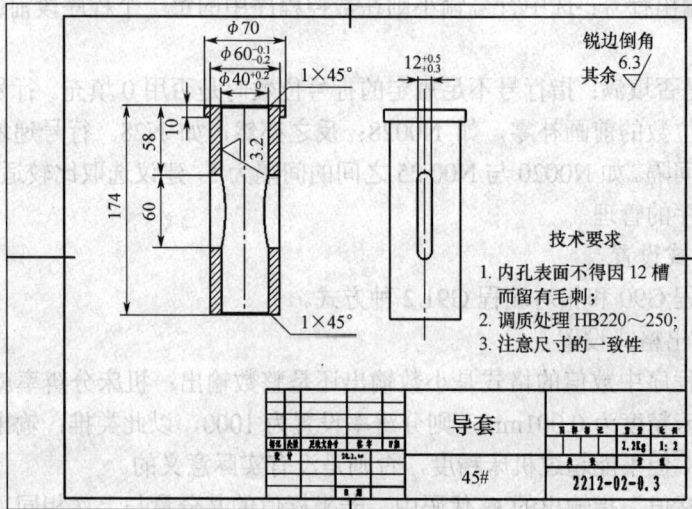

图 8-47 导套零件图

1. 分析加工图纸和工艺文件

零件"导套"图形比较简单，尺寸的公差较大，没有形位公差要求，孔的表面粗糙度 Ra 为 3.2 μm。

2. 编制加工程序

(1) 绘图：绘制车削加工零件导套轮廓图形，因为车削多为回转体加工，所以造型只需一半的二维图就可以了，注意将坐标原点选在零件的端面中心，用直线命令开始绘制零件轮廓。单击直线按钮，在左边菜单中选择绘图方式，以坐标原点为起点绘制，如图 8-48 所示。

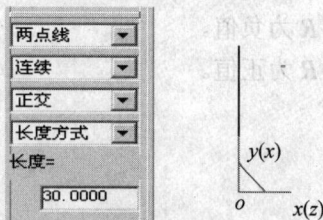

图 8-48 直线绘制示意图

然后修改长度值并结合曲线编辑绘制接下来的轮廓，绘图过程就不再重述了，如图 8-49 所示。接下来绘制毛坯，毛坯内外尺寸分别以 φ35、φ75 绘制，端面毛坯左右分别偏移 5、2 这两个尺寸来绘制，如图 8-50 所示。

218

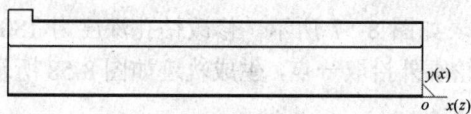

图 8-49　轮廓示意图

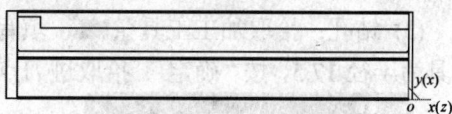

图 8-50　毛坯示意图

为区分和方便拾取轮廓及毛坯，注意在图中有 10 处是断点，如图 8-51 所示。

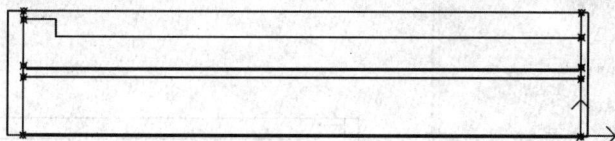

图 8-51　断点示意图

至此，导套零件在本软件中的造型就完成了，下面进入加工部分。

(2) 切端面：选轮廓粗车 图标并修改参数表面的加工类型为车端面，加工角度为 −90° 轮廓车刀类型为端面车刀，如图 8-52 所示。

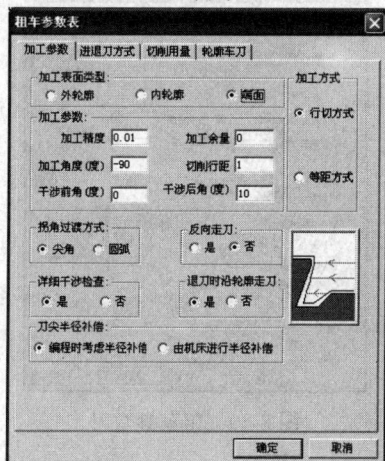

图 8-52　加工参数设置

拾取轮廓如图 8-53 所示。再用单个拾取，拾取的加工轮廓如图 8-54 虚线所示。

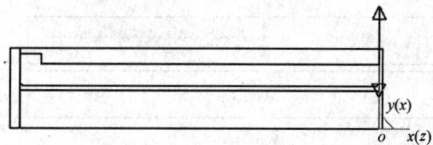

图 8-53　拾取轮廓

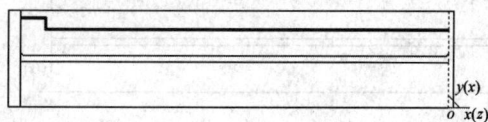

图 8-54　拾取轮廓

拾取完后确认，拾取毛坯，用限制链拾取如图 8-55 所示。拾取完后确认，拾取进退刀点，在轮廓外选择一点,生成轨迹如图 8-56 所示。

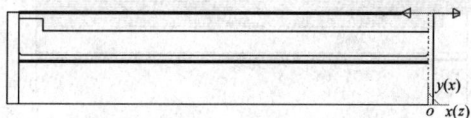

图 8-55　限制链拾取轮廓

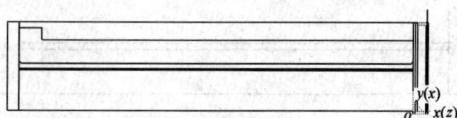

图 8-56　拾取进退刀点

219

(3) 钻孔：拾取加工工具条 ，填写参数表如图 8-57 所示。修改钻孔深度为 180，刀具为半径 17.5，按"确定"。拾取进刀点，在轮廓外拾取一点，生成轨迹如图 8-58 所示。

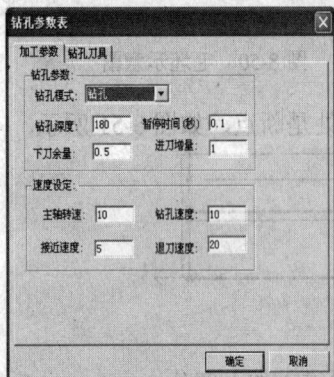

图 8-57　钻孔参数表

图 8-58　拾取进刀点

(4) 粗车外轮廓：拾取加工工具条 ，修改参数如图 8-59 所示。

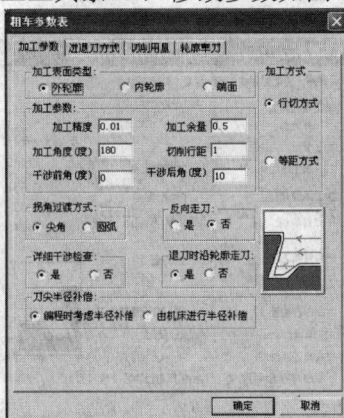

图 8-59　粗车参数表

注意：

加工角度为 180°，轮廓车刀为外轮廓车刀。设置好参数后确定。

拾取加工表面轮廓，用限制链拾取如图 8-60 所示。

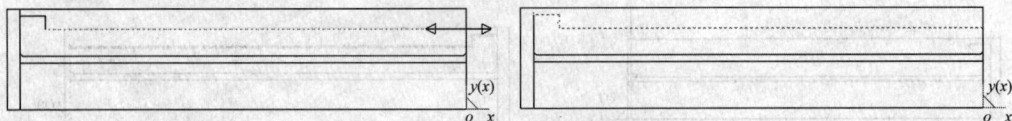

图 8-60　表面轮廓拾取

拾取毛坯如图 8-61 所示，毛坯和加工轮廓构成了封闭的区域。鼠标右键按确定，给定进退刀点(进退刀点在轮廓外拾取一点)，如图 8-62 所示。

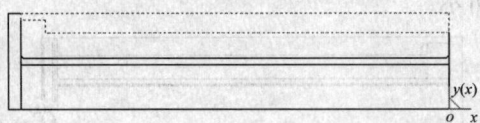

图 8-61　毛坯的拾取

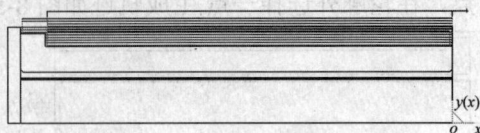

图 8-62　进退刀的拾取

220

(5) 内轮廓粗车：拾取加工工具条 ，弹出内轮廓粗加工参数设置对话框，如图 8-63 所示，修改轮廓类型为内轮廓加工，车刀为内轮廓车刀。

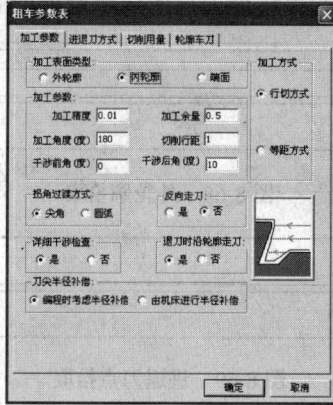

图 8-63　内轮廓粗加工参数设置

设置好参数后确定，用限制链拾取轮廓如图 8-64 所示。

再拾取毛坯如图 8-65 所示。

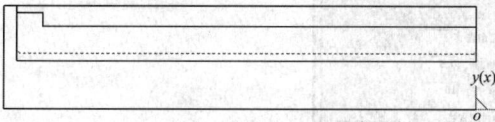

图 8-64　内轮廓拾取

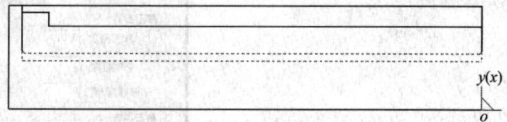

图 8-65　内轮廓毛坯拾取

生成轨迹如图 8-66 所示。

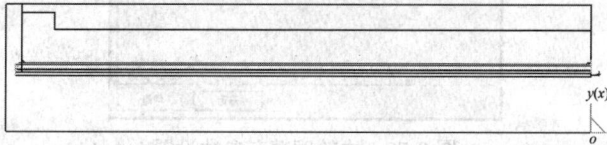

图 8-66　轨迹生成

(6) 外轮廓精车，从加工工具条选择 进行轮廓精车，修改参数如图 8-67 所示。

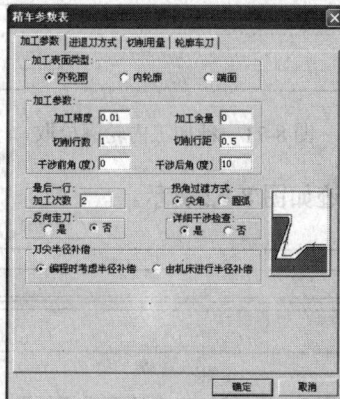

图 8-67　外轮廓精车

注意：

轮廓为外轮廓，加工余量为 0，轮廓车刀为外轮廓车刀。设置好参数后确认，如图 8-68 所示，拾取轮廓确认后，给定进退刀点生成轨迹如图 8-69 所示。

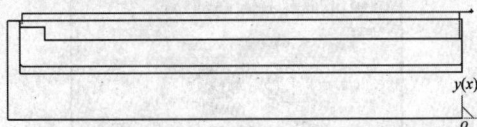

图 8-68　外轮廓拾取

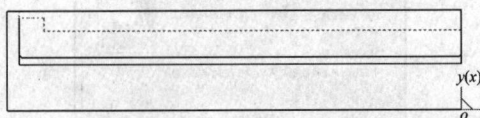

图 8-69　进退刀点拾取

(7) 内轮廓精车，从加工工具条选择 ![icon] 进行轮廓精车，修改参数如图 8-70 所示。

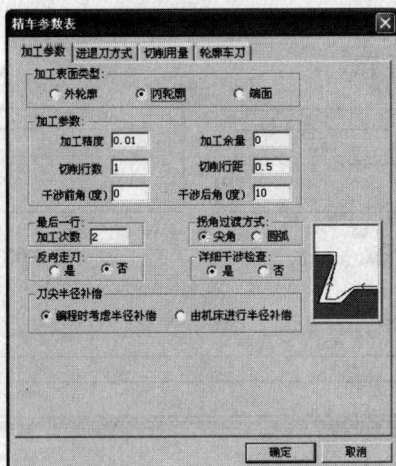

图 8-70　内轮廓精车参数设置

确定后，拾取轮廓如图 8-71 所示。

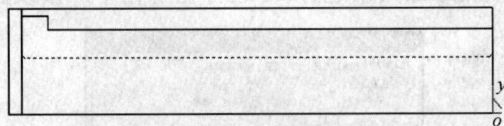

图 8-71　精加工内轮廓拾取

确定给定退刀点，生成轨迹如图 8-72 所示。

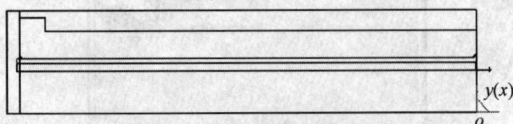

图 8-72　精加工内轮廓毛坯拾取

222

(8) 切断，选择加工工具条中![图标]，修改参数如图 8-73 所示，刀具参数设定如图 8-74 所示。

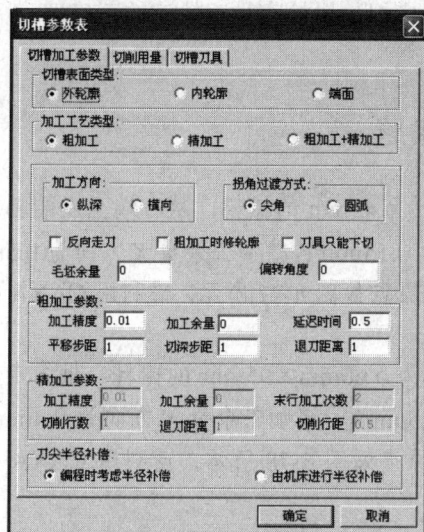

图 8-73 切槽参数设置

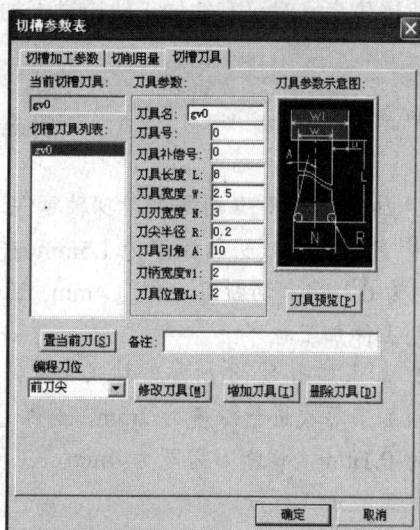

图 8-74 切槽刀具设置

拾取轮廓如图 8-75 所示。生成轨迹如图 8-76 所示。

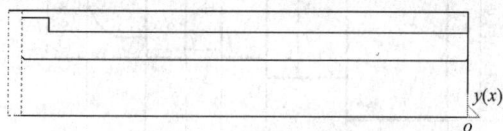

图 8-75 切槽轮廓拾取

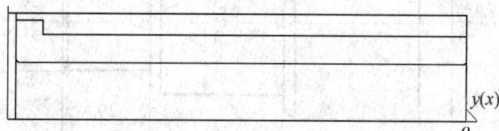

图 8-76 切槽轨迹生成

(9) 根据相应的机床设置好后置处理，然后拾取相应的轨迹生成 G 代码。

本 章 小 结

本章主要介绍了 CAXA 数控车使用简单的轨迹生成及通用后置处理功能。并提供了使用简洁的轨迹生成手段，可按加工要求生成各种复杂图形的加工轨迹。通用的后置处理模块使 CAXA 数控车可以满足各种机床的代码格式，可输出 G 代码，并可对生成的代码进行校验及加工仿真。

轮廓粗车：用于实现对工件外轮廓表面、内轮廓表面和端面的粗车加工，快速清除毛坯的多余部分。操作时要注意确定被加工轮廓和毛坯轮廓，被加工轮廓和毛坯轮廓两端点相连，两轮廓共同构成一个封闭的加工区域，此区域的材料将被加工去除。

轮廓精车：用于实现对工件外轮廓表面、内轮廓表面和端面的精车加工。

车槽：用于工件外轮廓表面、内轮廓表面和端面切槽。

钻中心孔：钻中心孔功能用于在工件的旋转中心钻中心孔。

车螺纹：车螺纹为非固定循环方式加工螺纹，可对螺纹加工中的各种工艺条件、加工方式进行更为灵活的控制。

生成代码：按照当前机床类型的配置要求，把已经生成的加工轨迹转化生成 G 代码数据文件。

轨迹仿真：对已有的加工轨迹进行加工过程模拟，以检查加工轨迹的正确性。

思考与练习题

1. 加工如图 8-77 所示的阶梯轴零件。毛坯为 $\phi 42$mm 的棒料，从右端至左端轴向走刀切削，粗加工每次进给深度为 1.5mm，进给量为 0.15mm/r，精加工余量 X 方向为 0.5mm，Z 方向为 0.1mm，切断刀刃宽为 4mm，工件程序原点如图 8-77 所示。请利用 CAXA 数控车编制工件加工程序。

2. 加工如图 8-78 所示的球头轴零件。毛坯为 $\phi 60$mm × 95mm 的棒料，轴向走刀切削，粗加工每次进给深度为 2mm，进给量为 0.25mm/r，精加工余量 X 方向为 0.4mm，Z 方向为 0.1mm，切断刀刃宽为 4mm，工件程序原点如图 8-78 所示。请利用 CAXA 数控车编制工件加工程序。

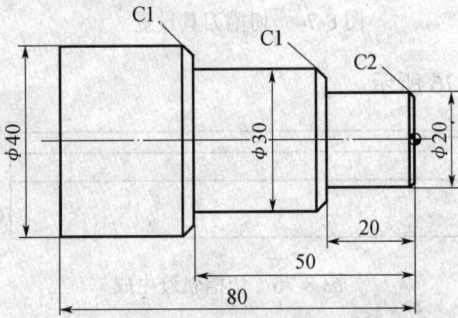

图 8-77 练习 1

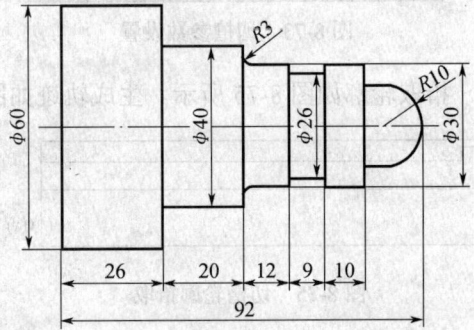

图 8-78 练习 2

3. 加工如图 8-79 所示的轴零件。外圆精加工余量 X 方向为 0.5mm，Z 方向为 0.1mm，切断刀刃宽为 4mm，螺纹加工用 G92 命令，X 方向铣刀直径为 $\phi 8$mm，Z 方向铣刀直径为 $\phi 6$mm，工件程序原点如图 8-79 所示(毛坯 $\phi 80$mm 的外圆已粗车至设计尺寸，不需加工)。请利用 CAXA 数控车编制工件加工程序。

4. 底孔已经加工完成无需编程。毛坯材料采用 45 号钢，尺寸 $\phi 55 \times 140$，如图 8-80 所示。程序编写时应注明所用刀刀具的名称及各程序段的加工项目。

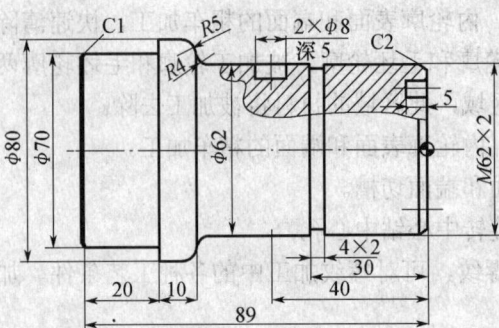

图 8-79 练习 3

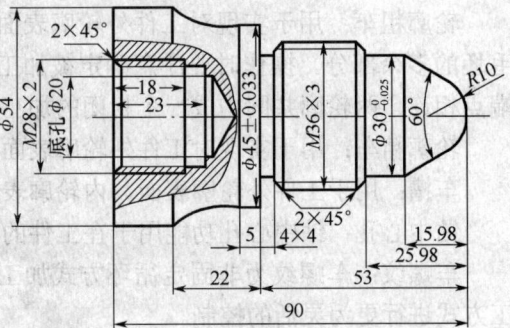

图 8-80 练习 4

224

5. 已知毛坯尺寸为 $\phi55 \times 95$，材质为 45 调质钢，根据如图 8-81 所示零件图尺寸，完成零件的车削加工造型(建模)，生成加工轨迹，根据 FANUC-0i 系统要求进行后置处理，生成 CAM 编程 NC 代码文件。

6. 已知毛坯尺寸为 $\phi45 \times 95$，材质为 45 调质钢，根据如图 8-82 所示零件图尺寸，完成零件的车削加工造型(建模)，生成加工轨迹，根据 FANUC-0i 系统要求进行后置处理，生成 CAM 编程 NC 代码文件。

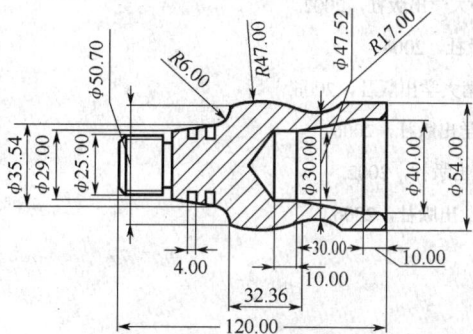

图 8-81　练习 5

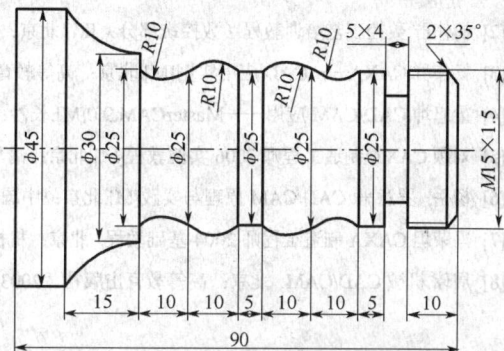

图 8-82 练习 6

7. 已知毛坯尺寸为 $\phi40 \times 90$，材质为 45 调质钢，根据如图 8-83 所示零件图尺寸，完成零件的车削加工造型(建模)，生成加工轨迹，根据 FANUC-0i 系统要求进行后置处理，生成 CAM 编程 NC 代码文件。

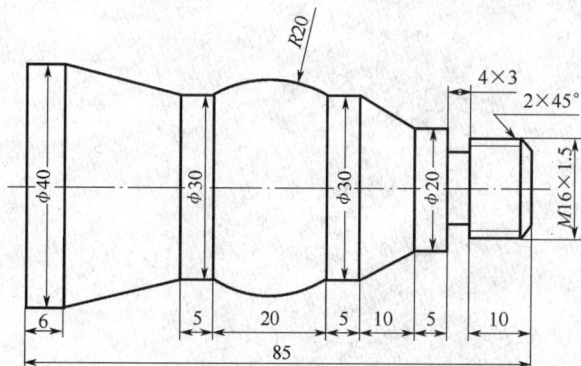

图 8-83　练习 7

参 考 文 献

[1] 田美丽. CAD/CAM 应用技术[M]. 大连：大连理工大学出版社，2007.

[2] 杨伟群.数控工艺培训教程（数控铣部分）[M].北京：清华大学出版社，2002.

[3] 杨伟群.CAXA——CAD 应用实例[M].北京：高等教育出版社，2004.

[4] 梁旭坤.CAD/CAM 应用——MasterCAM 9.0[M].长沙：中南大学出版社，2006.

[5] 刘颖.CAXA 制造工程师 2006 实例教程[M].北京：清华大学出版社，2006.

[6] 杨岳，罗意平. CAD/CAM 原理与实践[M].北京：中国铁道出版社，2002.

[7] 冯荣坦.CAXA 制造工程师 2004 基础教程. 北京：机械工业出版社，2006.

[8] 周玮.机械 CAD/CAM. 北京：高等教育出版社，2003.